场景之治：
人民城市建设的基层行动

———————⟡———————

上海市徐汇区基层治理创新实践案例
（上篇）

徐汇区基层治理课题组◎编著

新华出版社

图书在版编目（CIP）数据

场景之治：人民城市建设的基层行动 / 徐汇区基层
治理课题组编著 . 北京：新华出版社，2024.1
ISBN 978-7-5166-7295-2

Ⅰ．①场…　Ⅱ．①徐…　Ⅲ．①城市管理—研究—
徐汇区　Ⅳ．① F299.275.13

中国国家版本馆 CIP 数据核字（2024）第 023170 号

场景之治：人民城市建设的基层行动

上海市徐汇区基层治理创新实践案例

编　　　著：徐汇区基层治理课题组

出 版 人：匡乐成		选题策划：江文军	
责任编辑：孙大萍		封面设计：华兴嘉誉	

出版发行：新华出版社

地　　址：北京石景山区京原路 8 号　　邮　　编：100040

网　　址：http://www.xinhuapub.com

经　　销：新华书店、新华出版社天猫旗舰店、京东旗舰店及各大网店

购书热线：010-63077122　　中国新闻书店购书热线：010-63072012

照　　排：华兴嘉誉

印　　刷：上海盛通时代印刷有限公司

成品尺寸：170mm×240mm　　彩　　页：24 页（全三册）

印　　张：32.25（全三册）　　字　　数：292 千字（全三册）

版　　次：2024 年 1 月第一版　　印　　次：2024 年 1 月第一次印刷

书　　号：ISBN 978-7-5166-7295-2

定　　价：75.00 元（全三册）

▲湖南街道音乐街区
（图为上海音乐学院靠近淮海中路段打开
围墙，给市民更多休憩与漫步的空间）

▲天平街道于 2022 年发布"红蕴天平"党建品牌

▲徐汇区首个片区条块协商会在湖南街道武康大楼举行

徐汇区街镇片区划分图

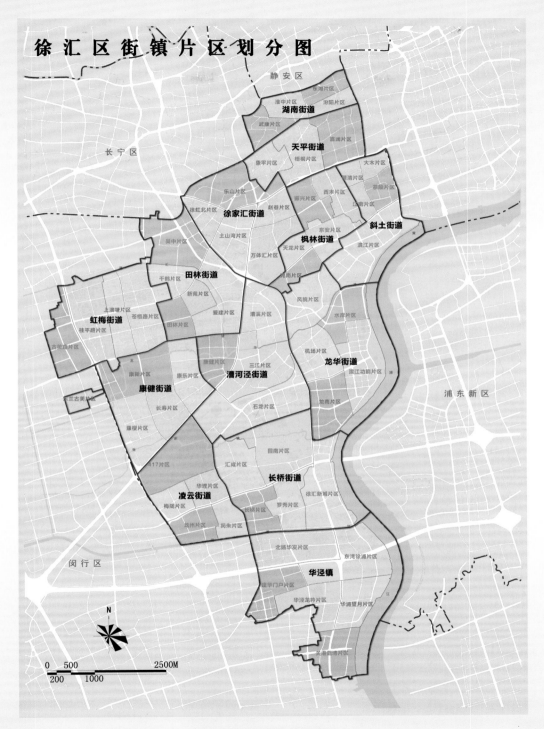

静安区

长宁区

湖南街道
淮中片区
东湖片区
汾阳片区
武康片区
天平街道
嘉澜片区
梧桐片区
康平片区
大木片区
菜颐片区
乐山片区
富溪片区
西木片区
徐虹北片区
赵巷片区
上南片区
徐家汇街道
嘉兴片区
斜土街道
土山湾片区
东安片区
枫林街道
滨江片区
万体汇片区
天龙片区
田林街道
凯旋片区
千鹤片区
风阑片区
新苑片区
上澳塘片区
虹梅街道
苍梧路片区
爱建片区
漕溪片区
桂平路片区
田林片区
水岸片区
古美路片区
龙
机场片区
龙华街道
康新片区
康健片区
三江片区
滨江功勋片区
康健街道
康乐片区
龙华街道
长寿片区
石龙片区
龙南片区
康樱片区
浦东新区
回南片区
17片区
汇成片区
长桥街道
华理片区
徐汇新城片区
凌云街道
梅陇片区
长桥片区
罗秀片区
龙州片区
闵朱片区

闵行区
北杨华装片区
东湾徐浦片区
华泾镇
建华门户片区
华泾龙吟片区
华浦望月片区

关港商博片区

N

0 500   2500M
200   1000

▲徐汇区街镇片区划分图

▲徐汇区以"邻里汇"品牌打造居民家门口的"生活盒子"
（图为枫林街道邻里汇）

▲天平街道 66 梧桐院党群服务中心·邻里汇

▲湖南街道延庆路 110 弄地块征收项目 100% 签约

▲长桥新村片区旧城区改建项目居民集中搬场

▲徐家汇街道三驾马车合署办公

▲斜土街道彤心业委会共治沙龙

▲徐汇区以数字赋能基层智治，积极探索各类实用管用的应用场景

▲斜土街道 12345 工作团队

▲建设新徐汇 奋进新征程

（图为徐汇滨江西岸数字谷）

序

当今世界是城市世界。当今中国是城市中国。从 1978 年 17.92% 城镇化率到 2022 年 65.22% 城镇化率，改革开放以来的中国，以年均超过 1% 的城镇化率，书写了人类城镇化历史上最为辉煌壮丽的伟大史诗。在这段沧海横流、波澜壮阔的光辉历程中，经过小城镇、大都市、城市群、都市圈的持续探索和铺垫，以 2015 年 12 月中央城市工作会议首次提出"坚持以人民为中心的发展思想，坚持人民城市为人民"为理论旗帜，以 2020 年 6 月审议通过的《中共上海市委关于深入贯彻落实"人民城市人民建，人民城市为人民"重要理念，谱写新时代人民城市新篇章的意见》为实践代表，凝聚了中国共产党领导城市建设的初心使命、承载着中国特色城市发展道路的使命要求的"人民城市"喷薄而出，成为引领城市研究、规划、设计、建设、治理、更新、深化改革、创新实践的重要理念和先进模式，具有重大的理论价值和实践意义。

其一，人民城市是党在全面深化改革时期确立的新的城市发展理念。党的十八大以来，我国步入全面深化改革的新时期。为应对以往经济高速发展中累积的"社会问题"和"城市病"，党中央和国务院部署实施了一系列新战略和新实践，其中既有两轮《国家新型城镇化规划》、国家"十三五"和"十四五"发展规划、《生态文明体制改革总体方案》等总体性战略布局，有"京津冀协同发展""长江经济带""长三角一体化""粤港澳大湾区""黄河生态保护与高质量发展"等重大区域规划，也有城乡融合、乡村振兴、营商环境、共同富裕等重大政策措施。它们不仅都是以城市为载体、场景、平台而实施，也为系统集成党领导城市建设的理论、经验、智慧创造了条件。在此基础上，人民城市重要理念应运而生，为构建中国式现代化新发展格局、推动新型城镇化高质量发展统一了思想认识，集聚了强劲动能，展示了美好前景。

其二，人民城市是我国推进新型城镇化建设作出的新的重大制度安排。进入新时代以来，坚持以人民为中心的发展思想，明确"人民城市人民建，人民城市为人民"的总体要求，围绕建设宜居、韧性、创新、智慧、绿色、人文等新型城镇化目标，我国加快转变城市发展方式，锚定重点领域、重点区域和深层次问题，深入探索城镇化治理的中国之道。以理顺和协调"政府"和"市场"关系为核心，着力解决"看得见的手"和"看不见的手"的矛盾冲突。以生态文明和文化强国建设为两大抓手，全面应对以往城市在粗放发展中带来的各种顽疾及并发症。着眼于解决人民日益增长的美好生活需要和不平衡不充分的发展之间的矛盾，人民城市是对新型城镇化建设和中国特色城市发展道路作出的新的重大制度安排，为把我国城市建成满足人民幸福生活新期待的主体空间提供了根本保障。

其三，人民城市为建立正确的城市发展政绩观建立了新的评价标准。改革开放以来，在全党工作重心转向经济建设的背景下，"经济增长速度"成为评价城市发展、考察工作能力、评价干部政绩的核心标准，形成了"以GDP论英雄"的片面发展观和畸形政绩观，忽略了环境是否友好、资源是否节约、能耗是否降低、产业是否先进、历史文化是否传承、社会是否能够承受、普通市民是否共享等同样重要的指标和要求。在这一指挥棒下，一些城市在征地拆迁、基础设施建设、公共服务设计等领域忽略甚至牺牲了人民群众的需求和利益，成为各种矛盾冲突和突发事件的温床。党的十八届三中全会提出"纠正单纯以经济增长速度评定政绩的偏向"，把政绩考核拓展到环境、民生、文化等方面。人民城市坚持把人民拥护不拥护、赞成不赞成、高兴不高兴、答应不答应作为衡量一切工作得失的根本标准，为构建人民城市的评价标准提供了根本遵循，有助于引领各级干部形成敬畏历史、敬畏文化、敬畏生态、慎重决策、慎重用权的政绩观，永葆中国特色城市发展道路的本质本色。

天下大事，必作于细。人民城市作为中国特色城市发展道路的灵魂和永恒主题，愿心伟大，理想崇高，旗帜鲜明，是人类城市发展史上的新生事物，不仅很多方面都在探索过程中，也需要有更多的空间层次和载体来开展试验。上海是"人民城市"重要理念的诞生地，也是人民城市规划建设的先行者。近年来，徐汇区深刻领悟人民城市重要理念，认真践行人民城市建设意见，积极回应人民最关心、最迫切、最期盼的生产、生活、生态问题，在诸多领域取得一系列具有创新意义的经验做法。上海市徐汇区基层治理创新实践案例研究项目在吸收"附近"理念和场景理论的基础上，在人民城市研究中率先提出"场景治理"，并结合"十四五"时期徐汇区人民城市建设实践加以应用，完成了这部具有开风气之先的著作，既在学术上丰富了人民城市研究的理论与方法，也在实践层面为超大城市基层治理提供了开卷有益的徐汇样本。作为本书最早的读者之一，我在此衷心希望徐汇区人民城市建设百尺竿头、更进一步，为上海走出一条中国特色超大城市治理现代化新路作出更多更大的贡献。

是为序。

上海交通大学城市科学研究院院长、教授

中国城镇化促进会高级研究员

人民城市发展研究中心专家委员会主任

2023 年 11 月 18 日

目 录 *CONTENTS*

行动总论

Action overview

场景的力量：
人民城市建设的内在逻辑与实践路径

"人民城市"：新时代城市规划、建设与治理的根本遵循

　　随着社会发展与社会变迁向纵深方向演进，探索超大城市基层治理体系和治理能力现代化建设既是国家治理的有机构成，也是中国式现代化新征程上深化人民城市建设的重要路径。党的十八大以来，以习近平同志为核心的党中央始终坚持以人民为中心的根本立场，注重在发展中保障和改善民生，使人民群众获得感、幸福感、安全感更加充实、更有保障、更可持续。2015 年 12 月，习近平总书记在中央城市工作会议上强调："做好城市工作，要顺应城市工作新形势、改革发展新要求、人民群众新期待，坚持以人民为中心的发展思想，坚持人民城市为人民。"2019 年 11 月，习近平总书记在上海考察时提出"人民城市人民建，人民城市为人民"重要理念，深刻揭示了中国特色社会主义城市的人民性，赋予了上海建设新时代人民城市的新使命。2020 年 11 月，习近平总书记在浦东开发开放 30 周年庆祝大会上发表重要讲话时强调，"提高城市治理现代化水平，开创人民城市建设新局面"，"要坚持广大人民群众在城市建设和发展中的主体地位，探索具有中国特色、体现时代特征、彰显我国社会主义制度优势的超大城市发展之

路。"党的二十大报告指出："坚持人民城市人民建、人民城市为人民，提高城市规划、建设、治理水平，加快转变超大特大城市发展方式，实施城市更新行动，加强城市基础设施建设，打造宜居、韧性、智慧城市。"2023 年，习近平总书记在上海考察期间对人民城市建设提出新要求——构建人人参与、人人负责、人人奉献、人人共享的城市治理共同体。人民城市理念是对"以人民为中心"的中国式现代化城市规划、建设与治理的深刻诠释，从根本上确立了人民在城市发展过程中的主体地位和决定作用。

"人民城市人民建，人民城市为人民"，是习近平总书记在我国从提高城市化率到促进城市高质量发展的新阶段所提出的重要理念，是以习近平同志为核心的党中央在全面建成社会主义现代化强国新征程上作出的重大战略部署，是今后一个时期推进人民城市建设、提升城市治理水平的根本遵循和行动指南。人民城市理念以鲜明的人民取向，赋予了中国特色城市发展道路深刻的"人本"内蕴、"人民"特质和"人文"情怀，彰显了以习近平同志为核心的党中央对社会主义现代化城市治理的深邃思考和战略研判，对于迈向中国式现代化背景下的超大城市治理提供了指引。

"重构附近"：高质量推进人民城市建设的内在逻辑

基层治理的核心在人，关键在体制机制。"附近"一词蕴含着丰富的内涵，它已经超越了地域和空间上的意义，更多指向人文性、人本性、文化性、生态性和社会性的整合意涵，最终体现为"人生活于社区"所具有的一种人与社区融合共生的状态。著名社会学家费孝通先生晚年在学术反思中曾指出自己多年社区研究"只见社会不见人"，即在分析社区和社会时，更多关注社区结构或社会结构的面向，而忽略了"人"才是社区中最关键的要素。基于此，费孝通先生受到潘光旦先生"中和位育"新人文思想的影响，并感慨道："所以他是活的载体，可以发挥主观作用的实体。社会和个人是相互配合的永远不能分离的实体。这种把人和社会结成一个辩证的统一体的看法也许正是潘光旦先生所说的新人文思想。"这种找回"人"的思想为"附近"的内涵注入了实质内容。人类学家项飙在谈及"附近"时提到，当前城市社区建设面临着"功能性过剩、生态性不足"的问题，他进而提出"最初 500 米"的设想，旨在倡导每一个个体从自己出发，注意身边的人物、一草一木，并把这些问题想透，思考这些人这些事是怎样聚合到一起的。

项飙观点的启发在于，"重构附近"就是重新把人的本质找回来，将人与附近他人和事物内在地连接起来，形成一种"生态网络"。

徐汇区在城市基层治理过程中注重以"附近"为视域，通过聚焦附近、定义附近、寻找附近、回归附近，推动了社区"内外""上下""左右"的多维互动，通过"重构附近"来"赋能附近"，实现基层社会治理创新。例如，凌云街道通过日常联系服务居民、重塑社区邻里关系，在2023年完成老旧小区加梯签约100台、开工100台的目标，成功加装率超过80%。加装电梯不仅是提升居民生活质量的"硬改造"，更是强化"三驾马车"合力作用、重塑邻里关系的"软治理"，彰显了以居民为中心、以居民为主体在自治共治方面的作用，体现了全过程人民民主在城市基层社会治理中的显著效能。再如，康健街道、漕河泾街道在推进垃圾分类做实做细的过程中，并非仅仅将其视作一项行政任务，而是将垃圾分类作为提升居民生活品质的重要路径，注重从居民意识、行动等角度影响居民对垃圾分类的认知和行为改变，内化于心、外化于行，引导居民在推进垃圾分类的场景实践中营造人与社区共生的"附近"和"生态"，加强了陌生化社会中人与社区的关系重构和邻里关系再造，生动诠释了"人人参与、人人负责、人人奉献、人人共享"的深刻内涵。

人民城市建设最核心的要求就是要"将人带进来"。换言之，城市虽然包括许多物理空间、场地设施等各种客观对象，但最为关键的是要"找到人"。在信息化、网络化时代，"人"的消失对于"重构附近""重塑邻里"带来较大的挑战。徐汇区通过"场景营造"赋能"附近重构"，重新"发现人""找回人""将人带进来"，聚焦以人的主体性彰显为中心、以居民日常生活实践为支撑的城市治理逻辑，全面推进现代化城区建设。因此，"重构附近"作为徐汇区推进人民城市建设的内在逻辑，具有较强的内生性，它在城市治理的地理范围上加载了情感性、社会性、公共性维度，将个体、家庭、社区与城市紧密结合起来，形成了城市建设、治理与人的需求、发展的有机结合，还原了城市治理的温度和烟火气，成为人民城市建设和基层治理创新的内生动力和关键基底。

"场景营造"：超大城市中心城区人民城市建设的行动策略

作为上海市中心城区之一，徐汇区始终牢记总书记嘱托，深入践行人民城市理念，不断探索符合超大城市中心城区特点和规律的社会治理新思路，并积累了丰富的经验，努力打造人民城市建设新样板。为深入学习贯彻党的二十大精神和习近平总书记考察上海重要讲话精神，落实好上海市委、市政府决策部署，推进主题教育走深走实，课题组以人民城市重要理念为指引，立足上海建设"五个人人"城市的定位，对标"建设新徐汇、奋进新征程"的目标，从"场景"这一新的理论视角出发，通过实地调查、人物访谈、文献研究等方法，围绕党建引领片区治理、城市更新、数字赋能、自治共治、一老一小、15分钟社区生活圈、平安社区、加装电梯、垃圾分类、12345等十大场景展开系列调研，系统梳理"十四五"以来地区系统创新做法与典型案例，全面总结徐汇区人民城市建设和城市治理创新实践领域的新探索新模式，深入分析其背后的行动逻辑与实践路径，以期为提高城市治理现代化水平、开创人民城市建设新局面提供参考。

徐汇区在推进人民城市建设过程中吸收了"场景"的理论意涵，积极探索基层治理新路径。"场景"具有如下要素：一是地理学意义上的空间划分，如街区或社区；二是可感知的物理结构，如各类公共服务设施和场地等；三是特定人群的长期聚集；四是具有串联上述元素的特色活动；五是通过要素综合完成场景象征意义的表达，即共同的价值观；六是居民都能够参与其中并展现场景的公共属性。"场景"的关键载体是能够提供给居民使用或享用的物理设施或空间，尤其是那些公共物品与服务及便民设施，主要包含自然的、文化的与社会的三种类型。"场景"具有生活、消费、符号、价值观等多种内涵，它区别于工业主义范式下的纯粹生产属性，如今从生产意义转向了治理、生活和文化多重面向。场景营造的关键是依托各类载体和平台，让公共空间、公共设施无门槛、零距离，积极打造城市治理共同体，这种迈向场景治理的新理念新实践成为城市治理创新的新范式。

徐汇区大力推进城市生活、消费、文化、生态等领域的多场景营造，切实解决群众"急难愁盼"，积极回应群众美好生活需要，体现了场景营造在超大城市基层治理中的效能。例如，湖南街道着力于打造集生活、消费、文化、公共服务、生态于一体的多维场景，深耕"街区治理力工程"，促进"文、商、旅、居"融合发展。又如，枫林街道、长桥街道立足资源禀赋和特色优势，分别推出"枫尚·健康街区""清和·敬老爱幼街区"品牌，创新推动新时代文明实践特色街区建设。此外，为了更好地推进"15分钟社区生活圈"品质提升，徐汇区高起点推进规划编制，高标准谋划行动蓝图，布局标准化菜场改造、社区医疗资源补足、养老服务设施优化、公共空间品质提升、社区商业布局5大专项行动，合理布局和打造一站式服务综合体"生活盒子"（党群服务中心·邻里汇），将"社区边角料"打造成家门口的服务站点、开放空间，大力推进居委会沿街设置。这些做法不仅通过"场景营造"释放了发展新空间、提升了环境新面貌、塑造了生活新品质，而且将人与场景营造深度融合，充分发挥在地居民在场景营造中的积极性、主动性。同时，居民的参与和选择也不断影响着场景建设的方向和内涵，实现空间再生产与附近再激活。徐汇区在打造多维场景、探索场景治理的实践过程中，始终坚持党建引领，推动各级政府、社会组织、市场与居民群众等多主体协同联动、共建共治，深化"场景内容"植入与"场景氛围"烘托，加强协商沟通，畅通反映渠道，使各类矛盾纠纷、风险隐患化解在基层、消灭在萌芽，实现以"场景营造"为载体、以人的主体性找回为核心的城市治理范式转向。

"美好生活"：场景赋能人民城市建设的价值旨归

城市的核心是人。人民既是城市建设的参与者，也是城市发展的受益者、评价者。党的十九大报告提出，我国社会主要矛盾已经转化为人民日益增长的美好生活需要和不平衡不充分的发展之间的矛盾。习近平总书记强调，"必须以满足人民日益增长的美好生活需要为出发点和落脚点，把发展成果不断转化为生活品质，不断增强人民群众的获得感、幸福感、安全感"。党的二十大报告指出："必须坚持在发展中保障和改善民生，鼓励共同奋斗创造美好生活，不断实现人民对美好生活的向往。"在十四届全国人大一次闭幕会上，习近平总书记强调："让现代化建设成果更多更公平惠及全体人民。"可见，追求美好生活是人民城市建设的最终价值旨归。

在徐汇区的人民城市建设实践中，呈现出一系列旨在实现人民对美好生活目标追求的场景实践。其中，最具代表性的是"一老一小"服务实践。如：徐家汇街道通过"五边"服务（周边、身边、桌边、街边、手边），让老年人乐享"五情"（时代情、鱼水情、邻里情、参与情、颐养情）；天平街道以"红蕴天平"党建品牌为引领，以儿童需求为导向，从儿童视角出发，打造设施齐全、服务完善的儿童友好家园。此外，在物业服务创新、数字化治理、"五社联动"、"12345"市民热线、"三旧"变"三新"等多方面，徐汇区先行先试、大胆探索，持续推进公共设施完善、生活品质提高、服务能级提升，切实把高质量发展成果转化为高品质生活，更好地满足老百姓的美好生活需要。

2017年3月5日，习近平总书记在参加十二届全国人大五次会议上海代表团审议时指出，城市管理应该像绣花一样精细。2018年11月6日，习近平总书记在上海考察时强调，一流城市要有一流治理，要注重在科学化、精细化、智能化上下功夫。在"绣花"思维的指导下，徐汇区各街镇也进行了新探索和新实践，找到了提升基层治理效能的发力点，如田林街道借助数字化转型契机，通过大场景小应用优化电动自行车违规充电处置流程，提升全链条、全过程智慧监管水平；华泾镇以实战管用、社区爱用、群众受用的原则，打造了群租整治、片区治理、智慧电梯、共享停车、商户联盟、智慧营商、红色领航、为老服务、消防安全等多个基层社会数字化治理应用实战场景；斜土街道依托"1+5+19+114+867"五级纵向治理体系，探索打造立体化热线处置新模式。上述诸多实践，为居民工作、生活提供更充分的保障、更便捷的服务、更安全的环境，实现了技术红利共享、场景优化提升赋能美好生活。

"迈向完整社区"：持续推进人民城市建设的场景新实践

习近平总书记在党的二十大报告中指出："中国式现代化的本质要求是：坚持中国共产党领导，坚持中国特色社会主义，实现高质量发展，发展全过程人民民主，丰富人民精神世界，实现全体人民共同富裕，促进人与自然和谐共生，推动构建人类命运共同体，创造人类文明新形态。"作为超大城市中心城区，徐汇区近年来所进行的"场景治理"实践，可视为中国式现代化视阈下超大城市探索人民城市建设的典范和样本，实践出在党的全面领导下，坚持以人民为中心、促进体制机制创新、整合多元力量共建共治、以场景营造提升人民生活品质、全过程人民民主贯穿始终的治理模式，为进一步丰富中国式现代化的理论与实践内涵，特别是推进基层治理现代化方面作出了积极贡献。

与此同时，徐汇区通过"场景营造"探索人民城市建设的理念与行动，与近年来国家推动的"完整社区"建设旨趣相契合。国家住建部等多部门联合发布的《完整居住社区建设标准（试行）》指出"完整社区"建设的六大内容：基本公共服务设施完善、便民商业服务设施健全、市政配套基础设施完备、公共活动空间充足、物业管理全覆盖、社区管理机制健全。其中，社区是人们日常生活的重要场域，有数据显示，我国居民有 75% 的时间在社区度过，到 2035 年将有 70% 的居民生活在社区。因此，进一步探索和打造"完整社区"建设，成为人民城市建设以及超大城市中心城区高质量发展的未来路向。徐汇区在"完整社区"建设方面跨前一步，建立协同机制，将"完整社区"的理念落实到片区治理、老旧小区改造、"15 分钟社区生活圈"行动、平安社区建设等重点工作中，加强统筹，从而推动社区建设、治理更加凸显以人为本、更可持续发展。比如，虹梅街道东兰古美片区充分发挥组织优势和制度优势，变"单打独斗"到"协同作战"，化解社区顽疾、实现居民诉求、丰富治理内涵；龙华街道龙南片区从问题和需求出发，以网格强基、以工程聚力、以平台凝心，探索形成深化党建联盟"一横一纵"治理新模式。

当然，"完整社区"建设需要持续打造若干个性化场景。首先，"完整社区"场景建设要系统遵循"因地制宜、迭代留白和公众参与"等原则，鼓励结合在地资源和文化特色，创新更多主题鲜明、群众参与度高、文化意涵丰富的场景类型。其次，"完整社区"场景营造要充分考虑"弹性留白空间"，在打造、建设、运营过程中提升公众参与度，组织在地居民开展"自我设计"，自主选择需要的功能模块和配套设施，组织开展相关活动，营造群众自主创造、主动参与、喜闻乐见的特色场景和个性化场景。最后，场景治理是未来社区实现高效可持续运营管理的"中枢"，需要进一步研究如何实现"党委统领、政府主导、市场介入、社会参与、居民自治和平台数治"的治理范式创新：一方面，依托数字化管理平台，实现社区各要素、各场景的全周期可视化管理，推进数字化治理服务功能创新集成，实现高效率、高质量治理；另一方面，通过对居民自治、志愿服务、社会组织的支持，链接各类社会公益慈善资源，做实做细"五社联动"，积极培育社区居民主人翁意识，有效激发社区场景活力，更好支撑组织活化和功能实现，完善基层治理生态。

"人民性与场景面向"："人民城市"徐汇行动的实践价值

人间烟火气，最抚凡人心。"烟火气"既是小家的安逸祥和，也是大国的国泰民丰。在经历了大规模的建设之后，今天的中国城市建设发展模式尤其是超大城市已经进入到从外延扩张转向内涵提升、从大规模的增量建设转向以存量更新为主的新时代新阶段。与大手笔、大尺度的城市建设相比，小尺度街坊的社区"烟火气"则拥有更为丰沛的场景活力。

徐汇区在人民城市建设的实践行动中，始终坚持城市的人民性面向，"重燃附近烟火"，将城市回归"人的城市"。依托品质化的空间建构实现可持续的场景治理，是满足在地居民美好生活需求的重要路径：从常规点面治理到局部空间改造，再到综合场景营造，符合人民城市建设从点到面、从面到体、从物到人的内在逻辑理路。传统社区发展倡导政府主导的嵌入式治理模式，依托政府对于资源的整合控制能力服务居民生活，而新时期的居民需求导向则要求从附近和场景出发为人民城市建设提供新的理论视角和行动指向。基于此，人民城市理念下的场景治理就是立足在地社区历史、基础设施、文化传统、邻里关系等客观情况，通过公共政策的制定回应居民的多元化需求，以社区空间改造与舒适布局为基础，以居民日常行动为媒介，搭建不同类型的场景针对性地满足在地居民的意愿诉求，在影响个人日常生活的同时激发其意愿表达自主性及其参与积极性。伴随着"附近烟火气"的复苏与回归，进而实现人民城市建设中的场景化跃升，并通过物质设施的信息传递和引发场景中文化符号的生产，实现物理空间、社会空间与文化空间的交叠融合。

总之，以"重构附近"为内在逻辑，以"场景营造"为行动策略，持续赋能推进人民城市高质量建设和高效能治理的徐汇行动，展现出其作为未来推进基层治理体系与治理能力现代化的重要途径的潜力和可能，塑造了中国式现代化视阈下超大城市中心城区治理的"徐汇样本"，同时也是人民城市徐汇行动的范本价值所在。面对城市功能更新与居民需求提质的双重驱动，政学两界在关注城市基层治理体制机制改革和居民诉求回应等实际问题时，更需要厘清两者之间的内在逻辑，依托多元化的场景营造引导附近回归，通过"场景"与"治理"的有机结合，有效催生基于良政善治的基层秩序与治理生态，让人民对美好生活的向往不断在人民城市建设中得以真正实现。

场景之维

Scene dimension

一、场景关键词：
党建引领片区治理

基层强则国家强，基层安则天下安。随着中国特色社会主义进入新时代，党和国家高度重视基层治理，强调加快治理新旧模式转换和治理重心下移，推动实现基层治理现代化。2020年8月，习近平总书记在经济社会领域专家座谈会上指出："要加强和创新基层社会治理，使每个社会细胞都健康活跃，将矛盾纠纷化解在基层，将和谐稳定创建在基层。"基层党组织是提升基层治理水平和能力的战斗堡垒。2021年4月，中共中央、国务院印发《关于加强基层治理体系和治理能力现代化建设的意见》，强调要加强党对基层治理的全面领导，健全基层治理党的领导体制，构建党委领导、党政统筹、简约高效的乡镇（街道）管理体制，完善党建引领的社会参与制度。

作为先行者，上海历来重视基层治理改革工作。2014年，上海市委把"创新社会治理、加强基层建设"列为"一号课题"，随后出台"1+6"文件，即《关于进一步创新社会治理加强基层建设的意见》以及6个配套文件。2017年，中组部于上海召开全国城市基层党建会议，肯定上海治理成效。2020年，上海将基层治理作为唯一主题，召开"万人大会"。2021年，上海市委出台《加强基层治理体系和治理能力现代化建设的实施意见》。2022年9月，上海召开深化推进基层治理体系和治理能力现代化建设会议，随后出台《关于进一步加强党建引领基层治理的若干措施》，以网格工程、连心工程、

19

家园工程、强基工程、动员工程、赋能工程等"六大工程"作为党建引领基层治理的重要抓手。为破解基层治理碎片化、政府治理条块分割等普遍性治理难题，上海市徐汇区创新实施党建引领片区治理模式，深入整合资源，多方联动推进，探索城市基层治理的新路径。

关键词释义

党建引领片区治理，根据上海市徐汇区《关于进一步加强党建引领基层治理的实施方案》，是指在街镇管辖范围内划分若干片区，片区内的社区、单位和其他组织团体构成区域集合的共同治理模式。在划分依据上，以"地理空间相邻、块区面积均衡、居委数量合理、居民人口相近、区域特点相似"为标准，每个街镇因地制宜设置3—5个片区，每个片区平均面积约为0.5—0.8平方千米，覆盖5—8个居委会不等，服务居民1.5万—2.5万人，对于环境复杂、形态多样、人员集聚的区域可根据治理覆盖面适当调整片区规模。在责任范围上，覆盖片区所辖围墙内外，小区街区全域治理，包括保障性住房、人才公寓、合法规模化租赁、酒店式公寓等新型居住形态及高校、企业园区、商务楼宇、商圈市场、快递网点、外卖配送站、酒店宾旅馆、在建工程项目等非居住区域。在治理职能上，涵盖基层党建和公共管理、公共服务、公共安全各项事务，在常态化治理基础上，根据工作需要和片区特点抓好重点工作落地，推动群众反映强烈、居民区难以协调的问题快速处置，将问题解决在群众开口之前。

党建引领片区治理的创新突破主要体现在四个方面：一是治理单元的重构。在精细化治理背景下，原有的街镇区划已无法满足治理的新要求，通过在街镇和社区之间构建"片区"治理单元，能够有效填补基层治理的空白地带。在应对跨社区的综合性治理难题时，街镇治理幅度较大，难以及时响应各类需求，社区治理则幅度过小，对商务楼宇、沿街商铺等缺乏治理权限。片区治理作为介于两者之间的一种补充，能够有效破解"管得着的看不见""看得见的管不着"的低效治理难题。二是组织体系的重塑。党建引领片区治理是一种具有组织架构的实体化运行机制，并非在街道与社区中间层面设立新的机构，而是通过设立片区党委，统筹片区发展，将党的政治与组织优势转化为基层治理效能。一般由街镇领导班子成员担任片区党委书记兼片区长，职能科室、治安、信访、城管、市场监管等各部门作为支撑，居民区"三驾马车"协同联合，构建起片区治理组织体系。三是资源要素的重组。党建引领片区治理改变了以往单一化、分散化的治理方式，转变为多方联动下的协同式、系统式治理。秉持全要素、全覆盖、全过程的治理思路，围绕片区整体发展，统筹街镇条块力量，将片区内资源进行纵向整合、横向联动，以扁平化治理模式实现问题与资源精准匹配，更好更快回应并解决群众身边问题。四是多元参与的激活。多元治理主体在自愿平等的基础上参与互动是促进片区治理更高效更可持续的关键。通过区域化党建将区域单位、社会组织、商户等纳入共治格局，构建定期协商议事机制。同时通过党建引领社会动员，汇集基层党员、"两代表一委员"、退休干部、退役军人等骨干力量参与片区共建，打造人人参与、人人负责、人人奉献、人人共享的片区治理共同体。

徐汇区是上海较早探索党建引领片区治理的地区。早在2018年，徐汇区便开始寻求治理单元上的突破，先后以徐家汇街道乐山街坊、漕河泾街道华富街区和凌云街道417街区作为试点，率先探索"片区一体化"治理模式，将若干个居民区"打包"成"片区"，使得片区环境面貌"脱胎换骨"。2022年9月，徐汇区委出台《关于进一步加强党建引领基层治理的实施方案》，其中包括《关于创新街镇片区治理机制的工作措施》，从顶层设计上明确党建引领片区治理的工作措施与相关职责，推动党建引领片区治理不断从探索实践走向制度常态。其中，街区作为片区治理的构成单元，是徐汇区创新片区治理的重要载体。徐汇区通过深化党建引领片区治理，结合区域资源禀赋、居民需求、文化背景，以统筹资源、丰富内涵、赋能治理、提升福祉为着力点，创新推出一批有特色、有活力的特色街区品牌，如湖南街道"梧桐乐·音乐街区"、枫林街道"枫尚·健康街区"、徐家汇街道"璀璨悦动·体育街区"、长桥街道"清和·敬老爱幼街区"等，推动美丽街景、治理图景、生活场景进一步融合，打造共建共治共享基层治理新格局。

未来，徐汇区将继续用好"片区"这个基层治理的战略性单元，推动党建引领片区治理制度化、规范化、常态化，为破解更多基层治理"疑难杂症"，推动基层治理更高效、更便捷、更实用进行更多持续、深入的探索与突破。

发挥党建引领作用
推动片区治理提质增效

徐家汇街道党工委、办事处

一、基本背景

新时代对基层党建提出创新发展的新要求。中央、市委、区委集中出台关于深化城市基层党建引领基层治理的若干措施，市委、区委先后发布"1+6"文件部署和6大行动指引，对党建引领基层治理明确目标要求。

徐家汇街道深入学习贯彻上级指示精神，对标"建设新徐汇、奋进新征程"以及"彰显新的城区形态、新的民生标尺、新的治理方式、新的精神面貌"目标，全面深化党建引领，迅速围绕做实治理架构、构建服务体系、推进惠民工程等方面进行任务分解，积极探索片区治理新路径，将街道划分为5大片区，着力提升基层治理质效。

二、主要做法

（一）党委挂帅，做强片区治理议事会

街道党工委转换新的治理理念，以片区为主要维度，重塑治理单元和治理机制。一是做实片区党委。划分乐山、徐虹北、土山湾、万体汇、赵巷等 5 个片区，建立"1+2+3+X"片区管理体系。各片区建立 1 个党委，由街道 2 名领导班子成员担任片区党委书记、副书记，实施公安、城管、市场等 3 支执法力量驻点保障，推动行政力量下沉；依托区域党建联席会，每月定期召开片区党委会议，开展区域单位走访，吸纳片区内大企大校、"两新"组织进入片区党委，引导区域单位、区职能部门、共建单位等"X"因素定向融入片区，进一步充实工作力量。二是织密治理网格。将 29 个居民区划分为 155 个微网格，配备 155 名微网格党组织书记（微网格长）、58 名居民区第二书记，选拔第二楼组长 585 名，组建由在职党员为主、多元力量共同参与的社区治理"第二梯队"约 1470 人，不断充实壮大基层网格治理力量，深入开展"走四百"活动，常态化做好知民情、集民意、解民忧、暖民心工作。建好片区人大代表工作室、政协委员工作室、劳模工作室，动员人大代表、政协委员常态化到社区报到、为社区服务，参与片区治理、注入优质资源，发挥劳模、人大代表、政协委员、社会组

织负责人的智囊作用，分片区助力完善网格治理。三是创新治理机制。突出片区党委综合协调作用，推动形成片区"1、3、5"标准化治理模式。即：牵头搭建一个"决策联席参与、空间联合建设、服务联盟提供、应急联动处置、管理联手响应"的联席治理平台，形成人员队伍、实事项目和资源联盟"三项清单"，建立片区党委议事、动态治理联调、应急处置响应、资源联盟赋能、条块联合考核"五项工作机制"，进一步理顺"街道—片区—居民区"三级组织关系，不断提升基层治理能级。

（二）党建聚力，构建片区治理共同体

党工委牵头有关职能部门，通过需求汇合、资源整合、项目聚合、行动融合，切实推动治理重心向基层集聚。一是画好一张"发展蓝图"。坚持整体考量、科学布局，形成片区治理规划地图，彰显片区治理特色。乐山片区保留城市"烟火气"，做强党建引领"乐当家"治理品牌，围绕"乐议事、乐服务、乐志愿、乐生活"，放大商圈资源优势，推动舒享商圈"后街"生活；徐虹北片区聚焦"一老一小"，深入推进宜居、宜业、宜游、宜学、宜养"五宜"社区建设，着力打造魅力徐虹北，舒享"慢"生活；赵巷片区深入挖掘"红色赵巷"文旅资源，大力弘扬海派文化，赓续红色血脉。二是解决一批"急难愁盼"。有效回应居民期待，统筹推动一批民生实事落地，一揽子解决居民急难愁盼。优化布局"5+29+X"党群服务阵地体系，完善菜场、绿地、卫生、健身、文体等生活设施布点升级，统筹推进片区"生活盒子"建设，全面推进居委会沿街设置，积极推动新就业群体"骑士驿站"街区全覆盖布点，形成全年龄、全人群友好的片区服务网络。全力推进电梯加装工作，分片区明确目标、落实责任、跟踪推进，开展片区加梯立功竞赛。三是攻克一批"治理短板"。聚焦治理短板精准发力，深入开展"美好社区 先锋行动"，每个片区挑选1—2个居民区，围绕重点方向探索社区治理新模式。其中，乐山片区重点围绕物业治理一体化进行试点；土山湾片区重点聚焦补齐"两旧一村"治理短板进行探索；赵巷片区结合居住人群特点，重点围绕混合型网格治理进行攻坚。同时，推进徐家汇商圈、体育公园、乐山及南交四大区域综合治理、架空线整治、立面店招整治、市容绿化、基础设施建设等工作，打造独具特色的"城市客厅"。

（三）党建赋能，奏响片区治理协奏曲

依托党建联席机制，搭建"汇当家"片区赋能联盟，实施"汇当家"基层赋能计划，让片区成为多方参与的治理大舞台。一是激发区域资源"新活力"。推进片区内大院大所、大企大校链接联动，引导区域单位分片区对接，为所在片区提供持续性的资源和服务支持，通过共建项目认领，深度参与街区改造、文明创建、文化交流等工作。结合土山湾片区漕北高层周边街区改造，联动工艺美院、画家街等单位在传统工艺、民族文化方面的特色资源和人才优势，助力文化街区建设；推进万体火炬党建联建，联手久事体育、户外登山协会、上影集团、新华发行等单位，共同打造"万体汇"健康活力片区。二是激活基层末梢"新动能"。持续深化片区基层队伍培养赋能，充分发挥"书记工作室"作用，邀请杨兆顺、梁慧丽等明星书记结对片区坐堂带教，推进片区内新老书记结对帮教，聚焦业委会建设、红色物业、加梯等居民区治理难点，以片区为单位试点开展专题实践，提出专项解决方案，推动片区治理效能提升，加强基层治理队伍能力储备。三是激励片区治理"新目标"。探索建立片区目标管理考核机制，对照片区既定的责任指标，通过定量考核、组织评价、群众评议等多种形式，对片区工作进行考核，并将考核结果与片区领导干部个人绩效考核、与居民区年终评优挂钩。建立完善片区领导和分管领导"双牵头"工作机制，对于涉及片区建设发展和人民群众切身利益的重大事项，由片区领导抓"块"，分管领导抓"条"，条块联动，协同发力，始终秉持儿女之心、儿女之情，满怀深情办好片区内"三旧"变"三新""15分钟社区生活圈"建设、加装电梯等惠民实事。

三、经验成效

一是片区治理理念持续确立。片区治理力量不断补齐配强，片区治理网格不断充实完善，片区治理机制不断优化更新，5 个片区党委各由 20—25 名委员组成；各片区均建立例会制度，2023 年上半年，共召开例会 21 次；形成各片区需求清单 21 项、问题清单 26 项、服务清单 28 项，实时进行追踪并及时进行更新，协调解决片区治理问题 17 项。

二是片区重点任务扎实推进。各片区集中力量推进"三旧"变"三新"、加装电梯等重点工作任务。持续开展违章建筑拆除、美丽楼道建设、垃圾库房改造和街区集中整治，集中推进乐山片区延后的修缮项目、漕北大楼历史保护建筑修缮项目、零陵路、南交小区不成套住房综合改造项目，对标最高最好，倾力使老旧小区改头换面，让辖区居民生活环境最大限度提升。践行人民城市理念，抓好加装电梯民心工程，开展立功竞赛。2023 年度新增签约 31 台，新增开工 18 台，新增竣工并投入使用 9 台，乐山六七村实现 35 个楼栋加梯全覆盖。

三是片区"15 分钟生活圈"建设突显成效。各片区围绕"党群服务中心·邻里汇"建设，着力打造亲民、便民、惠民的"15 分钟社区生活圈"。徐虹北片区生活盒子提供医疗、养老、饮食、社区服务、文体娱乐及社会组织孵化培育等特色服务，2023 年上半年累计开展为老服务、亲子活动、健康服务等各类特色活动项目 300 余场，受益人群 10000 余人次，社区食堂日均供餐 1100 客；乐山片区以片区党群服务中心、乐山邻里汇、社区卫生服务中心、乐山社区食堂构建分布式生活盒子体系，开展各类活动 80 余场，特色活动 10 余场，迎接市、区及外省市区调研参观 100 余次，受益人群 40000 余人次，社区食堂日均供餐 400 客；赵巷片区以街道党群服务中心为依托，内设社区图书馆、食尚书舍社区食堂、永新坊社区卫生服务站、健身房、乒乓球房、宝宝乐、红色剧本杀等多元社区资源与服务，新装修开放以来，吸引 30 余万人次参观打卡，成为新晋"网红打卡点"；土山湾片区生活盒子提供餐饮、医疗、养老、慈善超市、健身、会议、亲子、文艺等综合服务，2023 年 8 月开张后，迅速成为周边居民"家门口"的好去处。各片区坚持用时间刻度"圈"出"最美空间"，也"圈"出居民的幸福生活，片区居民获得感、满意度持续提升。

专家点评

　　基层治理是国家治理的基石，统筹推进乡镇（街道）和城乡社区治理，是实现国家治理体系和治理能力现代化的基础工程。片区治理是近年来上海市徐汇区为破解基层治理难题、探索城市基层治理的新实践，落实"人民城市人民建 人民城市为人民"重要理念和学习贯彻二十大精神的破题之举。徐家汇街道通过深化党建引领，推动基层治理提质增效，在实践中走出了一条探索党建引领片区治理的新路径。片区治理打破了原有社区的地域限制，推动着区域范围内的资源统筹及矛盾问题的联调联解，其做法可以概括如下：一是坚持党委挂帅，通过"做实片区党委、织密治理网格、创新治理机制"三位一体，做强片区治理议事会，实现治理单元重塑和治理机制再造；二是坚持党建聚力，通过画好一张"发展蓝图"、解决一批"急难愁盼"、攻克一批"治理短板"三项措施，建构片区治理共同体，推进以片区为重心的治理；三是坚持党建赋能，通过激发区域资源"新活力"、激活基层末梢"新动能"、激励片区治理"新目标"三个步骤，以治理主体多元化，共奏片区治理协奏曲，助推片区共建共享。徐家汇街道片区治理实践的重要启示在于，要紧紧抓住"党建"这一"牛鼻子"，真正把"片区治理"做实做细，推动基层治理的加强和创新。

（马福云　中共中央党校社会和生态文明教研部

社会治理教研室主任、教授）

用心下好党建引领基层治理"一盘棋"

斜土街道党工委、办事处

一、基本背景

斜土街道地处徐汇区东部，辖区以中山南二路为分界线，南部为滨江城市水岸，汇集 3 个商业综合体、10 个体量型商务楼宇、4 个高档小区；北部为居民集聚社区，分布 72 个住宅小区（其中 56 个老旧小区）、6 个体量型商务楼宇；整体呈现南北区域功能定位、人口属性、小区类型、商业布局等差异明显的特点。

自全面落实区委党建引领基层治理"1+6"系列文件以来，斜土街道不折不扣组织部署，注重在系统设计上下苦功夫，建立 6 项片区机制，成立 7 个工作组、4 个工作专班，协同"美好社区先锋行动"1+4+1 项目，软硬并举、挂图作战、责任到人，统筹党建引领基层治理"一盘棋"，聚焦破解难点堵点。

二、主要做法

（一）建机制强统筹，锻造片区治理"发动机"

"片区"相较于街道、居民区，可以说是一个新的治理空间和理念。要真正发挥党建引领片区治理实效，亟须厘清条块权责、主体定位，形成"最大公约数"共识。一是构建长效型组织保障机制，街道党工委设立 5 个片区党委，下设片区工作推进办公室，组建大调研（片区治理）工作专班。二是完善全域式责任包干机制，明确片区任务及片区长、副片区长职责，组建"1+4+N"工作队伍，根据片区工作要求和条线职能分工，将片区工作人员分成 10 个工作小组，做到片区任务分配到岗、岗位职责落实到人。三是落实扁平化协商议事机制，片区党委牵头，定期召集片区治理协商会，每季度组织一次片区大走访，督促推进重要项目、重点工作，片区事项片区协商。四是建立清单式问题解决机制，统筹"满意在徐汇""走四百"、大调研、常态化联系服务企业、片区大走访等工作，形成片区问题清单，定期更新、及时销项。五是推行全周期督查考核机制，将片区治理参与情况、工作成效纳入街道考核体系，以此作为街道、居民区、中心工作人员年度考核、岗位晋升的重要参考之一。六是探索立体化热线处置机制，以 12345 市民热线为抓手，通过片区主动预判、城运主动预警，高效回应老百姓"急难愁盼"；按需融合片区治理协商会、12345疑难工单专项处置会，落实落地"小事不出社区、大事不出片区"。

（二）搭架构强落实，打通片区治理"快车道"

一是分解细化任务。对标区委党建引领基层治理7大专项行动，根据街道主要领导、分管领导职责分工，成立7个工作组，明确任务目标、具体内容、责任部门、完成期限，形成一张党建引领片区治理责任清单。二是同步推进落实。围绕党建引领片区治理，调整优化街道管理体制和职能配置，创新实践片区治理工作机制，加强居民区规范化建设，深化数据赋能基层治理，提升基层队伍带头人、后备梯队建设，持续开展党建引领社会动员工作，以制度、预案固化党建引领片区治理成果。三是抓实党建引领。依托"徐汇滨江共建共治联盟"，聚焦滨江斜土段人流量大、活动数量多、治理难度高等问题，与滨江管委办、运营管理单位和服务企业联合打造"滨江水岸共治先锋"党建项目；与对口单位区财政局及水、电、燃气、中国铁塔等单位结对共建，进一步深化基层治理条块协同机制；与上海市市场监管局、上海银行徐汇支行、辖区银行网点等党建联建，进一步拓展多元主体参与片区共治。

（三）明责任强担当，跑出片区治理"加速度"

一是形成"软治理包"。在7个工作组专项推进党建引领片区治理的基础上，将条线"规定动作"与片区"自选动作"相结合，共梳理"软治理包"24个类目、63条措施，涉及网格强基、楼组党建、队伍赋能、满意物业、协同共治等，每半年跟进汇总工作进度。二是形成"硬治理包"。聚焦围墙内外、小区街区等重点区域，围绕"三旧"变"三新""15分钟社区生活圈"、特殊人群关爱、美丽楼道创建、沿街居委设置、满意物业、拆违收储等重点工作，5个片区共梳理52个项目，在片区治理协商会上定期通报。三是形成"责任包"。"条推进、块协调"——"软治理包""硬治理包"分别明确责任部门、时间节点，条线职能部门扛起主责、抓好主业；遭遇"中梗阻"，片区搭建平台、靠前协调。"块牵头、条报到"——在全域式责任包干机制下，片区党委跟踪督办"软治理包""硬治理包"，10个工作小组各司其职、协作共进；片区牵头处理跨片区、跨居委、跨条线问题，条线职能部门响应片区调配、落实片区工作。"软治理包""硬治理包""责任包"互为助力，精准发挥片区治理功能作用。

（四）抓项目强合力，挂好片区治理"升级档"

聚焦"小切口"，通过智库专家、基层一线、多元主体的合作共建，巧用"黏合剂"，合力研究治理"大文章"。一是联合推进"美好社区先锋行动"市级—区级—街道项目。在"专家智库赋能街镇"工作框架下，与上海交大、华师大等专家团队交流合作，广泛开展社区考察和座谈研讨，总结提炼了一批好经验、好做法，注重在情况相近、特征相似的其他居民区或小区借鉴推广。二是"一片区一特色"深化"亲邻斜土"品牌建设。摸清辖区内党建、小区、人口等底数，梳理各片区需求、问题、资源、项目、特色工作和能人名人达人清单；在此基础上，找准片区特色和发展定位，明确重点工作任务，加快建设"乐享肇清""宜安茶陵""家在大木""焕新江南""活力滨江"，群策群力、献智献谋，共同深化党建引领基层治理内涵。

（五）组专班强攻坚，拧紧片区治理"动力轴"

为了攻坚克难、打倒治理"拦路虎"，在"一建三公"力量充分下沉片区的基础上，进一步强化"条推进、块协调""块牵头、条报到"的片区治理机制。一是力量跟着任务走。围绕重点难点，组建4个工作专班——大调研（片区治理）工作专班、五大专项提升行动指挥部、城市更新工作指挥部、业态调整提升专班，确保街道工作始终与区委保持同心同向、同频共振。二是制度跟着实效走。实行双周简报、月度汇报、挂图作战、党建联建等工作制度，专班力量各司其职、片区党委督促推进，各方协调解决矛盾问题，确保各个项目落地见效。探索推出警社联动工作机制，增强片区党委成员单位联动效能。在工作专班、项目一线组建临时党支部，充分运用"党员三先"工作法，激发党员先锋表率，提升党组织战斗力。

三、经验成效

一是协商解决了一批疑难问题。依托"满意在徐汇"、大调研、"走四百"及片区大走访，全面掌握了近2.5万户居民家庭的基本情况，精准排摸了社区党员、特殊老人、困难家庭、治理骨干等重点目标人群。2023年1—7月，"满意在徐汇"共收集问题建议46件，涉及民生服务类、建设管理类、平安保障类，解决率100%；片区收集问题26个，协同"美好社区先锋行动"项目、"硬治理包""软治理包"推进销项；形成一张共74名、各有所长的社区名人能人达人清单。同时，片区"立体化热线处置机制"运行有效，2023年5月初至8月底，街道共受理12345工单1070件，"四个率"综合排名全区第一，期间攻破了一个个难题。比如抓住"三旧"变"三新"契机，片区牵头居民区、城管支队、管理办、平安办、派出所等力量，攻坚拆除了由20世纪末电话亭转化而来的违法建筑。

二是锻炼选拔了一批基层干部。全方位落实片区"全周期督查考核机制"，经中心、居民区党组织推荐一批后备干部24人，街道组建3个调研工作小组，开展调研座谈6次，全覆盖一对一访谈174名，综合推荐人选平时表现、群众评价以及工作成熟度，暂缓纳入后备干部库人选6人、新增纳入后备干部库人选 4 人。通过干部队伍调研，发现、识别干部，建强梯队人才"蓄水池"。注重干部双向流动，选派 1 名公务员担任居民区党组织书记、面向居村干部定向招录公务员 1 人。同时，根据各居民区社工性别比例、年龄结构以及党员占比，结合人岗适配情况，对 31 名社工进行岗位调整，提任居民区党组织副书记 4 人，挂职居民区书记助理 4 人，挂职居委会主任助理 4 人，为锻造一批有担当、讲奉献、有能力的居民区骨干队伍奠定了基础。

三是攻坚推进了一批治理项目。围绕"15 分钟社区生活圈"提升建设，通过走一线、摸实情、找问题、汇需求，梳理出覆盖 5 个片区、4 类 71 条需求，条块融合、形成一张"1445"愿景图。挂图作战，片区协同城市更新工作指挥部、居民区、徐房集团征收公司，终于啃下了瞿溪路 1385 号零星旧改的"硬骨头"；全面推进 4 个更新改造项目、7 个房屋修缮提升项目、9 条道路形态提升项目、2 处绿地绿化改造项目，完成 6 处地块收储、32 台加梯签约、143 处违建拆除；建成 1 个"生活盒子"、1 个居民区特色党群服务站、1 个社区市民健身中心，拥有 2 个社区食堂、2 个助餐点；居委沿街设置三季度实现全覆盖；依托"党员三先"书记工作室、"新晖成长营"，建成 10 个基层干部成长实训点。

四是总结提炼了一批工作成果。在做实片区治理过程中，街道、居民区涌现出大量创新做法。比如"美好社区先锋行动"市级项目"区街联建业委会共治平台——'党员三先'引领业委会高质量运作"，"彤心"业委会联合会组织架构更精细，形成了"1+5+67"社区—片区—小区工作体系；实践成果更丰富，凝练出一编一单一课一评一集一包一法；培养模式更多元，打造业委会"社区党校"；借助数据赋能，探索实践业委会换届的场景应用。又比如，肇清片区以构建围墙内外居民区商户自治共同体，逐步攻破清真路、医学院路沿街治理难题；大木片区"家校社"联动成立社区教育共治委员会，以家庭小文明推动社区大治理；茶陵片区融合专业化法治资源，助力城市更新、化解矛盾纠纷；滨江片区以"党建＋营商"探索片区融合多元治理，助力区域高质量发展；江南片区实施首个"美好社区先锋行动"街道项目，守牢安全底线，推进城市更新。

专家点评

徐汇区斜土街道聚焦基层社会治理的痛点难点堵点，坚持党建引领，通过问题导向、责任分"包"、"软""硬"并举，不断深化片区治理机制，在精准施策、项目攻坚和干部培养上取得了积极的成效，是新时代徐汇区人民城市建设的行动缩影。具体表现为：一是坚持"责"字当头，夯实片区治理工作机制，做实片区党委，完善"一核多元"治理体系，落实扁平化协商议事、清单式问题解决、全周期督查考核、立体化热线处置机制，聚合力、强攻坚，主动按下片区治理"快进键"。二是坚持"实"字为要，助力"软治理包""硬"提升，片区党委踏实走一线、扎实汇民意、务实推工作，在切实解决疑难问题、服务联系群众的同时，深化街道品牌建设。三是坚持"干"字为先，实现"硬治理包""软"着陆，攻坚推进了一批让老百姓看得见、摸得着、有感受度的项目，片区治理实实在在有成效。斜土街道通过推动片区"自运转"、功能"全发挥"，构建片区常态化治理体系，实现软硬同步实施、双向赋能，不断提升片区治理能力现代化，打造片区共建共治共享新格局。

（杨发祥　华东理工大学应用社会学研究所所长、教授）

"一横一纵"
打造宜居宜养"龙南家园"

龙华街道党工委、办事处

一、基本背景

龙华街道龙南片区（东临丰谷路，西倚龙吴路，南抵张家塘中心线，北至龙耀路）总面积达 1.15 平方公里，所辖居委 6 个、自然小区 16 个，总户数 9666 户，户籍人数 17010 人，常住人口 26655 人。龙南片区是 20 世纪 90 年代售后公房集中区，普遍存在住宅建筑破旧、楼栋设施老化、公共服务配套不全、停车位紧张及道路出行不便等问题，曾被龙南片区居民调侃为"被遗忘的角落"。随着龙水南路越江隧道、地铁 23 号线建设等市级重大项目推进，旧住房修缮、雨污混接、电梯加装等基础性工程推进，这些短板越发凸显。按照区委决策部署，龙华街道深化党建引领基层治理，聚焦"建设新徐汇、奋进新征程"战略目标，主动跨前、善作善成，以问题和需求为导向，凝聚各方力量，探索形成深化党建联盟"一横一纵"片区治理新模式。

二、主要做法

（一）以工程聚力，重塑龙南家园

针对居民出行不便、片区断头路多的问题，龙华街道主动跨前，结合片区重大工程项目，对接区道路绿化建设指挥部、滨江开发公司等，分别成立丰谷路道路辟通、黄石路道路辟通等多个专项工作组，安排专人力量支撑项目攻坚，全力推动道路辟通按时间节点顺利推进。一是摸清历史，了解群众诉求。针对丰谷路向南规划红线内有 2 幢应拆未拆的老旧房屋、黄石路辟通红线内邻近小区常年占地自用等情况，专项工作组依托片区五级"纵向"组织网络，调查排摸历史成因，听取群众诉求，协商化解历史矛盾，以站在群众的角度为下一步推进丰谷路、黄石路、天钥桥南路道路辟通奠定基础。二是对准根源，化解群众心结。上海宝佳五金厂位于规划丰谷路道路建设范围内，因动迁而临时过渡使用至今，成为丰谷路道路顺利辟通最难啃的"硬骨头"。自 2022 年 11 月起，街道专项工作组会同滨江公司先后多次与经营户现场交流协商清退事宜。通过各方努力，最终本着尊重历史的原则，就停产损失、员工安置、老人安顿等棘手问题达成共识，并于 2023 年 4 月底前完成清退工作。三是民主协商，优化改善方案。针对龙南内三村长久以来占用城市公地用于小区机动车辆停放的情况，专项工作组遵循"有事好商量、众事众商量"的工作原则搭建交流平台，邀约小区"三驾马车"、居民代表畅所欲言。专项工作组一方面积极做好解释沟通和疏导安抚工作，另一方面充分调研了解群众建议诉求。在确保方案可行的前提下，将居民提出的合理化建议一一转化为优化方案，达成片区治理"最大公约数"。

（二）以平台凝心，提升民生供给

基于龙南片区老旧小区多、老年人多的现状，片区内生活服务供给升级需求迫切，龙华街道致力打造"一站式""一门式""一口式"多层次、多渠道、多样化、个性化的"15 分钟社区生活圈"。一是集约融合、全周期守护。根据片区居民需求，以龙南家园邻里汇为平台，提供夕阳晚晴日间照料、康复辅具租赁、智慧政务、亲子托育、中医推广、慈善募捐、暖心小屋、志愿便民、为老助餐等"十八园"服务，凸显"老有所托、幼有善育、各有所需"的全年龄段嵌入式综合服务。二是暖胃暖心，全人群覆盖。龙南家园社区食堂每天早中晚餐时段分别提供 25 个品种的单点菜，根据时令需要推出家庭特惠套餐、暖心暖胃砂锅及养生汤等。同时，定期邀请周边居民组建试吃团，对家常菜、创新菜进行试吃点评，菜品不断推陈出新。值得一提的是，龙南家园社区食堂还向为老助餐点提供套餐服务，受到了老人们的一致好评，计划下一步将为社区白领量身打造送餐定制服务。三是宜居宜业，全天候服务。街道与区人社局合作，因地制宜设立街道首个就业服务站——"宜业box"龙南站，积极探索"服务端口前置、服务重心下沉、服务资源集成"就业服务新模式，通过实地走访、电话沟通、招聘会等多样化就业服务形式，创新打造"1+4+X"服务格局，将"宜业box"扎根于社区，打造全方位、全天候、多功能的"'宜业box'15分钟就业服务圈"。

（三）以项目为桥，扩大居民自治

针对龙南片区老旧小区多、外来租户多、老年人多，管理难度大的现状，龙华街道着力通过大力培育自治项目，优化公共服务、美化居住环境、凝聚人心，提高居民幸福感。比如，龙南五村有一处近 300 平方米的闲置绿地，因常年缺乏管理维护，绿植长势茂密，杂草有 1.6 米高，常有流浪猫狗藏匿其中，异味大又存在安全隐患，让附近的居民深受其扰。经过向居民、业委会、居委会等多方意见征询，自 2020 年开始，该小区有效利用原有闲置绿地建立绿色生态园，召集社区居民组建自治团队，居民参与进行空间规划及后续管理运营，清理垃圾、铲除杂草、种上花卉瓜果……从而有了如今焕然一新、一年四季不同景的 600 多平方米的"L"型生态园。该小区依托社区自治团队参与，发挥社区居民特长和社区资源，以共建共享的方式促进社区互动，形成社区合力，既解决了周边住户环境卫生问题，又提升了社区整体温度，弥合了相互隔离的社群关系网络，提升了社区凝聚力与归属感。

三、经验成效

一是"横"为体，做大片区党建联盟。积极探索在区域化党建平台上搭建以市城投集团、隧道股份、滨江开发公司等区域单位共同参与的"横向"议事党建联盟，以龙水南路越江隧道、地铁 23 号线、南北交通"六纵"道路等重大项目建设为核心目标，辅以周边居民区电梯加装、住房修缮、雨污混接改造等基础性工程，定期召开龙南片区党建联席会议，共商共议、联建共建，充分协调各方资源，推动城市更新及社区民生由"串联"向"并联"转变，打响 2023 年重大工程攻坚战。以龙水南路越江隧道工程为例，在"横向"党建联盟议事平台的作用下，从敲不开一户居民的门，到通过开展 2 次全体业主大会、5 次方案宣讲会、66 次居民接待会、17 次专题会议，以及对 104 户居民逐户上门沟通，完成了该越江隧道新建项目所涉及的龙南三四村 2 幢居民楼和龙南公寓沿街商铺的征收及拆房工作。

二是"纵"为用，做细龙南民生保障网。抓实片区治理，充分发挥"区—街道—片区—微网格—楼组"五级"纵向"组织优势。目前，龙南片区共有 6 位居民区书记、6 位居民区第一副书记；微网格 42 个，微网格长 35 名，微网格员 145 人；楼组 637 个，第二楼组长 290 名。一方面，整合条线力量，统筹协调跨片区、跨领域、跨部门的疑难杂症问题，每月推动一批群众反映强烈、居民区难以协调的问题快速落实处理。另一方面，推动"马路干部"先锋行动，深化联系群众"大走访"，深入一线做实做细调查研究，通过每周进社区，每月有反馈，了解群众真实诉求，真正做到"人到格中来、事在格中办、难在格中解"。在严密的微网格机制下，龙南片区成功预警处置了多起火灾隐患以及独居老人等重点人群安全事故。比如，龙南五村的微网格长发现家住81号楼的孤老家中厨房有着火迹象，情急之下翻越天井，冲进厨房关闭了煤气闸，消除火灾隐患，避免了一场安全事故发生。

三是"横纵"结合，聚焦群众急难愁盼。街道坚持问题导向、系统思维，巧做"横纵"结合大文章，结合片区重大工程项目和民生实事工程的推进，依托区域单位、职能部门等，同时配备街道"一建三公"等专门力量支撑，全力解决群众急难愁盼。比如，龙南外三村的路灯线路老化，由于缺乏线路图纸，物业无法从根本上解决问题，影响了小区夜间照明，存在安全隐患。通过片区内网格化机制向街道反映后，街道第一时间召集片区工作专班、居民区"三驾马车"会同区房管局等职能部门现场办公，当场决定借助小区"三旧"变"三新"的东风，进一步扩大工程惠民范围，将路灯线路更新重排问题一并解决，得到了居民们的一致好评。又如天钥桥南路辟通工程，规划道路南段的红线上有一处存在多年的东航职工宿舍房，一对老人长年居住其中。为了打通"堵点"，街道第一时间抽调街道和片区年轻力量，并吸收周边小区熟悉情况的党员骨干，组建天钥桥南路辟通工程攻坚组，并协调东航公司、滨江公司等区域单位，共搭平台、春风化雨开展群众工作，当前该宿舍已实现如期拆除，原住老人也得到了妥善安置，天钥桥南路南段实现了如期施工。

专家点评

作为老旧小区集中且工程建设项目落地密集的地区，龙华街道龙南片区深化党建联盟"一横一纵"，打造宜居宜养"龙南家园"，做出了有效探索。龙南片区以网格强基、以工程聚力、以平台凝心的片区治理创新，充分实现了党建引领的制度优势对治理效能的有效转化，特别是：把横的文章做通，实现多元主体和片区的有效联结；把纵的文章做实，实现网格化管理服务的有效落地；把平台的文章做活，实现对民生需求的有效保障。龙南片区的党建联盟治理经验也提醒城市基层治理要注意寻找到合适的单元，将街居之间的片区重视起来，成为基层党建、社区共治和打造社会治理共同体的载体和单元，具有重要的探索价值。

（叶敏　华东理工大学社会与公共管理学院教授）

"红蕴天平"
激发风貌街区治理新动能

天平街道党工委、办事处

一、基本背景

天平街道地处衡复历史文化风貌区，具有得天独厚的红色基因、精深广博的人文底蕴、印记鲜明的海派文化，2.68平方公里红色热土蕴含磅礴能量，激励着一代代天平人坚定理想信念、矢志不渝奋斗。

天平街道党工委坚持以党建引领提升基层治理效能，自觉担负起赓续红色血脉的使命，深入挖掘辖区红色资源"富矿"，从伟大建党精神中汲取奋进力量，不断深化片区治理机制建设，推动形成综合治理共同体。2022年8月，天平街道党工委发布"红蕴天平"党建品牌，在区域党建促进会天平分会基础上，牵头凝聚近140家区域单位组成"红蕴天平"党建联盟。2022年9月，将辖区划分为康平、梧桐、嘉澜三个片区，完善"街道—片区—居民区—微网格—楼组"的基层治理组织联动体系和指挥运转机制。2023 年 7 月，持续深化拓展"红蕴天平"党建品牌内涵，推出"红蕴民生服务矩阵"，以片区联动为支撑，促进区域化党建、服务民生、创新治理等更有成效，全面打造"红蕴天平、人文家园"。

二、主要做法

（一）机制赋能，做实党建联盟矩阵

联盟运作突出"清单化"。完善"三张清单"，健全"会议共商、资源共享、人才共育、品牌共创"机制，实地排摸联盟成员单位资源禀赋，梳理资源清单 6 类 48 项、项目清单 6 类 43 项、需求清单 6 类 28 项。实施动态更新，2023 年 1—10 月，街道康平、梧桐、嘉澜三个片区共收集梳理各类问题 66 项，已完成 57 项，正在推进中 9 项。根据区街重点工作及群众需求，实时拓展党建、治理、民生、文化等方面的新内涵并定期更新，完善问题的受理、协商、处置、反馈闭环处理流程。

区域互动注入"新内涵"。打出生态特色牌，以市体科所主动打开围墙、建设"丽波·水漾"口袋公园为典型范例，依托联盟平台，联合区属职能部门与成员单位协商，进一步提高辖区公共绿地覆盖率和居民感受度，营造更多"转角遇见美"。做强民生服务营，汇聚党建联盟成员单位力量，发挥片区扁平化治理优势，统筹供给多层次、高品质、全方位的民生

服务资源注入生活盒子，以"双月社区周"等载体吸引多元主体融入，把组织力转化为发展力。聚焦群众最关心最需要的餐饮、养老、就医等需求，联合百余家单位、商铺代表推出"红蕴民生服务矩阵"，多维度创新消费场景、丰富服务供给、落地让利优惠，以微矩阵撬动大民生。

载体设计更富"时代性"。让流量变能量，结合大徐家汇功能区目标定位，统筹治理要素，探索在衡山路打造可阅读、宜漫步、有温度的人文花园街区；发挥衡8、吴界等园区楼宇作用，用足音乐街区、花园洋房等特色资源，配合塑造衡复金融街区。老品牌出新牌，推动特色党建项目迭代升级，发布"红蕴党课"课程册，精心打造"红蕴传承""焕新天平"2个主题6条"复兴路党课"寻访线路和7大类80余门精品课程；"党员嘉志愿"项目以3个片区为平台凝聚辖区党员，开展差异化志愿服务。

（二）阵地赋能，构筑党建服务矩阵

党群服务体系更完善。做强"中枢"，社区党群服务中心作为"神经中枢"，加强资源统筹、供需对接、指导监督，66梧桐院党群服务中心强化活动策划运维，持续打造"最美风貌区党群服务中心"，设置"片区专员"指导片区党群中心及各站点党群服务。延伸"终端"，加快推进新里137党群服务中心建设，推动各片区党群阵地均衡布局，促进居委沿街党群服务站功能提升，探索风貌街区治理和更新活化，在"全岗接待"基础上，试点在永嘉新村等居委推行"三驾马车"联合接待、一门式服务。

"15分钟生活圈"更便捷。线下布局，加快构建"15分钟社区生活圈"，统筹3个片区生活盒子建设运营、社区卫生站升级和2个菜场改造，通过家门口的服务来拓展党组织的政治功能、组织功能。线上拓展，开辟"微心愿"线上征集及认领，提高对接效率，缩短等待时间。党建项目融合"生活盒子"服务项目，探索线上预约、点单或定制服务，实现服务主体和服务对象的双向扩展。

物业管理服务更贴心。扩大覆盖，党建引领建设"满意物业"，在131条弄堂已成立60个弄管会的基础上扩大覆盖范围，做好"红蕴天平·治业有方"业委会共治沙龙日常运作，对69个业委会进行新建或换届选举。规模运营，结合辖区实际，推动国有物业企业对永太居民区、天平路179弄周边零散小区等处实施规模化物业管理，党建引领物业一体化提质增效。

（三）项目赋能，打造党建人才矩阵

实施能力提升计划。机关下沉，目前已有3名机关事业干部下沉担任居民区书记或副书记，3名选调生分别在3个片区一线岗位历练，21名区域单位青年干部全覆盖居民区兼职，激励争当"弄堂干部""马路干部"，经风雨、见世面、壮筋骨。"头雁"引领，做实"红蕴书记工作室"，安排刚卸任的居民区书记在岗坐班、新老结对，并牵头开设"书记沙龙"，对居民区疑难杂症"把脉会诊"，充当治理智囊，列席片区会议、参与现场走访，示范带教引领。先锋驱动，持续开展"红蕴先锋"党员行动，依托"红管家能力提升营""社邻学院""天平红管家·Top说"等增强社区干部群众工作本领，以片区工作例会等平台促进经验分享，大兴调查研究之风，锻造堪当中国式现代化重任的"四有"社区干部队伍。

实施社区育才计划。培育骨干，提高嘉园党群服务站内设的"三新群体服务驿站"运营水平。以"红蕴天平·弄堂辰光"便民服务项目等为载体，吸纳社区能人达人、业委会成员、新就业群体等多元主体，壮大骨干志愿者队伍，实现自我服务、自我教育、自我提升。强化自治，成立"红蕴天平·治业有方"业委会共治沙龙，发布《天平街道业委会共治沙龙章程》《天平街道业主委员会工作指导手册》，并通过设立党组织、深化交叉任职等方式，提高业主主人翁意识。

实施区域引才计划。荟萃人才，作为全国"最佳志愿服务社区"，增强"德育圈""复兴路""名家坊""嘉志愿"等项目活力。邀请辖区院士、高层次人才加入天平"名家坊"等志愿团体，推进人才社区双向赋能；探索人大代表以片区分组、政协委员居民区联络点等工作。深耕社区，依托专家团队开展"美好社区先锋行动"、片区和居民区特色治理项目，为"红蕴天平"提供强有力的智库赋能，更好地聚人才、暖人心、提人气。

三、经验成效

一是将党建引领做实。党建工作抓实了就是生产力，抓细了就是凝聚力，抓强了就是战斗力。特别是对基层社区工作而言，坚强有力的基层党组织及充满活力的党建联盟是基层治理的关键。街道汇聚"红蕴天平"党建联盟成员工作合力，统筹协调市级机关"党建＋服务"、大院大所"党建＋人才"、文化教育"党建＋志愿"、企业单位"党建＋营商"等多个维度，将基层党组织的覆盖做实，把片区作为引领发展的试验区和实践区，做好康平居民区"五个一"工作法等"一居一品"宣传提炼，以点上突破谋求面上提升，奋力打造基层治理天平样本。

二是将特色资源做优。优质资源是推动基层治理的强力引擎和重要依托，街道充分挖掘利用衡复历史文化风貌区红色资源及区域单位人文、科技、医疗、教育等丰富资源。片区党委成员"扫街"挖资源，"走巷"强联系，引导区域单位打开"围墙"，加强融合交流与双向赋能。发挥天平路衔接徐家汇商圈和武康路的区位优势，提高区域单位间的协同深度与层次，利用党建联盟平台，推动各单位参与，将街道从主导者变为组织、资源的协调者，促进各联盟单位的优势资源整合、形成工作合力、打造特色街区。

三是将民生服务做细。人民幸福安康是衡量党建引领基层治理的最终标准。在工作实践中，街道坚持问需于民、问计于民，以走访开路、以调研开局，充分吸取基层群众对片区生活盒子建设等方面的宝贵建议，将群众最关注的民生服务需求提炼为"五个建设"，即"建设社区食堂，解决百姓吃饭难题；建设健康驿站，守护人民生命健康；建设便民中心，排解居民生活烦恼；建设多功能活动室，服务群众文化需求；建设红色阵地，引领片区基层治理"，并坚持目标导向，突出精准施策，抓紧推进落实。

四是将治理队伍做强。干事创业，关键在人，街道积极构建基层治理共同体，梳理更新片区人才库，充实治理智囊团，吸纳社区能人达人、业委会成员、新就业群体等参与基层治理，开设"新达人治理沙龙""业委会主任联谊会""新就业群体健康急救课堂"等培训班次及课程，不断提升社区自治功能和自我服务能力。发挥"红蕴先锋"党员志愿服务队引领作用，在"美丽弄堂先锋行动""弄堂辰光志愿服务"等先锋行动中展现担当作为。

专家点评

　　党的执政基础在基层，国家治理的神经末梢在基层，人民对美好生活的感知在基层。解决基层治理难题，提升基层治理效能，必须深化党建引领基层治理，构建共建共治共享基层治理新格局。在人民城市建设实践中，天平街道深挖衡复历史文化风貌区红色资源及区域单位优质资源，逐渐锤炼出了"红蕴天平"党建品牌，持续抓好民心工程和实事项目，在扩大覆盖面、兑现完成率、提升获得感上下更大功夫，实现了治理品质的较大提升。总体来看，天平街道的上述实践带给我们的重要启示是，要活用党建"金钥匙"解锁基层治理"密码"，持续用力抓基层、强基础、固基本，将民生实事项目作为"试金石"，不断推动基层治理效能迈向新高度：一是要依托区域化党建平台辐射带动作用，吸纳区域多元力量共同加入，真正激活基层治理活力，形成具有区域特色的治理共同体；二是以党建工作为纽带，建立区级和街道双牵头工作机制，加强条与块、业务单位与治理主体的协同配合，合力破解治理难题；三是做优建强基层党组织并将之作为片区治理的主心骨，通过党建联动打破治理"壁垒"，以信息技术赋能治理效能。

（杨锃　上海大学社会学院党委书记、教授）

打造永不落幕的音乐街区

湖南街道党工委、办事处

一、基本背景

音乐街区地处衡复历史风貌区核心区域，以淮海中路、汾阳路、复兴中路、宝庆路为主交汇而成，约 0.1 平方千米。面积虽小，但辖区有着丰富的人文资源和深厚的人文底蕴，上海音乐学院、上海交响乐团等院团机构集聚，袁雪芬旧居、聂耳旧居等优秀历史保护建筑、文物保护建筑云集，琴行、音乐商店等散布周边，因此被称为上海音乐文化最为浓郁、音乐人才最为集中、音乐演出机构最为密集的区域，也是沪上独树一帜的建筑可阅读、音乐可触摸的特色街区。

百年音乐、百年交响是湖南街道最显著的文化符号之一。2020 年，街道提出打造音乐街区设想，并启动文化共同体、美育联盟建设等工作，开展了一系列颇受市民欢迎的文化项目，初步打响了音乐街区品牌。但由于合作领域相对单一、单位机构覆盖不广，街道在提升街区治理能级、促进街区融合度方面，总体还是处于单打独斗状态，横向上与驻区单位联动不足，纵向上向下延伸不够。

2022 年，上海音乐学院启动淮海中路段围墙打开工程。随着项目的推进，上海音乐学院、区职能部门、湖南街道进行了广泛而深入的接触。这促使街道认识到，音乐街区汇聚了一大批政府部门、事业单位、乐团机构、商务楼宇，这些单位、机构虽然与属地区在行政、资产关系上互不隶属，但在共同推进党的建设、服务广大群众、促进共同发展方面，存在共建共享方面的客观需求。于是，街道启动"音乐街区治理力工程"，以街区高效能治理为牵引，推动高质量发展、创造高品质生活。

二、主要做法

（一）提升组织力，全力搭建平台，凝聚街区建设合力

在市委、区委组织部指导下，街道党工委把握地域特点，科学划分片区，形成"街区即片区、片区即街区"的治理架构，实行"分片包干、分类治理"的治理模式，以片区治理赋能街区发展，以街区发展深化片区治理创新。对内，建立"1+4+N"街区党组织工作架构，加强组织领导和统筹协调。健全责任"包联"、力量"融合"、工作"自转"、片情"兜底"四项机制，实施大事共议、要事共决、急事共商、难事

共解"四共"举措，做实"需求、问题、项目、责任"四张清单，努力打通街域治理"最后一米"。对外，打造"一核两翼"党建联盟体系，牵头组建"音乐街区共治委员会"，涵盖区域31家党建单位，开展党群共建、文明共理、环境共治、服务共享、平安共管、品牌共创的"六共行动"，共商共议街区规划前景。

（二）提升穿透力，聚焦市民群众所需所盼，健全群众身边的服务阵地

针对音乐街区驻区单位多、人员流动性大、群众需求多样等特点，街道注重从阵地、力量等方面加强保障，不断提升党群服务水平。建立群众身边的服务阵地矩阵，构建以上海音乐学院、上海交响乐团等院团为代表的服务基地群，襄阳公园、聂耳绿地等以音乐为特色的文明实践公园群，淮海居民区、复襄居民区等音乐街区文明实践站点群，"音乐艺术家围栏"文明实践长廊，使文明实践融入基层治理、增进民生福祉。建立"我为音乐街区做件事"机制，与共治委员会单位沟通形成31个音乐街区服务计划，每个单位定期向社区居民提供特色化服务，以"零距离"志愿服务理念，为辖区居民提供切实便利，打通服务群众的"最后一公里"。拓展音乐街区资源边界，针对街区内中小学校布点较多的情况，音乐街区共治单位积极联动，探索建立音乐特色的大中小幼思政育人一体化建设，以音

乐为特色的思政育人实践也成为街区、片区、社区联动共治的重要纽带。

（三）提升感召力，在推进街区治理中凝聚人心，实现双向奔赴

围绕街区治理要求和群众需求，坚持项目化推进方式，着力实现共建共治共享。以参与式规划的方式凝聚街区治理共识，以"梧桐先锋"党建引领，凝聚、整合各方力量，线下深入街区收集诉求、线上持续开展"我为音乐街区建设献一计"人民建议主题征集活动，让街区与市民从"牵手"连心，到"携手"共进。以文化浸润人心的效果体现街区治理温度，通过项目化合作，把"MISA 全城古典""音乐好邻居""午间音乐会""古典轻松听""一季一演"等音乐特色项目送进楼宇社区，2023 年已惠及万人，让更多市民体验到家门口优质文化。以全要素治理的实招展示街区治理风度，打造向市民开放的 3300 平方米上音绿地，形成独具特色的口袋公园。完成汾阳路全要素治理，焕新街区整体形象。编制"音乐街区沿街商业新业态发展导则"，承办 2023 上海消费市场创新大会，打造有温度、有情怀、有文化的街区沉浸式消费体验场景。

三、经验成效

音乐街区建设是街道将党建工作融入党委政府重点工作

重大项目的主动作为，在推动城市高质量发展中发挥积极作用，得到了新华社、人民网、解放日报、上观新闻等权威媒体报道。

一是拓展了党建工作内涵。紧跟时代发展要求，把党建工作与重点工作任务紧密结合，以音乐街区共治委员会为切入口，汇聚动员驻区单位、包保单位、职能部门等各方面力量积极参与社会治理，不断增强党建引领基层治理实效。例如，上海音乐学院校园、上海交响乐团音乐厅向社会开放，生活在附近的很多居民第一次走进了上海音乐学院、上海交响乐团参观体验；上海交响乐团与紧邻的小区有了面对面交流、协作共商的常态化机制，将夜间搬运道具时间提前告知居民，协商解决小区与院团之间隔墙破损问题，举手之劳的小事，却解决了居民区大问题。

二是提升了群众服务能级。街道党工委以党建为引领和保障，打破条块管理、单位行业之间的壁垒，实现资源有效整合，推动街道社区与驻区单位、社会组织之间相互提供服务，为基层群众解决实际问题，把各种便民为民服务送到家门口、楼宇中，增强广大群众的获得感。例如，上海音乐学院、上海交响乐团、上海越剧院向市民提供古典乐、民族乐、传统文化等美育资源，成为市民身边的"音乐好邻居"，街区更有深度、有温度、有情怀；区医保局、徐中心医院安排医疗专家团队进入音乐街区，以"零距离"志愿服务理念，为辖区居民提供切实便利，打通服务群众的"最后一公里"。

三是创新了城市基层党建运行模式。依托党建引领寻求各方利益最大公约数，增强区域化联通互动社会治理水平，通过建立了党建联盟，把城市党建的政治功能辐射到基层治理的各环节，注重以党建引领社会治理创新，统筹协调驻区单位、"两新"组织、居民区、机关等各类资源，引入多元主体共同参与街区治理，从而使音乐街区的环境更美、服务更好、秩序更优，共建共享的动力得到了凝聚和强化。例如，在音乐街区建设期间，居民提出沿街改造中新安装的公共座椅凳面太低，不方便老人坐下站起，居委立刻协调了施工方采纳了意见，第二天就调整了座椅高度。此外，针对小区终日琴声不断而引发的扰民纠纷，召集业主共商共议形成自治规约，对练琴时间做出明确规定，有效解决了这一"老大难"问题。

专家点评

经过多年的基层社会治理实践，我们已经更清楚地认识到，城市基层社会治理不仅仅是空间设施的建设改造，或是街道及部门的行政兜底，也不仅仅是简单的群众参与和群众评价，而是更深层次地涉及不同社会群体之间的情感联结和文化赋能。目前，我们已在各个地方推动老年友好型社区、儿童友好型社区、宠物友好型社区的建设，而湖南路街道借助于上海音乐学院、上海交响乐团等属地单位特色，以音乐为连接，打造了一个开放、包容、活力、和谐的音乐友好型社区。这个音乐友好型社区，不再是以"群体友好"而是以"要素友好"为中心。它既有空间维度的地图、街区、站点、矩阵；也有时间维度的春、夏、秋、冬；更有制度维度的共治委员会、青年共治联盟、专家委员会；还有从效果维度提升推动力、组织力、穿透力、感召力"四力"并举的"音乐街区治理力工程"。未来的城市治理和基层治理，要更多地培育以文化连接、情感连接为基础的"要素友好型社区"建设。

（李威利　复旦大学马克思主义学院副教授）

做大做强党建引领片区治理"N"力量

华泾镇党委、政府

一、基本背景

馨宁"小全科"医护志愿组是一支光荣的志愿者团队，志愿者们来自于包括复旦大学眼耳鼻喉科医院、上海市胸科医院及社区卫生中心等各级医疗机构，专业涵盖内科、妇产科、血液科、儿科、精神科、心内科等，所以被称为"小全科医院"。这支成立于2022年3月的志愿者团队，平均年龄36岁，是一支具有很强专业性的队伍。在应急状态下，他们在基层党组织的动员下组织、凝聚，发挥重要作用，近20名专业医护志愿者主动担负起馨宁公寓小区8000名居民的伤口紧急处理、重大病情预判、突发伤情处置等任务，相关事迹在CCTV播出2次，也得到了文汇、上观、学习强国等媒体的点赞，在居民中树立了良好的形象。

2023年，华泾镇思考的问题是：如何把平时强基固本与"战时"高效动员结合起来，继续发挥市级人才公寓的专业人才的作用，继续凝聚专业力量，巩固与提升基层治理的多元参与，不断增强城区韧性？

面对这个命题，华泾镇积极贯彻区委关于片区治理"1+4+N"要求，努力在组织建设、实现路径、资源统筹等方面不断探索，不断做大做强"N"的多元力量积极参与基层治理，在有效服务居民的基础上，有效提升城区韧性。在镇党委的引领下，馨宁"小全科"医护志愿团队不断发展，从战时走向平时、从服务小区走向服务片区、从个人参与走向单位联建、从面向片区走向辐射镇域，探索出了一条专业团队的有效有力参与基层治理途径。

二、主要做法

（一）从战时走向平时

2022 年，馨宁"小全科"医护志愿者们白衣执甲，走到了志愿服务第一线，紧急处置 3 岁孩子糖果卡喉、剪刀戳伤眼睛、头部拆线、手指刀伤、配置紧急药物等突发或紧急事件。诸如组建宝妈微信群关爱孕妇、关爱监护独居生病老人等事迹不胜枚举，一年累计问诊 150 余次，上门出诊 30 余次，关键时候高效、有序、能扛事儿。

2023 年，依托片区治理平台，"小全科"医护团队的力量得到进一步充实，进而发挥着更大作用。在北杨华发党群服务中心，大家一起了解片区治理、"15分钟社区生活圈"的基本情况，讨论专业团队在建设宜居宜养社区中的角色定位，探讨"N"多元力量在美好社区、韧性城市建设方面的重要作用。通过充分沟通、凝聚共识，馨宁"小全科"医护志愿团队实现从战时走向平时的蝶变。

（二）从服务小区走向服务片区

"我妈妈吃治疗心血管的药，连续服药一年了，肝功能一直受到影响没恢复，小全科的医生上午几点来？我让我妈拿着药盒和检查单去问问。"北杨华发片区60岁以上老人4593人，健康是老人们最关注的问题。来自瑞金医院古北分院药剂科的刘星雨医生为居民带来《合理用药》的讲座，不少居民带着自己的药方药单积极请教。

在片区党委的组织下，馨宁"小全科"医护志愿团队走出小区，走进北杨华发党群服务中心，通过讲座、义诊等方式来解决居民的问题，辐射更多居民小区。上海市精神卫生中心王洪艳的《儿童青少年情绪问题》讲座，不少其他片区的居民主动报名听讲；瑞金医院古北分院田瑞的《妇科常见问题解析》讲座，居民现场了解后表示会前往医院就诊；复旦大学中山医院徐汇区中心医院邹志兰的《贫血之缺铁性贫血知识普及》，有居民来为家里的高龄老人咨询问诊……不需要挂号、不需要排队，居民在家门口的"生活盒子"里得到专家指导。

（三）从个人参与到单位联建

志愿者个人的力量是有限的，专业特长也有限制。为进一步满足群众的需求，志愿者们纷纷发挥自己"朋友圈"的作用，持续扩大"小全科"的服务能级。一些志愿者邀请到自己的朋友、同事等，不断充实着"小全科"的内涵。

2023 年 6 月 18 日，复旦大学眼耳鼻喉科医院麻醉科支部来到北杨华发党群中心，与片区党委签署了党建共建协议。复旦大学眼耳鼻喉科医院的两位医生分别带来了《眼药水您用对了吗》《脑卒中的识别与院前急救》两场讲座。两个活动室满满当当，三甲医院的专业健康科普，受到了社区居民的欢迎与认可，代表了从个人参与到单位联建的开端。目前，片区党委已经与部分志愿者所在的医院相关科室党组织达成联建共识，未来将通过定期医疗科普讲座等多种形式将优质资源带到社区，切实提升居民生活品质。

（四）从服务片区走向服务镇域

随着服务影响的升级，馨宁"小全科"医护志愿团队吸引力也在递增，越来越多其他居民区的医护志愿者报名加入团队，志愿服务范围也不断扩大。2023 年 8 月 27 日，"小全科"团队踏出"从服务片区走向服务镇域"的第一步：结合居民需求和前期志愿活动的效果，瑞金医院古北分院刘星雨的《合理用药》健康科普讲座，在镇域最南端的关港蓝湾党群服务中心开讲。

三、经验成效

一是强化"主心骨"。志愿者团队需要"主心骨"才能够健康顺利发展。领导班子成员高度重视，与志愿者团队进行恳谈，介绍"新华泾"发展目标、片区治理内涵，增强价值认同、文化认同。片区党委具体组织，加强与所在单位的联系，了解居民的需求，听取志愿者的意见和建议，帮助解决问题和困难；固定专人与志愿者保持密切联系，负责团队活动的开展与实施。志愿者中的党员带头开展志愿活动，为基层党组织之间的共建联建牵线搭桥，用党组织的凝聚力实现志愿活动的组织核心。

二是提升"价值感"。志愿者追求的更多是精神层面的认可和满足。片区党委通过公共媒体的宣传，发放志愿活动证书、纪念品（白衣天使摆件）等，倡导志愿精神，实现价值引领，让志愿者找到自我完善的荣誉感。同时，加强对所在单位党组织的走访联系，以感谢信、锦旗的方式，表达对所在单位、志愿者本人的感谢，一方面链接更多志愿服务资源，另一方面也激发所在单位及志愿者本人的志愿服务热情，由此迈出了片区党委与更多医疗机构党组织共建联建的步伐。

三是完善"工作链"。健全"了解需求—对接资源—组织活动—解疑答惑——指导就医"工作机制。加强与社区卫生中心的合作，发挥片区—居民区—微网格—楼道党组织和志愿者工作网络优势，结合老年人免费体检、女性"两病"筛查等公益活动，了解社区居民的需求；就掌握的需求，通过志愿者本人或者发动"朋友圈"、单位资源优势，提供相应的科普讲座或义诊；通过微信公众号平台预约，让有需求的居民自主报名参与，解决真问题、真解决问题；就居民的个性问题给予指导，全方位提高居民健康意识，引领健康生活认知，特别是帮助居民尽早发现、识别健康方面的隐患和风险，主动帮助就医。

华泾镇按照"实、干、兴、帮、智、联"不断深化实施镇"2131X"片区治理体系建设，打通社区、沿街商铺、居民等多方合作渠道，集聚居民、共建单位、志愿力量等推进片区建设，形成"区委—镇党委/片区党委—居民区党总支—微网格党支部—楼组党小组"的五级组织联动体系和指挥运转机制。着力提升居民自治共治能力，逐步实现由"管理"向"治理"转变，由"政府的片区"到"人民的片区"的转变，使得片区治理从"上层着力"转变为"基层发力"，形成了构建治理共同体的人民的片区，充分践行"人民城市人民建，人民城市为人民"的发展理念，为对标城市副中心，建设徐汇南部中心，做强华泾门户功能区，积极探索高质量发展之路。

专家点评

健全共建共治共享的社会治理制度，提升社会治理效能是新时代完善社会治理体系的重要要求。在城市基层治理中，需要牢牢把握"人民城市人民建，人民城市为人民"的治理理念，精准把脉人民群众需求、激发人民群众参与、提升人民群众的获得感、幸福感、安全感。在探索新时代基层治理现代化的实践中，华泾镇积极探索党建引领下的多方主体参与，激发人民群众积极参与治理的内生动力，致力于构建社区治理共同体。通过馨宁"小全科"志愿团体的成长与发展，我们可以看到基层治理内生动力的不断生发与扩散，看到社会协同、居民参与下社区善治目标的逐渐达成、社区归属感的日渐形成。华泾镇的这一实践说明，基层社会治理效能的提升需要真正立足于人民群众的需要，激发人民群众的参与，在回应群众的关切中"以事聚人"，在破解群众难题中"聚人成事"，不断增进民生福祉。通过构建"以人民为中心"的社会治理格局，实现"问题自下而上地发现、评价自下而上地产生、问题自下而上地解决"与"自上而下的党建区域整合、自上而下的政府专业治理"的结合。

（胡薇　中共中央党校社会和生态文明教研部

社会学教研室主任、副教授）

二、场景关键词：
城市更新

改革开放以来，我国经历了世界历史上规模最大、速度最快的城镇化进程。截至 2022 年底，我国城镇化率为 65.22%，全国城镇人口达 9.2 亿人。城镇化的快速推进促进了国民经济的增长与人民生活水平的提升，但也出现了因过去注重追求城市规模与发展速度而导致的人口膨胀、交通拥堵等各类城市问题。城市更新成为当下重塑城市发展路径、改善人居环境的重要举措。习近平总书记在党的二十大报告中指出："要加快转变超大特大城市发展方式，实施城市更新行动，加强城市基础设施建设，打造宜居、韧性、智慧城市。"

"城市更新"于 2019 年 12 月在中央经济工作会议上被首次提出，会议强调"加大城市困难群众住房保障工作，加强城市更新和存量住房改造提升，做好城镇老旧小区改造，大力发展租赁住房"；2021 年 3 月"城市更新"被首次写入《政府工作报告》，并被列为"十四五"规划重要工程项目，城市更新行动正式在全国层面铺开，北京、上海、宁波等 21 个城市（区）成为全国首批试点。为积极稳妥实施城市更新行动，2021 年，住房和城乡建设部出台《住房和城乡建设部关于在实施城市更新行动中防止大拆大建问题的通知》，强调城市更新领域应当坚持"留改拆"并举，杜绝"大拆大建"。此外，在当年发布的《2021 年新型城镇化和城乡融合发展重点任务》《国务院办公厅关于科学绿化的指导意见》《关于推动城市停车设施发展的意见》《2023 年前碳达峰行动方案》等多个文件中，均有提到"城市更新"相关内容。2023 年 7 月，住房和城乡建设部印发《关于扎实有序推进城市更新工作的通知》，要求扎实有序推进实施城市更新行动，提高城市规划、建设、治理水平，推动城市高质量发展。同月，住房城乡建设部、国家发展改革委等部门印发《关于扎实推进 2023 年城镇老旧小区改造工作的通知》，要求以努力让人民群众住上更好房子为目标，持续推动城镇老旧小区改造，全面提升城镇老旧小区和社区居住环境、设施条件和服务功能。

实施城市更新行动，是适应城市发展新形势、推动城市高质量发展的必然要求。上海市历史建筑多、人口居住密度高，城市更新面临诸多现实挑战，为此，上海市陆续出台一系列相关文件以提供政策支持，明确工作思路。2021 年，上海市印发《关于加快推进本市旧住房更新改造工作的若干意见》，提出"十四五"期间进一步完善旧住房更新改造实施机制，不断改善老旧小区居民的居住环境，高效开展社区治理工作，推动城市的可持续发展。同年，《上海市城市更新条例》为上海城市更新作了具体制度设计，以更有效激活城市空间、功能、产业等全要素活力。2024 年 1 月，上海举行全市城市更新推进大会，指出加快城市更新，是城市建设进入新阶段的必然选择，是践行人民城市理念的内在要求，是提升城市核心功能的重要支撑，是推动经济持续回升向好的重要抓手。城市更新一头连着民生，一头连着发展，必须加强党的领导，抓好组织实施，确保取得实效。

关键词释义

城市更新，是指对城市中已不适应现代化城市发展的区域作有必要的、有计划的改建活动。根据《上海市城市更新条例》，城市更新是指"建成区内开展持续改善城市空间形态和功能的活动"，具体包括"加强基础设施和公共设施建设""优化区域功能布局""提升整体居住品质""加强历史文化保护"等，并"坚持'留改拆'并举、以保留保护为主，遵循规划、统筹推进，政府推动、市场运作，数字赋能、绿色低碳，民生优先、共建共享的原则"。相比于过去城市通过无限扩张的外延式发展，城市更新是将城市视为生命有机体，通过内涵式发展提升城市治理水平与人民生活品质。因此，城市更新并非简单的房屋建筑拆建，而是包括对城市空间、功能、社会、环境、服务等多个要素在内的城市系统的全面、综合升级。

从物理空间而言，城市更新是重新整合公共资源，对老旧区块进行活化利用的过程。20世纪90年代以来，上海大规模推进旧区改造的过程，也是上海早期探索城市更新、推进城市大发展、大建设的过程。作为中国的超大城市之一，上海的城市更新主要分为"拆旧建新"的危棚简屋改造（1992—2000年）、"拆改留并举"的成片二级旧里以下房屋改造（2001—2016年）和"留改拆并举、以保留保护为主"的成片历史街区更新（2017—2022年）三个主要阶段。历经30年成片旧改，困扰上海多年的民生难题得到历史性解决。首先，从根本上解决了老旧小区居民住房困难问题，居住条件和生活品质均得到明显改善。其次，通过完善配套市政设施和公共服务设施，改善城市形象和环境，市容市貌焕然一新。再者，重新规划利用旧区改造地块，通过楼宇建设带动区域经济，既提升了土地利用效益，又增加了社会经济发展空间，尤其通过对历史区块的整旧如旧，在保护风貌的同时重新规划经营，既惠民生又护文脉。

从社会空间而言，城市更新关系着社会的和谐与稳定。作为一项整体性、系统性的补短板的惠民工程，城市更新在打造全新物理空间的同时，更关注在此空间中社会关系的融合与重构。顺利推进城市更新需要克服客观与主观上的障碍。从客观层面看，因历史原因，城市更新区域往往存在基础设施老旧、楼宇错层多、屋顶违建及多重违建叠加等问题，对更新技术提出较大挑战；从主观层面看，居民的疑虑担忧和被动抵触情绪往往成为城市更新推进缓慢的主要制约因素。这决定了政府及相关部门必须"刚柔并济"，融合制度治理、技术治理等刚性手段与情感治理的柔性方式。因此，为确保精准发力，在开展城市更新过程中，需要联合城管、公安、居委等多方力量组建攻坚队伍，构建条块结合、专业协同、社会参与的工作体系，动员楼组长、志愿者以及基层工作人员，深化入户走访和动员宣传工作，引导居民遵守法律法规，共同参与家园建设。

在城市更新背景下，上海市正在全面推进"两旧一村"改造，即旧区改造、旧住房成套改造和"城中村"改造。为彰显文明城区风采，徐汇区始终坚持"财力一分增长、民生一分改善"，聚焦城区功能形态和人居环境综合提升，将"三旧"变"三新"（让老旧住房换新颜、老旧小区穿新衣、老旧小区居民过上新生活）作为重点推进项目，先后实施了两轮"5+1+X"城市更新行动，有效推动发展转型、功能拓展、民生改善、品质提升，全力做好中心城区高质量发展的大文章。在"建设新徐汇、奋进新征程"的目标指引下，徐汇区各街镇坚持党建引领、系统治理，在推进城市更新的过程中，以民生需求为导向，不断用真诚感化，凝聚共识，形成合力，实施高品质的城市有机更新。

人民城市为人民，民生工程暖民心。"十四五"时期，徐汇区将持续以城市更新作为基层社会治理新的切入点，在城市更新中点燃基层治理创新引擎。城市更新是一场面向精细化、法治化的城市治理改革，也是一场伟大的城市善治实践。如何在平衡城市更新力度和折射城市温度的过程中深刻践行"以人民为中心"的发展理念，仍然任重而道远。

画好风貌区旧改"同心圆"

湖南街道党工委、办事处

一、基本背景

2023 年 3 月 26 日，延庆路 110 弄地块征收项目正式启动签约。当日，84 户居民在协议书上签字确认，100% 完成签约选房。这是一个集房屋产权多元、房屋用途多样、生活设施不齐全、安全防范系数低，且房屋结构为小梁薄板房的征收地块。

延庆路 110 弄建于 1960 年代，由于种种原因，原有房屋主体结构为小梁薄板房，结构老化严重，居住环境狭窄逼仄。由于长年享受不到阳光的"眷顾"，屋内长期阴暗潮湿，且基本厨卫配套设施较为缺乏，居民生活条件较差。2021 年底，延庆路 110 弄地块正式列入"三旧"变"三新"零星旧改范畴。

为深入践行人民城市重要理念，多措并举推进老旧小区再提升，实现居民安居梦。2022 年 7 月 26 日，延庆路 110 弄地块房屋征收工作正式启动。在区房屋征收指挥部的统筹协调和区建管委、区房管局的政策指导下，湖南街道党工委坚持党建引领"三旧"变"三新"工程项目，注重发挥党组织、党员在延庆路 110 弄等旧改一线的积极作用，让党旗在民心工程一线高高飘扬。

二、主要做法

（一）助力"民心工程"，旧改立足"强机制"

湖南街道党工委坚持把"支部建在项目上"，形成"1+1+20"工作机制。第一个 1 即成立由街道党政主要领导担任组长的延庆路 110 弄旧改征收工作领导小组，以统筹协调重大事项、落实属地责任、分析研判难点问题、整体推进旧改项目；第二个 1 即成立延庆路 110 弄及周边地块零星旧改临时党支部，临时党支部由居民区包保领导担任书记，居民区党组织书记担任副书记，机关联络员，以及派出所、市场监督管理所、综合行政执法队等协同单位主要负责同志担任委员，街道纪工委全程参与，发挥党组织和党员干部在零星旧改项目中的攻坚克难作用。20 即成立 20 个由 1 名机关干部、1 名居委干部和征收事务所同志组成的攻坚组，详细了解弄内 20 户有特别生活困难或特殊情况居民实情，进行一一研判，精准确立谈判策略。通过市场执法、拆违约谈、政策宣传等方式，形成组合拳，提高征收效率，把党的政治优势和组织优势，转化为工作优势、行动优势，助力民心工程落地生花。

（二）打开"心灵阀门"，旧改道出"邻里情"

一是精细排摸法。湖南街道积极与征收指挥部、各委办主动沟通，联合征收单位，对征收地块情况实地走访。依托城市运行"一网统管"等大数据分析，摸清房屋信息、人口户数等基本信息，为后续推动与居民良性沟通，精准服务居民，协调推进延庆路110弄及周边地块整体旧改打下坚实基础。二是党员带头法。发挥好临时党支部战斗堡垒作用，凝聚居民区党总支委员、党员骨干、楼组长，带头上门征询居民意愿，收集居民诉求；带头签署意愿征询表，发挥党员表率作用。同时，充分发挥邻里之间互相做思想工作、群众做群众工作容易产生共鸣的优势，润物无声地推动旧改工作有序推进。比如，3号底楼一户居民对房屋的面积换算认定有异议，一直不愿签订确认单，而该居民的房屋不实际居住，平时与邻居交流也不多，在区住房改造指挥部指导下，临时党支部联合区房管局、区司法局、征收公司一起向居民详细解释相关政策方案。延庆居民区党总支组织居民区党员和旧改居民上门做起"和事佬"，在主动与该户居民多次家长里短聊天间，不失时机反复劝说："机会来了要好好珍惜。"最终该户居民解开了困惑与心结，高高兴兴完成签约。三是"一户一方案一干部"入户法。结合排摸实情，湖南街道整合服务办、司法所等部门，以及派出所、市场监督管理所、城管等协同单位资源优势，对征收居民广泛开展政策宣传，打消后顾之忧。并发挥居民区党总支引领作用，会同居委会针对居民的不同利益诉求，采取"一户一策"的做法，精准解疑释惑，让"一把钥匙开一把锁"。比如，补偿方案公示之后，20户居民有疑虑。湖南街道、延庆居民区党总支、征收公司组成工作小组，走进每家每户，根据每户家庭情况，"一事一议"与居民面对面交谈。工作日居民要上班，工作小组就约在晚上或者周末，回应居民疑惑，靶向解决居民补偿安置中面临的各种问题。针对延庆路110弄部分居民确实存在民生保障方面需求的实情，如孤老、大病老人，街道选派具有丰富社区实践经验，熟悉民生领域政策的机关干部一对一入户宣传民政方面相关政策，帮助居民解决民生领域实际困难，做到"不落一家""不少一户"，兜牢民生服务保障网。

（三）启动"红色引擎"，旧改凸显"儿女心"

延庆路110弄旧改的痕节，在于房屋主体复杂多元。小面馆、饺子店等沿街店铺鳞次栉比。部分居民把沿街商铺外租，每月拥有固定收入来源，好比捧着一只"金鸡"，居民担心旧改影响每月固定收入来源。居民王先生的父亲是第一代个体户，曾将小小一家面馆经营得有声有色。父亲过世后，王先生将店铺租了出去，是每个月固定收入的来源。他也暗自憋了股劲儿，学起拉面，总盼着有一天将面馆收回、重新开张。居民意见预征询中，延庆居民区党总支了解到王先生的顾虑后，不仅一趟趟上门向其解释政策，还主动帮助其联系工作，如今，他在人民广场附近一家面馆上班。真心换人心，王先生不仅很快签了约，还做起了街坊邻居思想工作。

在此次征收的实住 96 名居民中，老年人有 49 名，占比约51%。其中，还有一位百岁老人，旧改消息刚传出，百岁老人家人强烈反对："奶奶 100 岁，怎么找得到房？搬家过程中有个闪失怎么办？"为让百岁老人安享美好社区生活，湖南街道旧改领导工作组联动延庆居民区党总支一起排摸周边出租房屋信息，并通过共建单位帮忙寻找合适过渡房源。为此，百岁老人家人深表感谢，一致同意签约。

三、经验成效

推进旧住房更新改造是让老百姓直接受益的重要民生工程和发展工程，是深入践行"以人民为中心"重要发展理念的生动实践，满足人民对美好居住生活的需求，持续创造城市发展空间"新增量"。延庆路 110 弄，证数不多，但如何维护好居民合理的利益需求，是确保旧改工作稳步推进的关键。

一是发挥基层党组织凝聚力。维护好居民合理利益需求，要充分发挥基层党组织战斗堡垒作用，鼓励党员带头作表率，用行动践行初心，更要以"儿女之情"做好邻里街坊思想工作。通过跟群众不断讲道理做工作，就像"汤圆锅里下糯米，不是你黏着我，就是我黏着你"，居民从开始的闭门不见、到后来打开防盗门，最终用真心与诚心打开了他们的心门。运用居民劝说居民的方式，把"工作对象"变成"工作力量"，真正体现"金相邻"邻里互助的作用，让居民感受到"远亲不如近邻"的温暖。

二是用好人民民主"金钥匙"。维护好居民合理利益需求，要积极引导居民参与旧改全过程，既让旧改征收在"阳光下"进行，又了解居民真实想法。听证会是保障全过程人民民主的重要手段之一。延庆路110弄房屋征收居民听证会，既邀请居民代表与区住房改造指挥部、区房管局等相关部门和征收公司，就旧改房屋征收补偿方案所定的法律依据、征收补偿方式、奖励补贴标准进行听证，也邀请区信访部门、区人大代表、区政协委员代表、律师代表等出席会议进行评议监督，确保旧改的每个环节都能听到居民的声音，充分发挥居民群众在旧改工作中的监督和支持作用。听证会现场，针对部分居民提出公共区域面积算法问题，征收公司答疑释惑，并将收征相关政策向居民进行详解，让居民切实感受到自身利益有保障。

三是织密民生保障服务网。维护好居民合理利益需求，还要以"儿女之心"做好民生领域保障。零星旧改地块，部分居民确实有各类生活实际困难，有的居民或身患重大疾病，或身体残疾，湖南街道按困难的不同属性对接好分管干部，一对一入户访民情、听民声，掌握居民实际需求，通过各种社会救助帮扶渠道妥善解决特殊群体生活实际困难，把民生服务做到居民心坎上。城市旧区改造是关系老百姓根本利益的民生大事，帮助了一个人，就是帮助了一个家庭，让每户家庭都能享受到旧改的阳光，托起居民安居梦。

专家点评

延庆路110弄地块房屋征收工作是民心工程，民心工程让居民都满意考验的是治理工作。8个月实现100%完成签约选房，这是基层治理体系有效运转的重要表现，其主要的经验和启示在于实现党的组织力和社区自治力的有机结合。党的组织力主要表现在将支部建在项目上、党建引领多部门联动、党员带头示范、居民区党总支扎实的群众工作；社区的自治力表现在社区居民的互助合作以及全过程人民民主的实践。房屋征收涉及复杂的利益问题，党的有效引领、基层党组织的关键作用、旧改与更新方法的机制优化是十分重要的关键因素，既要保证一碗水端平，保证先签约后签约的一致性，又要调节邻里、家庭内部的利益纠纷，还要妥善处理更新后的各种遗留问题。建议更突出城市更新的目标、特色、理念，更突出党组织如何发挥凝聚的作用，更突出更新后的民众反馈和评价，更突出制度性、机制性的优秀做法。

（葛天任　同济大学政治与国际关系学院副教授、

全球城市与合作治理研究中心副主任）

"七步走"促成旧住房更新改造"齐步走"

田林街道党工委、办事处

一、基本背景

城市更新承载着人民群众对美好生活的向往，既是民生工程，也是民心工程。田林街道深入践行"人民城市人民建、人民城市为人民"重要理念，根据区委、区政府"三旧"变"三新"工作总体部署，以"七步走"工作法实现各方力量"齐步走"，推动田林路65弄旧改项目提速增效。自2023年7月1日正式启动方案签约，到8月15日短短的45天，完成了方案征询100%的签约率。

田林路65弄，是目前徐汇区房屋体量最大、涉及居民户数最多的成套改造项目，总建筑面积33004平方米，共计1044证，涉及2500人。作为上海最早的工人新村之一，该小区始建于20世纪50年代，为厨卫合用不成套住宅，原始房型共有22种，最小房屋使用面积仅13.5平方米。由于房屋建造年代较早，现已破旧不堪，经常发生水管爆裂、下水堵塞、屋顶渗水等问题，各种"吊脚楼"更是不容忽视的安全隐患，再加上小区空间局促、绿化活动设施匮乏、停车困难，近年来群众期盼改造的呼声愈发强烈。

二、主要做法

（一）党建引领聚合力是关键

田林街道党工委将旧改和基层党建深度融合，以"片区党建"撬动资源整合融合，推动各方力量参与旧改工作。聚条块合力。街道与区房管局、区城投集团成立由各单位主要领导牵头的 65 弄旧改工作组，每周召开例会，分析研判问题，在共商共议中集体决策。聚区域合力。街道分管领导带队，全体机关干部整建制下沉，与征收所、派出所、市场所、城管、律师等组建成立 10 个攻坚组，包楼到组，责任到人，每天召开碰头会，通报进展。聚组织合力。将临时党支部建在 65 弄旧改指挥基地，汇聚一批区域单位参与其中，不断壮大党员志愿者队伍。有了更多社会资源、志愿力量的加入，让居民们的现实难题有更多人管、更多人帮，为顺利签约打下基础。

（二）宣传排摸明底数是基础

街道结合居民区"四百"走访工作，组建"党员＋楼组长＋社工"的"三人小组"，逐一入户走访，宣讲政策法规，收集居民家庭信息、工作单位、收入情况、关联关系等基础信息。尤其关注特殊群体，对纳入困难低保、享受廉租房补贴、持有残疾证或小白卡、有重大疾病的居民进行细致调查和区分。同时，依托信息化平台进行数据确认，复核信息，制作"一户一表"和"家族图谱"，实现家底清、情况明。通过前期充分宣传动员，7月1日签约首日即完成签约571证，签约率54.69%，7月13日签约率达95%，项目正式生效。

（三）楷模引领勇担当是助推

田林街道楷模资源丰富、榜样典型频出，近年来，街道党工委积极打造"楷模社区"品牌，充分发挥榜样的示范引领作用。此次项目推进过程中，工作组结合各重要时间节点，召集小区内所有党员、楼组长召开动员会、协调会、议事会，统一思想，解释政策，化解分歧，并以党员、楼组长等一批社区楷模的示范引领，打好签约的"第一枪"。在楷模典型的带领下，1044证居民家庭中，77证为党员干部家庭，签约期第一天全部完成签约；30证为楼组长家庭，签约期前一周内率先全部签约，起到了率先垂范的带头作用，为项目整体推进营造了良好氛围。

（四）人民民主贯始终是法宝

群众是旧改的受益者，也是推动者。旧改过程中，始终践行全过程人民民主理念，以群众带动群众，居民区累计召开各类听证会23场，为后续工作开展奠定坚实群众基础。针对居民提出的关于建成后增加小区停车位、增设适老化设施、增加公共配套设施等需求和建议，区委、区政府主要领导高度重视，由区房管局和街道共同牵头，对设计方案多次进行优化调整。同时，小区自治团队主动充当老娘舅，其中不乏社区德高望重的"老前辈"，不分早晚和邻里拉家常、听苦闷、勤开导，将自己实例和切实感受与居民分享交心，帮助破解僵局、打开局面。

（五）情理兼顾破难题是要义

旧改工作并非一蹴而就，需要坚守原则，系统谋划、分类施策。对于家中有违建、有非法经营的，由派出所、市场所、城管等执法单位联勤联动，该罚就罚；对于提出无理诉求、违反政策的，绝不退让纵容；对于确实存在客观困难的，充分调查取证后，想办法提供解决方案。在处理12户沿街居改非公房居民签约问题时，街道及时倾听居民和商户需求，和区房管局共同厘清事实，在合法合规前提下，细化处置方案，最终促成12户居民全部签约。

（六）数字赋能增实效是助力

通过全过程电子化签约，降低了居民的信息壁垒，确保了政府信息公开度和透明度，提升了签约效率。一方面，1044证的房型图、上海市旧住房更新（拆除重建）协议、改造确认单等资料均提前录入系统，平台实时展示签约进度，降低居民疑虑；另一方面，电子协议的自动设定可确保政策惠及"零"差错，线上操作轨迹查询则可完全杜绝"暗箱操作"。电子化签约时，系统根据不同朝向、楼层、产权情况，对居民进行自动分组，按照签约顺序生成"签约顺序号"，便于30个月后居民回搬时按照顺序选房摇号，保证了公平性、有序性、准确性。

（七）便民服务暖人心是保证

刚性的政策下，展现柔性的服务是街道党工委立下的原则之一。项目启动之初，街道就组织开展旧改服务事项进行梳理，形成清单，明确责任。除了全过程法治保障、上门"一对一"服务、跑腿联络代办等基础服务外，针对居民对过渡期间找房难的普遍呼声，街道成立专项工作协调小组，对接多家房屋中介，整合区域资源，帮助寻找适合房源。暖心服务还延伸至搬场环节，街道团员青年自发成立突击队，为居民提供物品整理打包、搬运等，同时持续"一对一"关注孤老困难户等特殊群体，定期上门走访。

三、经验成效

一是坚持以党建引领为核心。田林街道党工委将旧改和基层党建深度融合，以"片区党建"撬动资源整合融合，推动各方力量参与旧改工作。街道与征收所、派出所、市场监管所、城管、律师等成立攻坚组，每天召开碰头会通报进展。一批区域单位也积极参与旧改，如：工行田林路支行、上海商学院、上海市送变电工程有限公司等一批党建联建单位为行动不便的高龄老人提供各类生活服务，让居民们的现实难题有更多人管、更多人帮。

二是坚持以人民群众为主体。田林街道始终坚持全过程人民民主，不仅充分掌握群众诉求听取群众建议，同时积极发挥群众智慧与力量，让群众成为旧改的一大工作助力。如：小区自治团队主动充当老娘舅，不分早晚和邻里拉家常、听苦闷、勤开导，帮助破解僵局、打开局面；社区楷模参与签约全过程，率先垂范、主动助力，为项目整体推进营造良好氛围。

三是坚持以"四百"走访为保障。"家家都有本难念的经。"旧改要摸清每家每户的情况才能打开居民"心结"。田林街道坚持"进百家门、访百家情、解百家难、暖百家心"，在与居民面对面沟通交流中增强群众感情、了解群众需求，在帮助居民解决困难中获得居民认同、赢得群众支持。同时，本次旧改也让年轻干部们在实战中经风雨、见世面、长才干、壮"筋骨"，提升了"贴近群众、服务群众"的本领和能力。

下一步，田林街道将继续践行全过程人民民主，坚持党建引领、系统谋划、多元参与，以"儿女之心、儿女之情"推进田林路 65 弄旧住房更新改造项目落地、落实、落细。

专家点评

习近平总书记指出，老旧小区改造是提升老百姓获得感的重要工作，也是实施城市更新行动的重要内容。作为徐汇区现存房屋体量最大、居民户数最多的成套改造项目，田林路65弄旧改项目在短短45天内完成了100%签约，为破解旧改这一"天下第一难"提供了鲜活经验。田林街道深入践行人民城市理念，在工作中实践并提炼出"七步走"的工作经验，找到了推动旧改项目提速增效的可行路径，其主要启示在于很好地实现了温度、尺度和效度的有机统一。坚持以"儿女之心、儿女之情"推进工作，设身处地为居民美好生活着想，通过便民服务暖人心、人民民主贯始终，让工作充满温度；通过宣传排摸明底数、情理兼顾破难题，让公平公开公正贯彻始终，很好地把握了工作的尺度；通过党建引领聚合力、楷模引领勇担当、数字赋能增实效，实实在在提升了工作推进的效度。系统推进、"三度"融合，田林街道的工作经验为未来顺利推进其他旧改项目提供了可资借鉴的方案。

（焦永利　中国浦东干部学院教研部教授、

公共政策创新研究中心主任）

以"真心"换"征心"
共圆居民"新居梦"

长桥街道党工委、办事处

一、基本背景

长桥新村片区旧城区改建项目是长桥街道"两旧一村"的首战，总建筑面积 73833 平方米，涉及居民房屋 1352 证，单位房屋 10 证。在区委区政府的坚强领导下，在区房屋征收指挥部、区建管委（区更新办）、区房管局、徐汇城投集团的有力支撑下，长桥街道党工委带领全体党员干部和辖区群众，践行"支部建在项目上、党旗插在工地上"的理念，以"白＋黑""5+2"的拼搏韧劲，全力以赴推进旧改征收。2023 年 2 月 2 日起，开展"两清"工作，18 天"两证"收集率 99.11%；2 月 25 日起，开展居民意愿预征询，10 天通过率 99.05%；5 月 20 日起，开展一轮征询，10 天通过率 99.41%。7 月 26 日，发布征收令；8 月 18 日，正式签约启动，历时 8 天，8 月 25 日实现签约 99.93%，项目生效。经过近半年的努力，终于圆了老百姓十多年的"新居梦"。

在旧改征收过程中，主要面临"三难"。一是信心信任重建难。长桥新村曾于 2008 年、2014 年两次试点拆落地方案，最终因同意率未达标而暂停，群众对本次旧改能否成功存疑，担心是"狼来了"，信心不足、积极性不高。同时，本次方案由原拆原建变为房屋征收，导致群众心有疑虑。二是情况摸底难。长桥新村和长桥二村人员、房屋、居住情况复杂。人员上，人户分离多、困难家庭多、重点关注群体多；房屋上，产权类型多、面积确认难、承租关系复杂；居住上，自住、租赁、空关情况多样，底数摸排难度大。三是矛盾处理难。居民区内邻里矛盾、家庭内部矛盾、历史信访矛盾等相互交织、盘根错节、日久年深，在旧改征收过程中集中呈现，给工作推进带来极大挑战。

二、主要做法

（一）树先锋、强引领，让党旗在基地高高飘扬

坚持支部建立在一线。充分发挥党组织核心引领作用，在区房屋征收指挥部的指导下，街道党工委会同城投集团，第一时间成立临时党支部，统筹动迁基地 69 名一线的党员力量，组建以 38 名青年党员为主体的党员突击队，建设基地一线的坚强战斗堡垒，织密建强街道总网格—居民区党总支网格—支

部微网格三级党建网格体系。

践行党员行动在一线。紧紧抓住"党员"这个关键群体，将62个楼组划分成8个责任区，每个责任区上建一个支部微网格，支部党小组包干，党员分户联络，构建"一个目标一个责任区一名党员"的工作格局。发扬"党员先行"的模范作用，征收范围内124名党员主动带头递交"两清"材料，部分党员克服三代同堂等实际生活困难，以身作则带头拆违，为居民群众做表率。

强化党性锤炼在一线。把旧改工作当作锤炼干部党性的大熔炉，检验干部本领的赛马场。基地现场分4块20个工作组，以每块2名领导、每组2名机关干部分包的"2+2"模式，建立各分管领导包块、后备干部蹲点机制，主动出击登门联系。在预征、一征、签约等各阶段，均倒排时间表，为达到100%的工作组张贴红榜，营造比学赶超的氛围。

（二）不畏难、不怕苦，不破"旧改"誓不还

踏破"铁脚板"，把底账理清楚。坚持拆迁先拆违，前置启动违章整治行动，拆除天井为主的违章搭建点位106个，通过拆违行动发出旧改信号，彰显提升环境品质、推进旧改工作的决心与信心。分块分组进行家家排摸、户户走访，提前确认征收范围底数，并通过房屋类型分类、人群结构分类、使用情况分类，摸准摸实摸细户证信息，实现产证、户籍资料"两

清"，为后续工作奠定坚实基础。

扎好"小板凳"，把政策说明白。针对居民群众对征收政策口径不了解、不理解、不认同等情况，党员干部分块包楼，采用"小板凳坐在家门口"的方式，从和老百姓"混个脸熟"到"搭得上话"，再到"谈得了心"，第一时间为居民答疑解惑，缓解居民焦虑情绪，把群众关注的焦点问题疏通好，经过6个月、累计近2万次的一对一沟通，用旧改顺口溜等"土办法""笨办法"逐渐敲开百姓心门。

磨破"婆婆嘴"，把矛盾化解好。将基地1362证签约难度进行系统标注，制定"三色平衡表"，梳理黄色（需进一步协商）63证，红色（签约有困难）31证，围绕矛盾点对点对接处理。仅一周时间，解决突出问题70证，针对剩余的24证签约困难红色清单，挑选群众工作经验丰富的机关干部，与"尚桥书记工作室"、居委组成26人攻坚队，分包到户，发扬"钉钉子"精神，夜以继日、逐个突破，竭尽全力用"真心"换"征心"。

（三）汇合力、聚人心，终圆"新村新居梦"

"多条线"变"一股绳"。街道主动跨前破圈，联合区建管委、区房管局、城投集团等精准研究"一户一策"，借力市区各委办局化解居民沟通难题，联系居民所在单位做好政策解释工作。比如，区房屋征收指挥部牵头协调解决征收补偿方案、公房买卖面积、签约主体确认等问题；区建管委多方筹措区内区外房源近千套；区房管局反复测算征收补偿方案；司法所邀请律师专业力量全程参与，解决产权确认、遗产继承、财产分割等一系列问题；派出所调动力量投入居民面谈、矛盾调处工作；旧改办带队专家组到基地现场进行法院查封等个性问题解答，为推进征收提供有力保障。

"专业人"做"专业事"。征收公司、街道办、居委成立专项工作组，引入老法官、律师、调解员等专业力量，直插一线开展"组团式"拔点攻坚，迅速梳理了"三类纠纷""五项问题"，摸实摸透矛盾核心，坚持"现场为王""一线办公"，召开征收工作推进会 200 余场，居民动员会、居民座谈会、听证会、家庭调解会等 140 余场，确保不漏一户、不落一人。

"百姓事"让"百姓议"。打通线下党员活动室与线上微信群双重渠道，搭建"党员先行先议，群众群策群力"的旧改工作平台，积极发挥居民自治作用，发动老党员、邻里街坊、楼组志愿者等，深入参与居民情况摸排记录、居民委托事宜见证、矛盾现场调解等工作，让群众做群众工作，让身边人现身说法。分类召开 20 场圆桌会，让居民群众共商共议补偿方式、帮扶救助等焦点问题，不断形成人人支持旧改、人人参与旧改的良好局面。

三、经验成效

旧改征收是难啃的硬骨头，事关群众切身利益，要事不避难、义不逃责，用心用情用力做好。在长桥新村片区旧城区改建项目过程中，经多方努力、多措并举，最终以高效率、高比例完成签约，彰显了"建设新徐汇、奋进新征程"的长桥速度，总结了如下经验：

一是党建引领是贯穿征收的根本。"群众签不签，关键看党员。"旧改征收过程中，长桥街道始终把党建引领作为根本，充分发挥党组织核心引领作用、党员的先锋模范作用，通过成立临时党支部、组建党员突击队、建立支部微网格、构建分管领导包块、后备干部蹲点机制，将党建引领、党员先行贯穿征收工作始终，做到在困难时看见支部作用，在攻坚时看见党员身影，在关键时看见党性力量，保证责任包干到党员，社区发动靠党员，带头行动看党员，关键时刻见党员，让党旗始终在征收一线高高飘扬。

二是群众参与是推进工作的基础。党的根基在人民、血脉在人民、力量在人民，人民是党执政兴国的最大底气。长桥新村旧改推进中，长桥街道始终坚持做深做实群众基础，深入群众家中，用土言土语大白话把政策讲清楚；与群众坐在同一条板凳上，帮助老百姓把一家一户的小账算明白；召开座谈会，一五一十把群众的疑问讲清楚；加入微信群，及时回应群众关切不耽误；发掘、引导和借力热心群众，用百姓话百姓，让群众劝群众。征收干部不断和群众增进关系，居民也从闭门不见到逐渐敞开心扉，还涌现出"五朵金花"等群众互促互劝的典范，助力征收工作高质高效推进。

三是各方协同是解决矛盾的保障。众力所举无不胜，众智所为无不成。针对旧改工作中的房屋确权难、人员确认难、意愿反复难、矛盾化解难等问题，街道统筹联合各方力量资源，做到捻线成绳、同向发力。从街道党政机关力量的深度参与，到司法、城建等专业力量全程参与，从尚桥老书记传帮带，到热心群众蛛网式关联找人，再到居民所在单位助力做好政策解释，各方力量汇集成炬、握指成拳，凝聚成推动旧改征收、实现新居梦想的磅礴力量，逐一攻克难中之难、坚中之坚，最终实现旧改目标。

四是久久为功是攻坚克难的关键。日日行，不怕千万里，常常做，不怕千万事。旧改征收历时长、环节多、涉及面广，不同阶段工作侧重各有不同。街道有力有序、扎实稳妥、逐一推进，使每一阶段的完美收官成为下一阶段的良好开端。征收前，通过拆违先行，传递法治思想，发出旧改信号；采用并联工作方式，结合日常工作，宣传"阳光征收"；做好信息收集，保证底册信息清、家庭情况清、征收意愿清。过程中，做到信息不屏蔽、问题不隔夜、矛盾不升级，盯紧征收工作的时间节点、盯紧矛盾户的问题调处、盯紧不愿签约户的思想疏导，精准研究制定对策，发扬"钉钉子"精神，一户一户啃下硬骨头。

城市更新是民之所向、民之所盼。旧改征收，征的是房，收的是民心。长桥街道将不停歇、不松懈，持续做好长桥新村片区旧城区改建项目收尾工作，为长桥新村旧改征收画上圆满句号。

专家点评

旧区改造是重大民生工程，也是改善居民住房条件，实现高品质生活的重要抓手。长桥街道以居民需求为出发点，针对旧改过程中的棘手难题，不断优化工作体制机制，通过重构社会治理基本单元，推动条线资源和力量下沉，搭建协商议事平台，调动多元力量参与，最终形成了共建共治共享的社会治理格局，跑出了旧改的"加速度"。长桥街道的实践探索，对推进城市旧改工作具有重要的启示意义，主要体现在以下三方面：首先，坚持党建引领，严密组织体系，增强旧改工作的执行力。其次，实施分类治理，优化政策供给，提高旧改工作的精准度。最后，推行协商民主，拓展参与渠道，提升旧改工作的公共性，画出旧改工作的最大同心圆，找到居民公共利益的最大公约数。

（马流辉　华东理工大学社会与公共管理学院副教授）

为人民服务　少一分都不行

龙华街道党工委、办事处

一、基本背景

龙华街道龙华西路 334 弄房屋征收是徐汇区 2023 年首个成片旧改项目，于 7 月 22 日启动签约，签约半天就完成 100% 签约目标，该项目签约首日生效。基地共有 225 证（252 户）、893 人，13 幢房屋，其中 11 幢为 20 世纪 50 年代建造的二至三层砖木结构房屋，2 幢为 20 世纪 80 年代建造的六层成套结构房屋，总建筑面积 11188.65 平方米。房屋原系上海水泥厂职工用房，证均建筑面积 37 平方米，最小居住面积仅 4.8 平方米，是徐汇区施行"一证一套"政策的首个项目。因为历史遗留问题多、居民期望值高、有过失败历史，本次旧改启动前，居民心中都没底。

2022 年 11 月下旬，居民意愿"一轮征询"工作展开，征询同意率为 96.89%。2023 年 6 月 27 日，区政府作出《征收决定》并发布《房屋征收补偿方案》。7 月 22 日，龙华西路

334 弄旧改征收项目正式启动签约，出人意料的是，签约第一天，225 证（252 户）居民 100% 完成房屋征收签约。这张满分答卷体现出，面对"旧改是天下第一难"这块硬骨头，龙华街道龙华西路 334 弄旧改征收领导小组在区委区政府的坚强领导下，贯彻全过程人民民主，最大限度吸纳民意、汇集民智、惠及民生，秉持"旧改为民、旧改靠民、旧改惠民"理念，助推民生工程跑出全新加速度。

二、主要做法

（一）站稳人民立场，全程倾听民声、尊重民意、顺应民心、惠及民生

334 弄项目此次重启旧改，从源头上做到"旧不旧改大家说了算"——首先展开旧改意向征询，在 96.89% 居民同意的民意基础上启动旧改征收。

过程中做到"征收政策大家都一样"——在守住政策底线不动摇的前提下，进驻初期就将旧改征收方案、政策转变的趋势、重点向老百姓——讲明，帮助大家算好时间账、成本账。征收基地墙上张贴的"攻略图"详细梳理了如何在补偿中争取利益最大化，让居民在旧改征收中切实感受到一杆公平秤，自发支持旧改推进。

对于特困人群做到"民生托底大家看得见"——针对困难

家庭的实际情况，根据民政条线帮困政策，坚决做好托底帮困，帮助困难家庭申领和协办特殊事项补助，并从专业角度帮助他们分析选房或拿货币补偿的得与失，提供针对性强的补偿方案。其中，一户面积仅 4.8 平方米的居民最终也得以在郊区置换一套可心的房子，还富余了一笔装修款，这样实实在在的改变让大家更加支持旧改。

正是因为全过程透明公开、充分尊重民意、切实惠及民生，334 弄项目最终得以实现了 100% 签约的喜人成果。

（二）精准分类施策，分批分类圆桌会议架起"连心桥"

工作组建立"一户一档"，按照红、黄、绿三色表分类标记、分层施策，先易后难、以面促点，持续提升旧改征收工作的科学性、精准性、有效性。

按照区委主要领导要求，创新方式方法，在召开听证会前，区建管委、区房管局、区房屋征收指挥部、区房源办、龙华街道、区第二征收事务所等相关部门形成合力，分批分类召开 20 余场居民圆桌会议，把准居民关心的核心问题、直接利益问题，既做好政策解答，打消居民疑虑，也倾听民意，了解到居民尚存观望的痛点，继而对症下药，为下步征收工作顺利开展奠定扎实的群众基础。

一张圆桌，就是一扇平等对话、自由交流、专业解读的大门，是方式方法的创新，也是尊重民声、感知民意、以心换心的诚意之举。

（三）创新"四个一"，做到立法于前、情理于中、举措于后

旧改征收有法可依，有法必依，以依法征收为前提，推进过程既有人情味，也注意方式方法，确保把民生工程办到实处。

拆除"一堵墙"。在占比高达 83.5% 的违章搭建面前，为了避免一刀切拆除给居民心理和生活带来不利影响，街道和区第二征收事务所一起，摸清底数，加大宣传，营造氛围，讲清政策，持续做好居民引导工作。两户居民主动带头拆违，其他居民也深受触动，形成了"愿拆尽拆，有实际困难的在签约后拆"的良好氛围。

算好"一本账"。作为全区首个"一证一套"项目，部分居民观望情绪浓。工作组为大家算好形势账、成本账，更帮有矛盾的家庭算好亲情账，不仅助推旧改顺利开展，还一揽子解决了许多家庭的历史矛盾，促进和谐社区建设。

点亮"一盏灯"。工作组坚持"5+2""白 + 黑"的工作状态，工作中不漏一户、不落一人，在实施旧改为民中点亮信任之灯，在解决家庭矛盾中点亮引路之灯、在帮困解难中点亮答题之灯，全方位保障好旧改征收工作进度和点亮为民服务的暖心灯。

织密"一张网"。坚持"一张网"统全局，在启动征收意愿征询、公示征收补偿方案、召开圆桌与听证会议、排解家庭纠纷、解决特殊困难、组织正式签约、协助居民清退搬迁房屋、加强垃圾清运与小区安全管理过程中，始终做到上下条块联动、流程紧扣、工作聚力，共同托起民生保障的服务网。

三、经验成效

一是坚强的组织领导是百分之百签约的根本基础。党建树起"一面旗"。充分发挥党的核心领导作用，将"全心全意为人民服务"的旗帜插在群众的心田里。不断优化组织建设，街道与区第二征收事务所成立联合党总支，将业务骨干与青年党员钉在前沿阵地。依靠居委老书记、老主任发动楼组长、老党员、老战士讲党的故事，讲社区变化，合力将群众的信任感召唤在为人民服务的旗帜下。配强专班"夯好基"。成立由街道党政主要领导担任双组长的旧改征收领导小组，指定一名分管领导全面负责，四名处级领导分片包干，抽调街道党员先锋骨干、邀请区人大代表同居委干部、第二征收事务所工作人员组成工作专班。分楼幢成立4个攻坚小组，按照2名街道党员骨干＋2名征收公司专业力量配置力量，使工作组合发挥出1+1＞2的效力。先后成立政策宣传组、困难帮扶组、接待攻坚组、司法援助组、搬场工作组和平安守护组，分工协作，精耕细作。

条块联动"聚好力"。坚持在区委、区政府的坚强领导下开展工作，依靠区建管委、区房管局、区征收指挥部等部门协同区第二征收事务所组成项目专班，建立专班例会制度，在"意愿征询、诉求沟通、矛盾调解、困难攻坚、签约善后"五个时间节点，从周例会向日例会逐步攻坚聚力，全程坚持条联系、块联动，日推进、周汇报，多方协作，同向发力，有力地解决了零星房源调配、厨房面积补偿、违章建筑认定、家庭利益分配等矛盾焦点问题。

二是充分的调查研究是百分之百签约的先决条件。建立完善"信息库"。针对龙华西路334弄社区情况复杂、家庭矛盾突出、房屋类型多样、违章搭建繁多等特点，街道工作专班依托派出所实有人口库、居村微平台等载体，及时掌握"第一手信息"。街道、居委干部会同征收公司工作人员深入基地逐户走访，逐户核对，摸清每证房屋产权、居住人员、社会关系、家庭矛盾、违章搭建、困难与否、补偿意向等信息，在反复走访、持续更新中动态细化和完善"一户一档"内容，为后续针对性做好居民签约工作奠定了翔实的信息储备。法情交融"用好招"。针对基地内违章搭建多（188处），总量占比大（占比85.5%），补偿诉求期望高的特点，街道工作专班坚持人民立场，现场调研，实事求是，灵活施策，做到讲法规于前、说情理于中、定举措于后。在协调物业、城管充分认定违章事实的基础上，一次次进入基地内上门宣讲和营造浓厚的拆违氛围，又尽可能地考虑到居民的实际居住条件和困难，采取"认定实事、搁置争议，能拆先拆、愿拆尽拆，有实际居住困难的先签约后拆违"原则，营造出了"依法依规、理性平和、互利互助"的良好氛围，基地内居民深受触动，在法情交融的调研决策中，较好地解决了违章多、拆违难的问题。纾困解难"做娘舅"。针对基地内普遍存在居住面积小、家庭人口多、分配矛盾深和特殊困难群体户数多等特点。街道工作专班在深入调研的基础上，将问题前置、平台前移，通过设置法律援助接待点和纾困解难扶助站，采取"定期接待与专户援助"相结合原则，为居民搭建平台，调解矛盾，解决困惑。先后帮助数十户家庭调解利益分配、申领和协办特殊事项补助、提供专属化补偿方案选择建议、全权受理委托等服务。全程将基地内的矛盾和困难吸附在街道本级，旧改征收工作在市、区两级全程无一信访。

三是深入的群众工作是百分之百签约的重要保证。坚持民主"向心力"。始终坚持全过程人民民主，第一轮意愿征询既尊重绝大多数意见，也关切个别居民的民主权益。在各个重要工作时间节点，区建管委、区房管局、区房屋征收指挥部力量下沉，精心指导。街道会同区房管局、区征收中心、区房源办、区第二征收事务所，以20余场圆桌会、1场听证会、数十场人大代表和律师接待会，全过程接受群众监督质询。对人民群众关心关切的核心问题、直接利益问题，广搭平台，广纳善言，在群众的全程参与中一一回应民众诉求，较好地凝聚了人民力量。因势宣传"吹好风"。工作组在进驻初期就将国际经济环境、上海征收政策和政策调整趋势向居民一一宣讲，及时开好形势政策宣讲会，让居民在旧改征收中切实感受到党和政府的关心关爱，感受到政策的公平、公正、公开。吹好利益得失风。在基地内张贴"攻略图"，以图示形式帮助居民看清补偿利益的最大化。吹好感情冷暖风。街道、居委干部和区第二征收事务所工作人员一起，坚持从征收政策出发、从家庭历史出发、从亲情关系出发，根据不同家庭关系矛盾，细化多种分割分配方案，逐个家庭解开心结，帮助居民在利益分配外融入血浓于水的内在家族情感。挂图作战"一张表"。紧盯签约率100%目标不松劲，利用正式签约前窗口期，确定目标，区分任务，倒排节点，挂图作战。将225证（252户）居民按照"红、黄、绿"三色区分，并结合工作计划标注成一张表，分色施策，以"5＋2""白＋黑"的工作节奏，跟进服务，限期销账，较好地提升了旧改征收工作的科学性、精准性、高效性。

专家点评

旧改是城市更新和基层治理中的重大民生问题，如何在居民高签约率和高满意度中有序推进旧改工作，考验着基层政府的治理智慧和治理能力。作为徐汇区施行"一证一套"政策的首个项目，龙华街道龙华西路 334 弄房屋项目半天实现了 100% 的签约，充分体现了街道党工委、办事处善于做群众工作，拆迁政策理解到位，工作举措执行有力，其背后的"满分秘诀"主要体现在以下三个方面。首先，坚持以人民为中心的发展思想，把工作做到人民心坎上。其次，摸清底数实施精细化管理，提高政策精准度和治理效能。最后，建立条块联动、情法并用机制，形成多元共治的工作格局。旧改工作量大面广，涉及多个部门条线，且政策性强，必须整合多元力量，综合多种方式，形成工作合力，不断创新工作方式方法，让居民的幸福感更加真切。

（马流辉　华东理工大学社会与公共管理学院副教授）

打赢存量违建拆除攻坚战

凌云街道党工委、办事处

一、基本背景

为深入践行"人民城市人民建，人民城市为人民"重要理念，凌云街道在区委、区政府的坚强领导下，紧紧围绕"建设新徐汇、奋进新征程"目标，坚持以人民为中心的发展思想和人民至上理念，努力在补短板、治顽疾上狠下功夫，坚持不懈深入推进存量违法建筑拆除工作，用心用情用力解决群众所需所盼，推动社区人居环境再提升，努力回应群众对美好生活的向往。

家乐苑小区位于上中西路 55 弄，隶属于凌云街道家乐苑居委，为 1996 年竣工的售后公房小区。小区共有 61 个楼道，总建筑面积 54392 平方米。小区现有居民 861 户、2494 人，其中 60 周岁以上人口占 30.5%。经统计，截至 2022 年底，小区内共有公共绿地、天井等区域存量违法建筑 97 处，面积约 2000 平方米。小区内道路破损、占道停车现象突出。近年来，家乐苑小区居民对小区环境问题反映强烈、投诉集中，要求政府实施拆违改造、改善小区环境面貌的呼声越来越高。凌云街道党工委、办事处总结 2022 年完成春华苑小区存量违法建筑 100% 清零的工作经验，2023 年 3 月起组织力量开展家乐苑小区存量违法建筑拆除攻坚战，历时 5 个月完成存量违建全覆盖拆除。

二、主要做法

（一）以党建引领为核心，聚合力、强保障

坚持党建引领，充分发挥党组织的领导核心地位及战斗堡垒作用，将党旗牢牢插在工作一线。做实"街道党工委—居民区党组织—楼道党小组"三级党组织工作架构，健全党工委统筹领导、社区党组织推动、党员带头引领的工作机制。街道党工委主要负责同志担任家乐苑小区拆违整治专项工作领导小组组长，一线指挥部署拆违行动。领导小组下设多个工作组，组员由街道机关干部、城管队员、居民区干部等组成。做到纵向明确目标、突出重点，横向包干分工、责任到人。街道党工委与区拆违办党组织签订党建联建协议，强化条块力量整合联动，助力整治工作有序推进。对于拆违工作中涉及公职人员、党员等群体的，通过党组织做思想工作，把"公字头"人员的带头自行整改作为打开工作局面的突破口。

（二）以系统治理为抓手，固基础、解难题

街道坚持将美丽楼道创建、拆违与其他重点工作紧密联系、有机融合。一是结合文明创建工作。重点聚焦点位小区公共通道、天井等区域新搭建违法建筑问题，健全长效管理机制，督促物业加强日常巡查，对新建违法建筑做到"四个第一时间"，即第一时间发现问题、第一时间上门取证、第一时间责令整改、第一时间上报街道，确保新违建零增长。二是结合电梯加装工作。截至 2023 年 7 月 31 日，凌云街道已完成电梯加装签约 100 台、开工 90 台。家乐苑小区加梯工作同样有序推进中。街道利用加梯契机，对楼道内私装铁门和占道堆物等现象进行整治，并叠加管线迁移和楼道提升项目，对新签约的加梯楼道按照"示范类"标准设计"一楼道一方案"，既解决居民爬楼难题，又有效消除安全隐患，显著改善居住环境。三是结合片区治理工作。落实"1+6"文件精神，用好五大片区党委工作抓手，压实片区党委书记（片区长）牵头责任。家乐苑居民区所在的闵朱片区，坚持片区工作例会制度，在片区平台上整合相关部门资源力量，切实打通堵点，助推工作加快推进。特别是针对违法建筑使用人家庭生活困难问题，牵头公安、民政、居民区等共同研究、妥善处置，在保障当事人基本生活的同时，平稳有序开展拆违。

（三）以重点工程为牵引，抓落实、见成效

2022 年以来，在区有关部门的关心支持下，家乐苑小区被列入"三旧"变"三新"民心工程。街道坚持要"布新"必须先"除旧"，通过完善"四度工作法"，依法依规、高效平稳推进美丽楼道和拆违工作。一是工作落实抢速度。结合"三旧"变"三新"改造计划，制定工作计划表，倒排时间节点。将工作指标细化到各工作小组，每周通报工作情况。二是政策口径重尺度。坚持"一个政策管到底、一把尺子量到底"，将"统一政策、统一标准"贯穿在工作各个环节，不开口子、不搞变通，让群众真正体会到"早拆的主动，晚拆的被动"。三是群众工作有温度。坚持严守工作底线，做好居民政策解释和情绪安抚，力争把影响降到最低，做到政策讲到位、困难帮到位、真情送到位。四是依法整治讲力度。对反复沟通未果或未在规定期限内自行整改的，组织公安、城管等部门力量，在确保安全的前提下，开展集中整治行动，保障家乐苑小区"三旧"变"三新"项目及时启动。

三、经验成效

一是摸清底数、深入研判。存量违法建筑拆除工作涉及面广，工作具有周期长、风险高、难度大的特点。为妥善推进此项工作，街道坚持先易后难、分类施策的工作原则，摸清梳理

存量违建底数，建立"一户一档"，将群众关切的占用公共区域以及存在安全隐患问题的违法建筑列入优先整治范围，确保取得拆违行动的"开门红"。

二是集中攻坚、重点突破。针对工作难度较大以及存在历史遗留问题的楼道和天井违法建筑，发扬钉钉子精神，强化部门联动，把工作方案做实做细，耐心细致地反复做当事人思想工作。对拒不自行整治的，敢于啃硬骨头，牵头有关部门开展"集中检查一批、限期整改一批、立案查处一批"专项行动，通过以点带面，迎难而上打破拆违工作瓶颈。

三是统筹联动、治标治本。加强与区建管、房管等部门协调，争取"三旧"变"三新"政策资源倾斜，综合考虑加梯、旧改、管线落地、雨污分流等项目实施计划，统筹推进硬件设施提升与违法建筑拆除工作。加强经验总结和成果梳理，推报特色示范典型，讲好拆违的故事，让更多群众感受到拆违带来的切身变化，争取群众的更大认同和支持。

专家点评

小区违建是社区治理的难点和痛点，凌云街道在小区违建治理中活用了党建引领的方法，有效实现了将制度优势转化为治理效能。在拆违中，形成了党工委统筹领导、社区党组织推动、党员带头引领的工作机制，实现了纵向明确目标、突出重点，横向包干分工、责任到人。与区拆违办党组织签订党建联建协议，强化了党建引领的条块力量整合联动；以党组织做思想工作为方法有效实现了"公字头"人员和党员的带头作用。可贵的是，凌云街道在小区违建治理中采取了"操作有情"的措施，对于违法建筑使用人家庭生活困难问题，街道主动牵头公安、民政、居民区等共同研究、妥善处置，在实现拆违目标的同时，保障了当事人的基本生活。

（叶敏　华东理工大学社会与公共管理学院教授）

三、场景关键词：
数字赋能

当今时代，数字技术正在深刻改变世界发展方式。建设数字中国是推进中国式现代化的重要引擎，更是构筑国家竞争新优势的有力支撑。党的二十大报告提出，要加快建设网络强国、数字中国。2023 年 3 月，中共中央、国务院印发《数字中国建设整体布局规划》，从党和国家事业发展全局的战略高度对数字中国建设作出了全面部署，以夯实基础、赋能全局、强化能力、优化环境为战略路径，提出数字中国建设"2522"的整体框架。

在数字中国建设的快速推进下，基层治理正在全面、深度地与数字化、智能化技术融合互动。《中华人民共和国国民经济和社会发展第十四个五年规划和 2035 年远景目标纲要》明确提出"以数字化助推城乡发展和治理模式创新"，为新时代推动基层治理数字化转型指明了方向。随后，国务院办公厅印发的《"十四五"城乡社区服务体系建设规划》提出以社区为重要切入点，提高数字化政务服务效能，构筑美好数字服务新场景，为数字赋能基层治理明确了新路径。

为提升人民城市生活品质，上海市全力推进数字化转型，致力于打造具有世界影响力的国际数字之都。对于上海而言，在新发展阶段全面推进城市数字化转型，是巩固提升城市能级，塑造城市核心竞争力的关键之举。2020 年 7 月，上海市发布《关于全面推进上海城市数字化转型的意见》，明确将数字化转型作为上海"十四五"经济社会发展主攻方向之一，推动"经济、生活、治理"全面数字化转型，引导全社会共建共治共享数字城市。2021年8月，上海市发展和改革委员会发布《上海市促进城市数字化转型的若干政策措施》，指出要建立全面提升生活数字化服务能力的新制度和全面提高治理数字化管理效能的新机制，加强公共数据赋能基层治理，推动城区数字化转型。同年10月，上海市人民政府办公厅印发《上海市全面推进城市数字化转型"十四五"规划》，就全市数字化建设的总体思路、重点工作、重点领域、重点工程和保障措施作进一步部署，并指出到2025年，基本构建起以政府、市场、社会"多元共治"的城市数治为主要内容的城市数字化总体架构。

关键词释义

数字赋能，即通过人工智能、云计算、大数据以及物联网等新技术和数字化手段，赋予个人和组织以更高能力和更多机会创新高效、智能的工作模式和生活方式。数字赋能的运用场景丰富多元，涉及经济社会发展各领域，深刻改变着生产方式、生活方式和社会治理方式。当数字赋能高质量发展，能够培育大量新的经济增长点，成为稳增长促转型的重要支柱；当数字赋能政务服务，可优化政府管理和服务方式，有效提高政务服务效率，为企业群众带来更多便利；当数字赋能公共服务，可打破供需壁垒，在提升供需匹配质量的同时促进就业、教育、医疗、养老等公共服务更加普惠均等。

在推进治理体系和治理能力现代化进程中，数字赋能基层治理是重要发力点。推动数字技术与基层治理深度融合，能够在多重面向上提升基层治理的社会化、专业化、智能化水平。其一，数字赋能拓宽治理边界，推动群众广泛参与。数字化治理既通过向党委和政府赋能，搭建深度挖掘、联机分析和综合研判的数字体系，又通过政务 APP、小程序等向社会和公众赋能，以线上线下的联动方式打破基层社会治理的时空限制，丰富多元主体参与、表达、交流和互动渠道。其二，数字赋能重塑治理流程，提升基层治理效能。数字技术嵌入基层治理体系，是对传统科层组织制度结构和工作流程的调整、优化与升级的过程，通过数字技术对资源进行重组、排序和归并，实现跨层级、跨地域、跨系统、跨部门、跨业务的高效协同管理，提升基层服务"硬实力"。其三，数字赋能优化治理工具，增强风险防范能力。通过数字化手段精准排查与定位风险因素，依托大数据云计算平台进行实时监测与动态追踪，及时掌握社会风险动向，提高基层风险战略防范力和应对力。

在数字赋能基层治理的时代背景下，居民对数字化、智能化、智慧化的社区生活场景更为向往。在围墙内，通过引入智慧警务系统、智慧物业管理平台、智能门禁管理系统、智慧停车系统、智慧养老系统等，使居民的幸福感、安全感、获得感倍增。在围墙外，嵌入数字技术的各类生活服务和休闲设施场所不仅蕴含经济功能，还代表着各种数字文化价值，让社区居民切实享受到数字赋能带来的生活便利。

近年来，上海市徐汇区紧紧围绕推进城市化转型战略，结合区域资源禀赋特点和实际发展需要，高效推进城市数字化转型健康发展、创新示范。2022年2月出台《徐汇区促进城区数字化转型的若干政策措施》，提出要聚焦要素汇聚、场景应用、发展生态，加大规则探索和先行先试，充分运用数字技术加快全流程再造，打造一批数字楼宇、数字园区、数字社区等数字化转型的"徐汇样本"。聚焦基层治理系列工作与具体场景，徐汇区打造了"汇治理"数字化应用系统，通过系统集成，向市民端、企业端、工作人员端、管理端提供服务。在市民端，"汇治理"针对不同人群，在考虑差异化需求基础上，动态构建"千人千面"的群体画像，为市民工作、生活提供便捷服务，设置生活服务、教育服务、政府办事、休闲娱乐服务等功能模块，打造"掌上生活圈"，让市民真正享受到智慧化生活方式。截至2023年6月，"汇治理"移动端已接入102个应用，累计注册人数达到99.34万人，累计访问1.70亿次。

此外，徐汇区各街镇通过实践探索，找到了提升基层治理效能的数字发力点，如湖南街道通过打造集各管理条线职能于一体的数字化管理模式实现风貌街区的精细化治理；田林街道采用人工智能技术优化电动车违规充电处置流程；华泾镇打造了群租整治、片区治理、智慧电梯、共享停车、商户联盟、智慧营商、红色领航、为老服务、消防安全等多个基层社会治理应用实战场景。

伴随时代进步和技术更迭，数字技术赋能基层治理将继续成为基层治理的重要发展方向之一。但无论数字赋能发展到哪一阶段，始终应坚持以人为本，既要加快推进数字技术从治理工具向治理思维的演变，又要警惕走向技术俘获或技术倒逼的治理方向，最终勾勒出一幅平安和谐的"智治图景"。

数智赋能
深耕风貌街区精细化治理

湖南街道党工委、办事处

一、基本背景

湖南街道地处衡复风貌区核心区域，是上海首批以立法形式认定和保护的 12 个历史街区之一。安福路东起乌鲁木齐中路，西至武康路，三条路形成"工"字形结构，是一条永不拓宽的风貌道路。安福路街区在空间形态上呈现出典型的"三区融合"（居住社区、新消费业态集聚区、历史风貌景区）特点，街区周边居民区混合化、老龄化、国际化特征明显，沿线拥有 74 家商铺、41 家企业，街区入驻的企业多为近年来创立的自主品牌，创始人团队以 80 后为主，具有鲜明的时尚性、青年性、活力性特点，以其独特的魅力带动了"网红"效应。

"网红路"导致人流与车流增多，打破了街区原有的平静，街区店铺更迭和装修施工破坏了原有的文化氛围，不少游客席地而坐喝酒、唱歌，部分摄影活动、营销推广活动（如遛羊驼）不向有关部门报备，部分人员奇装异服吸引流量等等，这些行为妨碍正常的行人和车辆通行，造成人员聚集，对社会秩序和交通安全都产生了一定的影响。另外，安福路摄影、街拍等行为均与网络平台、自媒体直接关联，易引发低俗炒作、有违公序良俗的行为展示以及敏感话题，造成舆论的负面影响，这些都不同程度地影响了"文、商、旅、居"和谐共存的街区环境。

如何加强引导、避免安福路街区陷入网红化、低端化、无序化状态，如何破解游客流量、顾客消费与社区居民之间的矛盾，护航安福路街区生活和运营的有效运行，这对湖南街道街区精细化治理提出了新问题和新挑战。

二、主要做法

为进一步提升街区治理能力，营造安福路街区的美好生活环境，湖南街道基于大数据数字底座，依托新兴技术，在传统的社区管理模式的基础上，使用数字化管理模式叠加助力，多角度全方位立体打造集各管理条线职能于一体的数字化管理模式，从而达到社区精细化高效治理。

（一）建立安福路街区场景应用建设专班

由街道场景应用建设部门联合街道城运中心、第三方技术厂商等，组建近 20 人的场景应用建设专班，明确建设目标，结合安福路街区的特色环境，以解决街区管理需求为导向，以智能发现替代人工巡逻方式为实现路径，将技术与管理，工作与机制不断融合、协同推进。发挥大数据管理效能，推动治理手段由"管控"向"智控"转变。

（二）实地走访学习

通过调研北外滩街道城运中心等先进单位，就数字赋能基层治理、城市运行和精细化管理经验、增强"一网通办""一网统管"服务效能等问题进行学习和讨论。同时，结合"建设新徐汇、奋进新征程"的具体目标任务，充分运用数据思维，加快软硬件建设、实现数据交互共享，进一步开发应用场景平台，推动传统的垂直管理向立体化治理体系方向转换，提升精细化治理水平，为基层减负增能。

（三）深化各方联动

通过对街区、企业商户、居民区的实地走访，全面摸清各类人群的实际需求，并采取街区大讨论、现场沟通会、行业沙龙等形式，针对典型地点、典型问题，召集条线部门共商共治，整合治理平台，统筹管理资源，达成共识，形成合力，构建数字化管理模式初步框架和目标。例如：通过联合各部门打造沿街商铺管理系统建设，推进街道依法开展执法管理工作，降低执法成本，提高执法效率，为街道基层治理水平和管理服务能力提质增效。

（四）发挥街镇吹哨部门报到机制

积极与区城运中心、大数据中心等部门共同协作，借力区城运中心共同推进街道数字底座感知终端和数据库建设，结合安装部署传感器、探头等各类感知终端，加快与区大数据中心对接数据、感知数据等多源数据的汇聚、治理。通过构建统一数据服务接口和数据安全体系，推动各类信息数据互联互通。同时邀请专业团队设计数字化治理应用场景建设，发挥技术部门优势，依托新技术，将"愿景图"变为"施工图""实景图"。

（五）构建"人、车、铺"的数字化解决方案

实现对大客流机动车、非机动车乱停放的实时监测、情况分析、事件告警，同时实现对街区商铺精准化、精细化管理。

安福路沿街商铺、文化旅游景点众多，有时会出现人员非正常聚集情况和突发情况，通过引入人脸识别、人流量监测、智能调度等技术手段，快速精准地发现和处理人流异常情况，由 AI 云的人流量检测模型判断监测区域内人员是否达到阈值，若发现人流量达到阈值即触发报警，并通过短信、微信等方式告警，以便工作人员快速精准地发现和处理人流异常情况，为市民和游客提供便捷、安全、文明的环境。

安福路道路宽幅狭窄，车辆流动又多，共享单车和电动车乱停乱放影响街区交通，原先的人工搬运等方式缺乏实时监测与智能调度。通过引入数字化管理手段，实现智能发现、智能预测、智能调度，提高非机动车停放区域的利用率和服务质量，从而更好地方便居民交通出行，提升街区的市容市貌。

安福路沿街商铺较多，变动频繁，没有一个数字化系统实时动态地掌握商铺情况，"门前三包"责任落实也不到位。通过建立一铺一档系统，实现全面、准确、及时地掌握商铺的基础情况，为后续商铺监管提供科学依据，从而实现"门前三包"的科学化、规范化、透明化管理，最终提高市民和游客的消费、购物的体验感。

三、经验成效

通过安福路街区数智管理场景的阶段性建设和应用，初步实现了从传统的人工巡逻上报和经验处置模式向智能化、高效化、精细化的解决方案转型。

从政府端来说：一是问题发现，实现智能及时、分类补缺；二是应急指挥，呈现实时应对、明了清晰；三是现场处置，达到效能提升、成本下降；四是绩效评估，做到量化可溯、考评有据。

从社会端来讲：首先，市民感受度有所提升，12345投诉下降、110报警减少；其次，综合环境能级得以提高，公共安全底线得以筑牢。

专家点评

　　街区治理是上海市委在 2022 年 9 月 6 日基层治理体系和治理能力现代化建设会议上提出"六大工程"的重要内容。武康路—安福路风貌街区治理是在武康路街区治理基础上的延伸。安福路新型的商业业态逐步成为新晋网红街区，既充满了活力，也带来了困扰，治理难度非常大。湖南街道党工委大力推进党建引领下的"街区治理力工程"，以打造一流风貌街区治理特色品牌为目标，积极探索党建引领下的"发展—治理—生活"三位一体的街区治理新模式。其主要的启示意义在于：一是注重顶层设计，街道党工委统领街区治理工作专班，建立街区治理的工作机制、探索工作方法、梳理工作任务，为街区治理提供了强大的组织保障；二是政府主动靠前服务，以回应商家需求和解决街区治理问题为导向，通过提升街区品质促进改善营商环境；三是党建引领多方参与，创新社会动员机制，充分激发街区商户参与街区治理的主体性和内生动力；四是创新治理方法，通过平台搭建、规则构建、多方共建等方式营造街区治理共同体。

（唐有财　华东理工大学社会与公共管理学院教授）

数字化转型
破解电动自行车违规充电治理难题

田林街道党工委、办事处

一、基本背景

上海市委全会要求全面推进城市数字化转型，实现整体性转变、全方位赋能和革命性重塑。田林街道紧紧围绕"高效处置一件事"核心目标，针对基层社区治理在工作理念、运行机制、实操流程等方面所存在的问题，坚持"应用为要、管用为王"的理念，加快社区数字化转型，通过大场景小应用助力处置流程再造，解锁基层治理难题。

田林街道成立于 1985 年，位于徐汇区中西部，辖区面积 4.19 平方千米。街道共有 24 个居民区，现有居民 4.3 万户，户籍人口 7.8 万余人，实有人口近 10 万人。街道共有住宅小区 67 个，40 年以上房龄的 6 个，30 年以上房龄的 16 个，20 年以上房龄的 36 个。

综上，田林是一个综合性的居住型社区，存在着中心城区街道人口高密度下城市运行管理共性难题。其中电动自行车违规充电问题，是其中最为常见的消防安全隐患，同时也严重威胁着居民的生命安全。在上海市范围内相关的火灾案例层出不穷，亡人案例也时有发生。针对电动自行车违规充电问题，街道组织相关部门开展走访、调研，该问题屡禁不止存在以下几个原因。

一是充电设施缺少。老旧小区具有社区治理结构复杂、房屋建筑老旧、小区规划和市政基础设施配套较差、物业服务不到位等特点，导致在进行电动自行车充电设施布设过程中容易出现建设空间难寻、线路老化、设施设置供需不均衡、设施分布不合理等问题。停放充电场所缺乏统一的消防安全建设标准，这也对充电设施的建设造成了一定的影响。

二是物业管理缺位。电动自行车充电设施建设与维护和物业管理紧密相关，充电棚大量闲置车辆占据、充电棚维修不到位的现象时常发生；物业原有配置的电动自行车充电桩主要是商业用电，每度电的费用明显高于居民用电。除此之外，部分小区还存在着充电设施无挡雨措施、虚电等问题。

三是居民安全意识缺乏。居民区楼道堆物、入室充电、群租等安全隐患时有发生，经过多年宣传和专项整治，居民的安全意识有较大的提高，但少部分居民仍存在麻痹思想和侥幸心理。

在此背景下，田林街道借助社区数字化转型，采用人工智能技术，全天候监控小区内的充电设施，智能发现电瓶充电过程中的异象，并通过与区城运中心就数据、流程、系统层面进行深度融合，将智能视觉与现有业务管理体系进行融合创新，优化当前电动自行车违规充电的处置流程，提升监管智能化水平。

二、主要做法

（一）赋智能，优流程，提升治理能效

一是智慧赋能硬件建设。充电设备上的各项数据与城运平台对接，纳入到街道数字底座中。通过城运平台，街道可以掌握充电桩的布点情况和使用频率，从而了解小区充电桩需求的紧迫程度，可作为下一步增加充电桩的重要参考依据。居民也可通过平台查询充电桩使用情况，方便居民寻找空闲充电桩。

二是智慧赋能隐患排查整治。电动自行车充电应用场景通过智能化手段，全程监测充电电流电压，发现数据波形异常，判断存在大功率设备或者插电设备接触不良等情况，系统会根据反馈信号第一时间切断电源，并通过后台数据库将信息以短信形式推送给车主提醒及时检测排除隐患。街道城运中心根据上传数据推送工单给相应的处置人员，处置人员接单后到达现场，对于现场情况进行处置，如车主未到现场的情况下，会拨

出充电插座，检查车辆相关的设备是否存在违规改装或非标装置，处置完成后再将处置信息反馈城运平台，形成工单闭环。

电梯入栋应用场景通过视频流、做好前端智能感知数据的汇集分析，基于智能视觉分析技术，自动识别电动自行车入电梯入楼栋事件。事件发现后，自动将告警数据与派单系统对接，形成工单，自动派单到处置人员的政务微信。处置人员接单后，第一时间赶到现场，通过后台视频数据，找到当事人，告知居民电动自行车入电梯入楼栋带来的安全隐患，以及所需承担的法律后果，要求居民立即将电动自行车推离楼栋。处置完毕后，处置人员通过政务微信上报处置情况。后台工作人员可以在任一时间，查询事件整个流程的处置情况，跟踪后续的评价反馈，从而提升事件的处置效果，构建"智能发现、自动派单、高效处置、全程记录、真实评价"全流程的闭环模式，全面提升社区运行体征监测预警水平，创新社区精准治理模式。

三是智慧赋能火情处置。集中充电车棚内布置了2—4个监控设施，一旦某个小区的车棚内发生火灾险情，街道城运管理平台上，相应的车棚标识就会不停闪烁，发出警报声音。与此同时，工作人员可以点击车棚标识，屏幕上就会呈现车棚内的现场实时画面，从而针对性布置险情处置工作。除了查看实时画面，另一项重要功能就是回看，可以进行事件溯源，快速、准确找到起火的原因。

（二）建机制，强宣传，封堵充电隐患

一是建立网格化排查机制。住宅小区由物业、平安志愿者开展巡查，排摸电瓶车数量，并加强对居民住宅内重点人群的上门工作提示，确保每月全覆盖一次；街面上的九小场所由网格队员每日开展巡查，确保每月全覆盖一次；规模型生产经营单位、建筑工地、重要建筑等由街道消防办组织人员开展检查。

通过网格化排查，摸清本街道电动自行车基本数量，重点关注人群的数量，以及电池销售门店、电动自行车维修门店、摊位等底数情况，加强电动自行车及电池在流通领域的监督检查工作，督促销售、维修、回收等相关市场经营主体规范经营，依法依规打击惩处相关违法违规行为。

二是依托片区力量，构建联勤联动机制。完善发现、立案、派遣、处置、核查、结案等协作闭环处置程序。对发现的隐患风险问题，能当场立即整改的，由片区工作人员督促隐患责任人立即或限期整改。复杂案例在片区工作例会上进行讨论，由片区长牵头有关部门联勤联动、协同配合、联合执法，综合运用各类行政执法资源，督促隐患整改到位。

三是开展形式多样的宣传。以居民社区为主阵地，以高频使用电动自行车的"两快"从业人员为重点，充分利用小区资源，动态静态相结合进行宣传。平安志愿者在巡逻小区期间，手持喇叭播放消防宣传语，在小区内流动宣传。小区设置横幅、Led显示屏、黑板报和小喇叭播音的形式，提醒往来居民禁止电瓶车入户充电。以"不漏户、不漏人"为原则，对居住于辖区的115名外卖骑手逐一开展见面宣传告知，逐人签订《电动自行车安全使用承诺书》。

（三）重建设，惠民生，疏导充电需求

经过对工单的分析，发现部分小区内存在充电桩数量不足的问题，导致居民把电动自行车推进楼栋内进行充电。田林街道始终坚持问题导向，采用疏堵结合的方式，除了利用数字化转型，自动监控电动自行车入电梯，还积极推动小区内加装充电桩，满足群众充电需求。

一是建设方面。以片区为抓手，通过通道环境提升、违建拆除、架空线入地等综合治理，挖掘老旧小区中的公共空间，采用集中充电棚、排式点式小型充电桩、充电柜等多种充电设施组合安装模式，从便捷性、合规性、安全性三个角度灵活合理设置充电设施点，满足小区个性化需求。

二是维护管理方面。集中充电场所增加挡雨、监控等设施，消除居民对于电瓶被盗、雨天充电等问题的担忧；充电设备设置了充满、过压过载、短路漏电安全防护措施，充电场所安装了喷淋烟感等设施，确保充电安全。

探索建立物业服务企业服务的"红黑榜"，督促物业建立巡查机制，对不规范充电行为进行劝阻，对场所闲置车辆进行清理。为了更好地调动老旧小区物业的积极性，按照质价相符的原则，平稳有序推进老旧小区物业费调价工作，帮助物业服务企业有效提高服务水平，最终达到提质提价的良性循环。

三是便民利民方面。从居民利益最大化出发，把计价方式从以往的 1 元 /4 小时，调整为 4.2 厘 / 分钟，不满 1 分钟不收费。以一个普通的电瓶计算（36v12ah），一般从空电充满需要 6 小时，每次可以减少 25% 的费用。

居民可通过小程序查询充电桩使用情况，方便居民寻找空闲充电桩。为了方便无智能手机的居民使用，充电桩设备还能以充值卡的形式使用，部分小区还保留了投币式的充电设施。

三、经验成效

一是聚焦"管用"，做强城运平台。在综治中心、网格中心等基础上，把基层治理中需要的设备、数据、应用进行融合，目前已经整合了市、区、街道共 26 个数据库、11 个实战系统。汇聚智能门禁、电子嗅探、水压监测等 10 大类共 6000 余个遍布社区的传感器数据流，对"人、车、房"等关键标签要素进行综合研判，做强数字底座，全面提升社区运行体征监测预警水平。

二是聚焦"爱用"，做实闭环管理。街道围绕"高效处置一件事"，通过数字化转型促进处置流程再造，促进线上线下一体化、发现治理一体化、管理服务一体化。基于"人数协同"的治理框架，不断提升"小事不出小区，大事不出片区，难事不出街道"的治理效能。在此过程中，基层工作者的工作量、工作效率、工作成果均可量化、可追溯、可监督，有力提升基层队伍管理建设的科学化、规范化水平，最终提升了人民群众的认可度和满意度。

三是聚焦"受用"，做优治理创新。以人为本，树立分级解决问题理念，让干部群众乐于运用移动设备和"汇治理·随申拍"等参与自治共治。

四是数字化转型，提升工作效能。通过智能发现，解决了如何提升问题发现效率的难题；通过自动派单，解决了派单中的时效问题；通过打破条线，成立综合网格队伍，解决了工单谁来处置的难题；通过全程记录、真实评价，提升了处置的评价和监管问题，从而提升了处置的质量。

五是火警数量下降。通过人工智能的方式，利用智能视觉全天候监控的特点，对楼栋的进出口进行实时监测，可及时发现电动自行车进楼栋的现象，降低了火警数量。

六是居民的安全感提升。"主动发现"即依托派单系统，做实网格巡查机制；"自动发现"即开发智能算法，对电动自行车入楼栋进行智能化监管。火警的减少，切实提升了街道居民的幸福感和安全感。

总之，田林街道数字化转型坚持以提升广大居民的获得感、幸福感、安全感为指引，坚持"高效办成一件事"的总体目标，深化"一网统管"建设，聚焦公共安全等重点领域，实现态势全面感知、风险监测预警、趋势智能研判、资源统筹调度、行动人机协同。以数字化转型践行"人民城市人民建，人民城市为人民"的重要理念，推动田林街道管理手段、管理模式、管理理念变革，变被动响应为主动发现，实现政府决策科学化、公共服务高效化、社会治理精准化，培养运用数字化思维解决实际问题的能力，用数字化方式解决超大城市治理和发展难题，掌握超大城市发展规律，奋力谱写人民城市建设的新篇章。

专家点评

交通出行问题始终牵连着每个家庭、每个人。电瓶车成为每家每户不可或缺的便捷交通工具，但是，电瓶车违规充电问题成为威胁社区安全的重要因素，始终困扰着城市基层治理。针对这样的困难，田林街道进行了专题调研，深入分析了电瓶车违规充电及相关隐患发生的主要根源。在此基础上，借助数字化技术赋能社区治理，采用人工智能技术，全天候监控小区内的充电设施，智能发现电瓶充电过程中的异象，并通过与区城运中心就数据、流程、系统层面进行深度融合，将智能视觉与现有业务管理体系进行融合创新，优化当前电动自行车违规充电的处置流程，提升监管智能化水平。上述治理探索体现了数字治理在城市社区治理中的技术赋能，具有积极启示。与此同时，还要进一步关注社区柔性治理突破和创新，超越目前以技术监管替代人性化治理的模式。具体而言，要坚持数字技术治理与社区居民自主治理相结合，为社区居民搭建多元化载体，充分体现社区居民在社区治理中的能动性和主体性地位，让更多居民成为社区安全的守护者和监督者，只有真正实现"人的改变"，才能从"最深处"实现社区治理目标，进一步实现"人民城市为人民"的根本目标。

（徐选国　华东理工大学社会工作系副主任、副教授）

打造智慧"新华泾"样板

华泾镇党委、政府

一、基本背景

聚焦区委、区政府关于"建设新徐汇、奋进新征程"的目标任务，紧贴具备城市副中心能级的徐汇"南部中心"和"华泾门户功能区"发展定位要求，华泾镇城市数字化转型工作将"数字赋能"作为推进基层社会治理现代化的战略抓手，围绕实战管用、社区爱用、群众受用原则，针对社区工作中存在的问题和难点，加快建设群租整治、片区治理、智慧电梯、共享停车、商户联盟、智慧营商、红色领航、为老服务、消防安全等多个基层社会治理应用实战场景。通过重塑机制、再造流程、创新应用，积极推动基层社会治理向信息化、智能化、融合化发展。

二、主要做法

（一）打造"群租整治2.0"，实现基层治理全闭环

为构建"聪明大脑"精准打击群租，华泾镇于2020年自

主开发建设了群租整治应用场景。实践发现群租工单和群租现状数据来源区级群租系统，存在数据不准、时间滞后等问题，不仅缺少持续监管跟踪和巡查整治的过程记录，还缺少对二房东、返潮房、收储纳管房屋的集中管理，难以满足全闭环群租治理的根本要求。2023年以来，华泾镇从群租发现与确认的数据源头出发，升级群租整治场景2.0版本，主要通过小区智能化门禁数据对正常居住出入量的估算，实现对于疑似群租房屋和疑似已搬出人员的智能发现，并通过接入12345热线工单、增加投入举报入口，结合居委和物业等社区工作人员的上门确认，做到快速有效精准打击群租现象，实现群租"发现—核实—整改—处置"的全生命周期闭环管理。依托我镇巡查工作机制，建立群租巡查模块，通过数据与现实的交互，平台向物业和居委工作人员发送对曾经发生群租的房屋以及收储纳管房屋进行定期巡查的提醒，形成返潮房情况分析，开展重点巡查，有效避免群租现象反复治理、反复回潮现象。

（二）融合"片区一体化"，构建共治共享新格局

以华泾镇城市运行综合指挥中心的建设为契机，新建"片区一体化"应用场景，该场景以高效处置一件事为宗旨，以统筹整合一支队伍为目标，通过大屏实时展示网格巡查、社区巡逻等片区治理现场情况，突出实战实效，形成共建共治共享的治理格局。同时，展现党群服务中心（"生活盒子"）提供的

社区食堂、社区卫生、社区文体、社区助浴等服务内容。小区内，通过建设"共享停车"应用场景，能够高效利用共享车位资源，有效解决白天办事停车矛盾。利用"憶家快修"与专业合作模式，快速解决家电维修、日常保养、家政服务等生活问题。通过线上平台下单服务，提升响应质量，实现速度与内容双提升，并通过统计相关区域的服务需求及频次，同时配套完善部分住户、房屋情况统计，便于大数据分析结果在民生保障管理工作中的有效运用。

（三）构建"智慧营商平台"，助力经济发展高效能

华泾镇原有 20 个行政村，其中 5 个村在镇域范围内，其余 15 个村分布在虹梅等徐汇区其他 7 个街道。各集体经济组织目前拥有各类载体约 110 万方，是我镇招商引税的重要阵地。为更好满足市场主体的各种需求，助推营商服务、治理理念、结构、流程、模式等方面进行智慧再造，我镇正着力开发建设"智慧营商"应用场景，目前已经初步完成方案设计，通过运用可视化呈现等技术，基于"一张图"建设华泾园区（含飞地）信息模型（CIM）底座，可全方面立体展现园区概况、单产坪效、企业税收、租金租期等基本信息及常态化企业走访情况。

（四）推进"多个数字场景"，提升居民品质新生活

华泾镇始终坚持问题导向，重点围绕解决群众的"急难

愁盼"问题，正加快建设一批有显示度、实用性强、高性价比的示范性应用场景，提高数字化生活品质。"商户联盟"应用场景采用镇域商超、沿街商铺"一户一档"机制，通过商户积分兑换减免房租、共享车位等社区服务，鼓励商户主动上报数据，结合动态摸排，摸清房屋信息、经营信息、租赁信息等商户底数。建立放心指数衡量商户消防安全、食品安全、是否规范运行等经营管理状态；建立繁荣指数描述市场客流量、市场推荐商户、老字号商户等市场运行状况；建立正面清单和负面清单引导商户诚信经营，实现"普通商户—诚信商户—红色商户"的正向转变。"智慧电梯"应用场景实现电瓶车进电梯等违规使用电梯情况的智能报警，提供对于电梯运维养护的定期提醒和过程记录，实现老旧小区电梯加装从规划、设计、意见征求到施工验收的全过程管理。"为老服务"场景重点关注独居老人群体，通过社区门禁数据分析老人进出轨迹，对超过2天未出门的老人自动外呼并派单至社区，提醒社区工作人员上门问询并提供帮助，确保独居老人居家安全。"消防安全"应用场景将现有消防设备、消防报警主机、消防水系统的数据信息整合到平台，形成消防安全视图，提供消防报警主机数据解析、消防报警展示、喷淋泵和消火栓位置视图、出水口管网压力监测等功能。

三、经验成效

一是数字赋能，群租返潮有效遏制。通过群租整治应用场景，有效解决了群租工单和群租现状数据不准、时间滞后等问题，全时持续监管跟踪和巡查整治过程记录，实现对二房东、返潮房、收储纳管房屋的集中管理，满足全闭环群租治理的根本要求。通过与第三方经租公司合作，推动对第三方收储纳管房屋的有效监管，最终形成整治清单、返潮清单、收储纳管清单、持续监管清单、巡查清单等"五张清单"，实现城市治理由人力密集型向人机交互型转变，由经验判断型向数据分析型转变，由被动处置型向主动发现型转变，真正实现"存量零遗漏，新增零增长，已整治零返潮"的目标。

二是突出实效，居民生活更加便捷。通过搭建城运中心一体化指挥平台，整合多方巡查队伍力量，优化网格派单和处置流程，联动有效解决镇域内社区复杂疑难问题。集成各类系统平台、移动终端、应用场景的基础数据信息，将各类智能感知设备采集数据归集接入城运中心，形成统一精准的数据库。通过小区内建设"共享停车"应用场景，利用周边小区空闲车位资源，形成统一高效的共享车位服务体系，减少白天工作办事停车矛盾和夜间居民返家停车矛盾。建设"憶家快修"应用场景，通过专业的合作模式链接各方职能，能有效改善居民维修难、保养难、保洁难等日常问题，建立服务闭环。

三是着眼服务，营商环境不断优化。对标具有城市副中心能级的南部战略拓展核心，未来，数字经济和生命健康将成为华泾两大核心产业，北杨人工智能小镇、华之门和西岸生命蓝湾则是促进产业链上下游互动、产城融合发展的三大旗舰项目。通过"智慧营商"的场景化应用，能够有效做到感知透彻、主动反应、服务精准、决策科学，能动地满足市场主体各种情境下的需求，使万物互联、虚实映射、实时交互的数字孪生城市成为赋能"新华泾"高质量发展、提升长期竞争力的核心抓手。

四是民呼必应，基层智治卓有成效。以现有的城运 GIS 平台为基础，叠加各社区三维模型，形成覆盖全镇重点社区的社区数字孪生模型，实现数据潜能全面激活、共享平台能级提升，做到第一时间发现问题、控制风险、解决问题。华泾镇共6 个片区，现配有专职社工和第三方巡查员人员共 12 人，网络工作执法人员实时接收问题线索，第一时间对群众合理诉求进行处置和反馈，形成高效的工作闭环。城运中心及时对居民投诉的工单进行梳理，将反映最集中的投诉工单如小区综合治理、停车秩序、电瓶车飞线充电、业委会矛盾等，牵头主办部门集中进行研究处置，对人员落实、热线处置、热线工单先行联系、热线工单办结做出明确要求，并形成周报进行通报，不断提升工单及时结案率和满意率。

基层社会治理数字化转型的关键在于服务居民，华泾镇始终坚持实战为先、管用为要，积极推进"一网统管"建设，确保应用场景的使用实效和"一线解决问题"，实现"观、管、防、处"一体融合。未来，华泾镇将继续推进数字化转型和基层治理有机融合，提升实战应用场景服务效能，驰而不息、一往无前，为推动构建社会治理体系和治理能力现代化探索华泾模式、华泾经验。

专家点评

上海数字化转型强调经济、生活和治理三方面，突出一网统管、一网通办与两网融合。华泾镇的优势亮点工作在于通过整合资源和条块部门进行社会治理与营商环境优化。其主要的启发在于：一是注重场景应用的开发，特别是围绕当前街镇发展和治理的急难愁盼问题针对性开发应用，实现技术赋能治理；二是数字技术嵌入既有的治理结构和治理流程，实现技术逻辑和治理逻辑的有机融合；三是在大数据采集的基础上注重算法分析，为科学决策提供数据支撑。未来要思考如何通过数字化技术实现经济、生活和治理的深度融合，特别是积极推进生活数字化转型，以社区居民的需求为导向，加强数字化生活场景的开发和应用，如深度参与"15分钟社区生活圈"建设，建立全人群和全生命周期的大数据分析，提升社区公共服务的匹配性。

（唐有财　华东理工大学社会与公共管理学院教授）

四、场景关键词：
自治共治

基层治理是国家治理的基石，关系国家的长治久安和人民的幸福安康。自党的十八大以来，党和国家对社会治理不断提出新理念、新思想、新要求。从党的十八届五中全会提出"构建全民共建共享的社会治理格局"，到党的十九大报告强调"打造共建共治共享的社会治理格局"，到党的二十大指出"建设人人有责、人人尽责、人人享有的社会治理共同体"，再到习近平总书记在上海考察时强调"构建人人参与、人人负责、人人奉献、人人共享的城市治理共同体"。我国社会治理理念的理论建构与实践探索渐至佳境。习近平总书记十分关注治理体系与治理能力现代化建设，"社会治理是一门科学""坚持大抓基层的鲜明导向""以党建引领基层治理""不断夯实基层治理根基"等重要论述深刻回答了新时代基层治理的方向性、全局性和战略性的重大问题。

基层社会治理是社会治理的重心，而社区又是基层社会治理的重点。社区承载了人们的日常生活，也是社会矛盾和诉求的交汇点。随着基层治理体系的不断完善，以社区为基本单位，实现自治与共治联动是社区建设和发展的必然趋势。在自治方面，早在 20 世纪 90 年代，我国就以扩大社区自治为导向，在社区直选和自治结构上进行了探索，并出现了盐田模式、江汉模式、沈阳模式、海曙模式等以自治体制为特点的社区治理模式。2021 年，国务院颁布《关于加强基层治理体系和治理能力现代化建设的意见》，强调健全基层群众自治制度需要不断完善村（居）民的自治机制，提高居民自治能力。加强社区治理，要发挥居民自治功能，把社区居民积极性、主动性调动起来。在共治方面，随着"共建共治共享"理念的提出，社区共治已成为推进城市精细化治理的重要路径。2017年，中共中央、国务院出台《关于加强和完善城乡社区治理的意见》，要求构建"基层党组织领导、基层政府主导的多方参与、共同治理的城乡社区治理体系"。"十四五"规划明确，在社会治理方面要求"完善共建共治共享的社会治理制度"，"加强和创新社会治理"。

基于超大规模城市特征，以及近年来不断变化的社会格局和社会需求，上海市基层治理面临新情况、新变化，推进社区自治共治工作意义重大。早在21世纪初，上海就开始了以基层党建促进自治、共治、德治、法治的创新探索。2015年，上海市开始"推进区域化党建，提高社区共治水平"的社区治理创新实践。2020年，上海市民政局发布《关于推进本市社会组织参与社区治理的指导意见》，鼓励社会组织协助基层党组织、群众性自治组织和居民共同参与社区公共事务和公益事业，促进现代社区共同体建设。2021年，上海市委市政府制定出台《上海市委市政府关于加强基层治理体系和治理能力现代化建设的实施意见》，计划在未来5—10年以提升城市软实力为牵引，健全完善党组织统一领导、政府依法履职、各类组织积极协同、群众广泛参与，自治、法治、德治、数治相结合的基层治理体系。同年，上海市民政局相继发布《关于做好加强基层治理体系和治理能力现代化建设相关工作的通知》《关于高质量发展上海社区社会组织的指导意见》，前者要求围绕健全居村委会组织体系、推进基层全过程人民民主、建立健全联系服务群众机制、完善向群众负责机制等方面深化基层群众自治制度建设，后者提出要充分发挥社区社会组织的积极作用，"提供社区协商平台，建立自治共治渠道"，促成社区"共建共治共享"良性循环。

关键词释义

自治共治，是基层治理的"一体两面"。自治是指基层群众通过一定的组织形式依法享有的自主管理社区事务的权利与义务及其实际运作过程。其本质是保障人民群众在党的领导下，以村（居）民自治为核心的社区基层民主，依法直接行使民主选举、民主协商、民主决策、民主管理和民主监督的权利，实现自我管理、自我服务、自我教育、自我监督。当前，我国城市社区自治主要有居民自治与业主自治两种自治机制。前者是由社区居民选举产生居民委员会作为自治组织，居民委员会根据社区居民意愿管理社区事务，并接受街道的工作指导；后者以房产所有者召开业主大会选举产生业主委员会，业主委员会根据业主意愿来管理物业相关的社区事务，保障业主的合法权益。

共治是指政府、居民、社区组织或其他非营利组织等多方主体，合作供给社区公共产品、完善社区建设、推进社区持续发展的过程，其目的是通过党建引领、政府负责、社会协同、公众参与的方式，使各方主体协同合作，提高社区治理效能。例如在城乡社区建设与改造中，参与式规划是共治的重要体现。《上海市城乡社区服务体系建设"十四五"规划》指出，在社区公共空间和公共设施改造过程中，要进一步建立健全参与式社区规划制度，整合规划、建筑、景观等专业力量，与社区居民、居村委会、驻区单位、社区社会组织等自治共治力量共同推进社区环境改善。

根据上海市委的创新社会治理、加强基层建设"1+6"文件精神，徐汇区通过党建引领社会动员、行政力量下沉居委、积极培育居民自治组织与社会组织等凝聚多方力量，涌现了一批如"绿主妇""彤心业委会联合会""虹亭汇"等自治品牌。此外，徐汇区各街镇还立足自身实际，探索出了迷你小区居委会、业主代表、物业公司"合署办公"模式，"三师工作坊""能人工作室""片区市集"等项目为牵引的互助模式，社区规划师、社区治理师、居民协商师等多方治理联动机制下的参与式规划基层治理新路径。

　　自治共治的本质在于将"原子化"的社会个体重新聚集，在降低"个体化"产生社会风险概率的同时提高社区归属感和认同感。集合多元主体的常态化自治共治机制一旦形成，将持续整合多方资源，促进主体之间相互协同合作，为社区治理提供源源不断的内生动力。

场景典型案例

"合署办公"
解"迷你"小区物业管理之困

徐家汇街道党工委、办事处

一、基本背景

徐家汇街道爱华居委下辖的宛平南路 500 弄 3 号小区，仅 1070 平方米、20 户居民，是全街道面积最小、户数最少的小区。由于自身规模较小、基础设施老旧、无停车空间等问题，小区陷入长期无物业管理的困境，唯有依靠自治管理小组与居委挺身而出"撑起一片天"。但随着楼内公共设施损坏严重、自治管理小组成员陆续搬家、无人保洁等情况接踵而至，"自管"难以为继。在此背景下，街道紧紧围绕"满意物业"品牌创建，重点聚焦老旧小区无物业管理这一难题，房管所牵头落实推进，居委会组织协调做好群众工作，经过多次协商，最终由昆美物业入驻接管这个"迷你"小区，并把物业没有办公场所的困局成功破解为"合署办公"的新局。

二、主要做法

（一）党建赋能，凝聚"红色力量"

一边是小区居民越来越多针对生活空间不便和安全隐患突显问题的怨声载道，一边是小区先天不足、规模太小、没有资金的现实问题。面对两头难，街道坚持以党建引领来破题，通过基层党建寻找一家勇于承担社会责任的红色物业。功夫不负有心人，经过综合评估和多方协调，在维持小区居民原来每户每月45元（20户房屋建筑面积均相同）收费标准不变的情况下，最终昆美物业在2023年6月正式入驻接管了该小区。昆美物业负责人表示，"尽管进驻小区会入不敷出，但是为民服务，一切值得。作为一家物业公司，我们不能仅仅考虑经济效益，而是更应该多多履行社会责任"。在物业入驻小区后，首先做了深度清洁，包括整体楼道粉刷和渗水修复、天台清洁、窗户和扶手刷防锈漆；其次，考虑到小区沿马路噪声大的特点，将年久失修的公灯换成了热感应式，既明亮又节能；随后为每层楼设置了便携式灭火瓶、修复了智能门禁，整体感官焕然一新，居民生活有了安全感。

（二）合署办公，启动"高效引擎"

没有物业的问题解决了，新的问题又随之而来。小区无物业管理用房，没有接待场所，怎么办？面对灵魂拷问，"三驾马车"没有选择躺平，而是大开脑洞，"合署办公"模式应运而生。居委会、业主代表、物业公司同在居委办公，如此既解决了场所问题，又能合力从源头上及时推动解决居民"急难愁盼"，一举两得。作为徐汇区首家"合署办公"试点，爱华居委推出"合署接待"，每周定时接待，一口受理居民反映的问题；"合署议事"，召开联席会议，将问题集中处理、齐商共议；"合署学习"，加强业务培训和指导。"合署议事"时，业主代表提出，小区开放式的垃圾桶设置容易滋生蚊蝇，很不卫生，希望能把垃圾桶封闭起来。居委向街道市容所提出改造申请，物业确保做好施工保障和后续维护。"三方"合计，群策群力，既实现了垃圾桶封闭摆放，又整治了小区公共区域的脏乱差。通过做实"三合署"，形成资源整合、优势互补、协调工作的良好工作氛围，使工作集约化、高效化。

（三）有求必应，实现"面貌一新"

合署接待时，有居民来居委向物业反映用水桶打水清洁新建的垃圾厢房既不卫生也不方便。此外，给居民洗手用的是一个小桶，下面放个盆接水，夏天容易滋生蚊蝇。了解情况后，"三驾马车"立即召开联席会议"合署议事"，共同商讨整改方案，经过反复研究，物业向自来水公司申请新增水表，铺设水管，增设洗手台。针对小区原公告栏位置不便的问题，居民区党总支通过与中国移动党建共建，积极引入社会资源，在楼道内的醒目位置设置了新的公示公告栏，让居民们一目了然知道物业联系方式、服务人员、最新通知。合署办公的时间里，居委、业主代表和物业经过磨合，工作更顺了。居民们眼看着居住环境越来越整洁，一点点变得越来越美丽，切实感受到了宜居和宜养。居民们纷纷拍手叫好，"我们终于也有物业了！""终于为我们解决了小区管理的难题！"

三、经验成效

一是招引专业力量，把业主信任提升起来。一开始居民对物业公司管理小区也有部分抵触情绪，怕收了物业费看不到管理成效，由于小区硬件条件差导致还是找不到物业人。物业公司来了，物业费要涨好多。为了消除居民顾虑，居民区党总支充分发挥党建赋能的带动作用，首先引入规范有担当的物业公司；其次召集居民代表召开沟通会，一一解答居民最关心的问题、最实际的需求；最后召开书面业主征询会议，顺利通过聘请物业公司的提议。解决了最关键的"接盘"问题，小区的急难愁盼问题有了专业力量支撑，让居民增添了对美好生活的期待和盼头。

二是大胆创新机制，把"三方"关系协调起来。通过合署办公的机制创新，解决的是物业办公场所问题，给出的是一颗"找得到人、办得了事"的定心丸，有事坐下一起商量。既融洽了物业与业主的关系，更保障了物业服务品质，提升居民群众的感受度和满意度。该小区另一个创新之处，是成立了业主代表三人小组。宛平南路500弄3号与宛平南路510号是两个小区，但是确是同一个建筑物，共用一个水箱，一楼是商铺。按照程序，应先成立业委会，再聘请物业公司。根据规定同一建筑物只能成立一个业委会，当时面临的两大难题：510号是城开集团的员工宿舍，业主是城开集团，大公司审批流程复杂想要马上解决业委会问题几乎没有可能；底楼商铺分别由新路达集团、烟糖公司和良友集团所属并管理，但是都没有产权证，想要马上解决业委会问题完全没有可能。于是居民区党总支通过前期一系列协调沟通，征得物业公司和楼组长同意的情况下，通过前期征询成立三人业主代表，由业主代表与物业公司签订物业服务合同，从而让居民们能够以最快的速度享受到专业的物业服务。

三是坚持党建引领，把治理"微循环"畅通起来。在"三驾马车"的共同推动下，小区基础设施建设、公共环境维护得到了根本性的改变，有效提升了小区治理水平。在一次接待中，居民提出小区原本的大门样式令助动车进不去，后经过改造解决了出入问题，但是时间长了大门开始慢慢变形，会越来越关不上。"三方"到现场查看并量了尺寸，确实有变形的倾向，于是当天下午，维修人员就做了应急处理。在街道房管所的支持下，小区换了新的铁门，这个问题很快得到解决。此外，美丽楼道创建和建筑垃圾堆放管理等重点工作也均被排入议事日程。事实证明，要想获得老百姓的口碑，唯有真心实意做实事，通过这样的良性循环，"三驾马车"运转变得愈发顺畅，小小的提升换来的是大大的幸福。

专家点评

自 20 世纪 90 年代住房改革以来，上海的物业管理逐渐走向市场化和专业化，形成了以居委会、业委会和物业公司"三驾马车"驱动社区治理的格局。然而，囿于住宅区规模小、产权复杂、未组建业委会等历史遗留问题，市中心的小规模老旧社区、直管公房一直面临着物业缺位的难题。徐家汇街道突破了"政府兜底""物业保底托管"的传统模式，通过党建引领引入红色物业，不仅为"迷你"社区提供了全要素的专业物业服务，还通过"三驾马车"合署办公模式搭建了多主体协同治理平台，政府、企业、居民等多方主体形成合力，有效回应社区居民的多样化需求，提高社区居民的生活质量。下一步，可进一步推进区域内零星老旧社区一体化物业管理，不断降低成本、提质增效。此外，用好协商治理平台，引入更多治理主体，生动实践全过程人民民主。

（钟晓华　同济大学政治与国际关系学院副教授）

党建引领多元共治
打造人民城市基层实践"样板间"

枫林街道党工委、办事处

一、基本背景

宛南六村位于天钥桥路 905 弄，为 20 世纪 70 年代末建造的老式住宅小区，共 43 个单元楼道，均为 5—6 层多层结构，房屋面积 27—52 平方米，总建筑面积约 3.9 万平方米，总户数 953 户，常住人口约 3800 人。历经 40 余年使用，小区房屋逐渐出现墙体开裂等损坏情况，外墙高坠、路面积水、违法搭建、飞线充电等安全隐患时有发生；机动车"停车难"、非机动车集中充电设施不足、垃圾箱房面积小、绿化整体品质不高等设施设备老旧问题也日益凸显；小区 60 岁以上人口比重达 40%，一部电梯更是承载着这些"悬空老人"的期盼。

为切实解决上述"急难愁盼"问题，枫林街道党工委、办事处深入学习习近平新时代中国特色社会主义思想，认真践行人民城市重要理念，全面贯彻落实市、区两级党委关于党建引领基层治理系列文件精神，以"建设新徐汇、奋进新征程"城市更新为契机，以动真碰硬的勇气和决心，全力打造人民城市基层实践的宛六"样板间"，努力走出一条老旧小区"旧貌换新颜"的治理新路，更好回应人民群众对美好生活的向往。

二、主要做法

（一）强本固基，打造党建引领的样板间

强化宛六居民区党组织核心引领功能，夯实人民城市基层治理实践样板间"地基"。

坚持党建引领，充分发挥基层党组织战斗堡垒作用。牢牢把握党建引领基层治理的工作主线，发挥39名报到党员先锋模范作用，培育5个示范性党员楼组、26个党员家庭。深化宛六居民区党总支引领下的居务联席会议制度，先后召开8次居务会，有效解决重点问题17个。强化宛六居民区党总支书记孙嵘捷"头雁"引领效应，组建"孙嵘捷青年社工带教工作室"，传帮带社工骨干5名，为"三旧"变"三新"夯实人才储备。

建强"红色引擎"，加快完善楼道组织动员体系。依托加装电梯等民生实事项目和居民区微网格工作平台，在43个楼道组建由楼组长、党员居民和志愿者组成的加梯"三人小组"，在此基础上，再同步建立43个楼栋党小组，就地转化为

楼组自治小会，共同传递党的声音、收集社情民意、调解矛盾纠纷、促进和谐稳定，实现楼道事务的自我管理和闭环处置。

推进协商民主，大力激发业主自治内生动力。构建分层分类民主协商治理新模式，以"楼组—微网格—居民区—片区"为基本议事层级，形成"百姓提事、组织审事、民主议事、集体决事、协同办事、公众评事"六环节，力求"小事不出楼组、中事不出居委、大事不出片区"。在"三旧"变"三新"方案编制、项目建设中发展全过程人民民主，鼓励指导宛六居民广泛参与公共管理事务。小区改造以来，共收集居民建议 295 条，逐项作匹配调整，全部纳入改造方案，从"要我参与"变"我要参与"的治理质效逐渐显现。

（二）内外兼修，打造美好社区的样板间

抓住"三旧"变"三新"整体推进重要窗口期，统筹实施电梯加装、美丽楼道、房屋修缮、绿化提升、管线入地、设备改造等项目，努力打造生活环境更优美、生活服务更便捷、生活状态更和谐的新宛六。

电梯加装成片突破，低层高层同频共振。自 2021 年首批三台电梯签约以来，小区 43 个单元楼道实现"全覆盖"加装，为全区最大规模的整建制加梯老旧小区。过程中，街道党工委、办事处做深做实片区治理工作机制，持续推动"9 方力量"下沉小区，针对工期"停车难"等各类矛盾，强化源头治理并联合管控；居民区党组织会同楼组自治小会逐户走访，为按下加梯"加速键"缔结邻里间的亲情纽带，43栋中，有12栋为一、二楼低层业主主动发起加梯动议。

"美丽楼道"一体规划，楼内楼外整齐划一。对照"安全、整洁、优美"总体创建目标，以整建制加梯为契机，不断优化楼内楼外"一体化，全要素"设计方案，里子上，对楼梯、地坪、管线等10方面设施设备实施更新改造，隐患处置；面子上，对晾衣架、雨棚、空调机罩"外立面三件套"拆旧换新，统一样式，全面提升楼栋品质。

"精品小区"整体布局，地上地下蝶变焕新。系统推进宛南六村旧住房综合改造、小区综合治理落地落实，对主干道更新、架空线入地、景观小品设计、绿化升级腾挪、中心公园改建、垃圾箱房扩容、智能车棚增设等科目进行一体设计、一体改建、一体维护，改造后，小区共计增加43个机动车停车位、12个非机动车棚，最大程度实现供需匹配，务求打造颜值与功能兼备的"精品小区"。

（三）软硬兼治，打造品质生活的样板间

以服务培育人文归属为主旨，推动"软治理"反哺"硬治理"，确保"改造一批，治理一批，提升一批"。

违建群租"零返潮"。强化预警前置、部门联动和快速处置工作机制，发挥城管、网格、居委、物业的前哨和探头作用，落实日常排查属地责任；坚持"露头就打"工作原则，有力遏制违建、群租等治理顽疾。小区改造以来，共拆除违建17处、楼内水斗铁门33处、吊脚楼2处，封门4处，整治群租34户，无一处"返潮"，形成了"建管并举，以建促管"的良好氛围。

"三驾马车"同发力。打造宛六模范服务型居委，试点"三驾马车"合署办公，实行一窗受理、集成服务、接诉即办、首问负责制度，最大程度方便群众办事。依托枫林街道"新枫"业委会共治沙龙平台，促进经验共享、问题共研、难题共解，完成《民法典》施行后的业委会换届改选和"三项规约"修订完善；连续两年业委会规范化运作评价达80分以上；小区高建物业发挥区属国企品牌示范效应，主动接受居民区党组织领导参与社区治理，加强与辖区内兄弟单位区维急修中心的共建互助，获得首批"满意物业"荣誉称号。

人文营造聚民心。通过开展"花香宛六、书香宛六、心香宛六、德润宛六、上善宛六"等系列邻里节、文化节，把各个层次、各个界别、各类人员团结和凝聚起来，突出"大家庭、大邻里、大和谐、大互助"理念，营造互相关心、互相帮助、互相信赖的人文环境和社区氛围，形成了邻里守望的群众文化和家园文化。

三、经验成效

枫林街道辖区内的住宅小区总量多，老旧小区占比高，城市更新的压力大、任务多，责任重。随着人民对美好生活的向往日益广泛、需求日趋综合，老旧小区内往往叠加了公共空间匮乏、设施设备缺失、物业服务薄弱等多种类型的治理难点，仅围绕房屋本体的基础性修缮，无法破解资源项目统筹不够、自治共治参与度低等治理困境，也难以适应新时代彻底解决社区治理不平衡、不充分矛盾的要求。

为此，枫林街道党工委、办事处始终坚持党建引领，问题导向，建管并举，协同治理，在聚焦宛南六村全面升级改造过程中，收获了以下经验及成效。

一是充分发挥了党建对基层治理的引领功能。习近平总书记强调："社区治理得好不好，关键在基层党组织、在广大党员，在健全基层党组织领导的基层群众自治机制。"陈吉宁书记也指出："要在党组织引领下深化'有事好商量'实践，汇聚民意、集聚民智、凝聚民力，健全共建共治共享社会治理制度"。枫林街道党工委、办事处以党的建设引领、贯穿和保障宛南六村城市更新全过程，把党的政治优势、组织优势、宣传优势转化为推动小区"三旧"变"三新"的强大合力和强劲动力。通过突出居民区党总支在宣传教育、组织协调、居民动员、疑难化解中的核心作用，打通党联系服务群众的"最先一公里"，为各项目的稳步实施提供坚强有力的组织保证。

二是加快推动了"软硬治理"的双向赋能。在"三旧"变"三新"方案编制、项目建设中，宛六党总支注重发扬"全过程人民民主"重要理念，鼓励指导人民群众广泛参与公共管理事务，根据硬件更新改造内容，协商建立物业服务提升、机动车停放、维修资金续筹、业委会向居民区党总支定期通报重大事项等长效管理机制；进一步激发社区治理内生动力，居民自发开展"美丽楼道""僵尸车"清理等专项行动以巩固"美好成果"，"硬环境"整治与"软治理"提升的双向赋能成效凸显。

三是探索实践了多元参与的片区治理机制。积极打造片区治理建设"宛六"实践样板，加快片区党委的职能转变和治理能力提升，压实问题解决在一线的片区主体责任。依托协商议事会议制度，宛南片区通过需求汇合、资源整合、项目聚合，行动融合，有效破解"碎片化"的传统治理模式，切实推动各条线资源和治理重心向宛六集聚，更加注重在不同利益诉求间做好统筹平衡，最大程度体现公开公平公正，为探索老旧小区走向现代化治理路径提供有益启示。

专家点评

　　片区治理是贯彻落实党的二十大提出的完善社会治理体系，提升社会治理效能的重要创新实践，其核心要素是推动治理单位重构、治理资源聚集、治理权责匹配、治理效应提升。枫林街道通过打造片区治理建设"宛六"实践样板，表明片区治理是破解治理难题的有效路径。其主要的启发在于：一是通过党建引领整合多方力量形成组织合力。社会治理需要多方主体的合作与联动，片区党建实现了行政力量、辖区单位、社会力量和居民的有效合作，提升了治理的组织力；二是将全过程人民民主理念贯穿片区治理始终。片区治理五项机制包含了居民的需求表达、政府回应、协商议事和多方合作等环节，形成了社区治理的完整闭环；三是注重结果导向和长效机制。社会治理的效能要体现在解决问题上，而不是锦上添花的概念包装，枫林街道通过片区治理解决了一系列难题，并以此来考验和选拔干部，这是一种重要的创新。在推进片区治理工作的过程中，未来还可以通过项目化、主题化、社会化等方式打造治理品牌，在解决问题的同时重视典型案例的总结、梳理和宣传，充分凝聚治理合力、激发治理热情。

（唐有财　华东理工大学社会与公共管理学院教授）

以"彤心"绘"同心"
打造"彤心"业委会联合会

斜土街道党工委、办事处

一、基本背景

斜土街道是市中心城区典型的居住型社区，77个自然小区里共有67个小区已成立业委会。如何让众多的业委会规范、有序、健康运行，是推进基层治理体系和治理能力现代化面临的现实挑战，也是党建引领基层治理需要直面的重要课题。

近年来，斜土街道党工委立足"亲邻斜土"党建品牌建设，对业委会建设工作进行不断探索，持续优化党建引领"三驾马车"协同机制，涌现出了上海市优秀共产党员、嘉乐公寓业委会主任韩东萌等为代表的基层治理典型。街道整合各方资源，成立"彤心"业委会联合会，"彤"字象征红色，代表党建引领；"彤"字的三撇，代表斜土街道"党员三先"工作法；"心"字象征"一心向党、一心为民"的自治"同心"圆。2023年，在由中共上海市委党的建设工作领导小组办公室、新华社上海分社等主办的第五届中国（上海）社会治理创新实践评选中，斜土街道"彤心"业委会联合会被评为优秀案例，是全市获评奖项中唯一的一个业委会工作案例。

二、主要做法

（一）创新打造"平台体系"，推动形成共建共享共治新机制

在组织架构上实现联合。将 67 个已成立业委会的小区划入斜土街道 5 个片区，形成"1+5+67"的"社区—片区—小区"的"彤心"业委会联合会平台。挑选 10 名骨干业委会主任作为业委会联合会会员，选举产生 1 名联合会会长，同时组建由街道"三公一建"部门、专家学者组成的组团式服务工作组帮助工作。在工作推进上实现联动。以问题为导向，监督业委会规范运作，及时上报问题清单，形成发现、分析、解决问题的工作链条。居民区党组织每月召开居委、物业、律师、"两代表一委员"等参加的业委会联席会议，片区联合会和社区联合会每季度召开工作例会，街道业委会工作联络组全程跟进。街道任何一个业委会遇到的瓶颈难题，在联合会平台上都可以通过群策群力、整合街道力量等方式，找到最优解决方案，做到业委会"小事不出小区、大事不出社区、难事不出片区"。在成果运用上实现联通。共享"一课（课程体系）一册（政策

法规手册）一单（常见问题清单）一集（业委会案例集）一法（彤心业委会工作法）一包（工具包）"等"六个一"工作成果，帮助新老业委会主任快速上手，促进业委会之间相互借鉴、破解瓶颈。

（二）织密建强"组织体系"，带动党建引领基层治理新格局

坚持"支部建在业委会上"。抓组织覆盖。成立联合会临时党支部，每个片区配齐街道党建工作联络员，确保党组织在业委会工作中的政治引领作用。对业委会"停摆"的小区，居民区党组织主动跨前一步，积极组织业主讨论决策小区重大事务，确保组织覆盖不留盲区。抓人员覆盖。鼓励居民区"两委"班子与业委会"双向进入、交叉任职"。用好斜土街道"党员三先"工作法（先想、先议、先行）全面排摸业主名单，结合党员居住地党组织报到制度，发动有能力的小区党员骨干、老干部、青年力量积极参加业委会选举。抓工作覆盖。在业委会组建、换届工作启动时，明确居民区党总支书记为换届改选小组组长，赋予结构建议权、资格审查权、一票否决权，严把业委会人选的推荐关、审核关和选举关，从源头上确保业委会工作的正确方向。

（三）规范完善"制度体系"，打造业委会规范化建设新模式

以评估促规范。制定《斜土社区业主委员会测评反馈制

度》，建立业委会规范化检查的"一册、二簿、三表"测评清单，每年开展全覆盖测评，推动业委会规范履职。以专业促规范。探索"专业服务进小区"制度。"专业记账服务进小区"，通过政府购买服务形式，对业委会提供免费维修资金记账服务，探索公共收益由专业机构代记账模式，挤压以权谋私的空间，打消动机不纯者进入业委会的想法。"专业法律服务进小区"，组织由街道司法所聘用的律师以及业委会联合会中的律师成员，审核物业服务合同、提供法律咨询服务，推动矛盾纠纷在基层化解。"专业社会服务进小区"，引导专业社会组织协助开展业委会换届改选、业务培训等工作。以公开促规范。居民区党组织会同业委会联合会，督促业委会事前通报物业公司选聘、物业费调整、维修资金续筹、大额工程维修等重大事项，切实保障业主知情权、参与权。以创建促规范。探索"星级业委会创建"创新项目，设立小区治理引导奖励金，将小区治理引导奖励金或民生项目改造优先权，向获星级业委会倾斜，实现"用正向激励促负向改进"。

（四）统筹构建"培养体系"，激发业委会"社区党校"新活力

参照干部培养模式培养业委会成员，打造有斜土特色的业委会"社区党校"。思想聚人。坚持思想引领开展精神洗礼，开展各类主题参观活动，用韩东萌等人的正能量带动辐射更多

人。能力塑人。邀请职能部门领导、专家、律师等，开展全员轮训；围绕应知应会，对新换届的业委会成员组织初任培训；针对最新政策和瓶颈难题进行专题实训，通过主题沙龙，介绍成功案例，分享工作心得。感情留人。针对业委会成员普遍存在的心理压力大、受"夹板气"等情况，构建心理疏导、倾诉减压通道，开展"说说业委会委员的心里话""业委会委员的境界和担当"、心理辅导、音乐鉴赏等活动，街道主要领导甚至邀请业委会骨干们喝喝下午茶、集体吐吐槽，努力打造有温度的"彤心"业委会。定向育人。构建业委会候选人"蓄水池"，注重挖掘在社区中表现突出的报到党员、热心业主、楼长、团长、队长、能人、达人加入，培育一个又一个"韩东萌"式的业委会主任，确保业委会后继有人、薪火相传。

三、经验成效

一是从机制上看，彤心业委会体现了三个关键词。聚力。斜土街道的"党员三先"工作法，通过党内动员带动社会动员，发挥小区党组织和党员的重要作用，在思想上引领、在行动上示范，凝心聚力、共克难题。合力。业委会联合会搭建片区治理平台集聚了 67 个小区、5 个片区、整个社区的工作能量，业委会不再是"一个人在战斗"，而是"一群人在战斗""整个斜土在战斗"。任何一个业委会遇到的问题，在联合会平台都能得到回应和解决，实现"振臂一呼、应者云集"，平台已经成为解决社区矛盾的"力量倍增器"。借力。推广"专业服务进小区（专业记账服务、专业法律服务、专业社会服务）"制度全面助力业委会规范建设，有效弥补了业委会委员的专业短板。

二是从实效上看，彤心业委会已经成为斜土街道基层治理的"主攻手"。在加装电梯上，彤心业委会骨干吴志荣和殷炳年两位业委会主任所在小区，均实现了加装电梯全覆盖，其中殷炳年所在的申晖小区更是在 2021 年 4 月成为徐汇区第一个实现了加装电梯全覆盖的小区，助力斜土街道获得当年全区加装电梯排名并列第一。在垃圾分类上，韩东萌所在的嘉乐公寓一直是斜土街道乃至全区的示范小区，中央电视台还对此进行了专访并在 CCTV2 频道播出。斜土街道的垃圾分类工作在彤心业委会主任们的大力支持下，多年来一直名列全区前茅，并连续多年获得上海市生活垃圾分类示范街镇的称号。在片区治理上，在片区党委的支持引导下，彤心业委会骨干吴志荣动员小区相邻的月子会所，为周边小区共享了停车位。还与嘉乐公寓共建共享了"亲邻墙"，香樟苑宽了一条路、嘉乐公寓多了一个车棚，谱写了一段现代版的"六尺巷"佳话。在物业费的收缴上，嘉乐公寓物业费收缴率连续 9 年达到 100%。斜土街道最大的售后公房小区江南新村，通过彤心业委会的工作，两个业委会和物业合并，物业费收缴率逐年上升，达到了96%以上。

三是从反响上看，韩东萌是彤心业委会的一面旗帜。个人先后荣获上海市优秀共产党员、上海市优秀志愿者、上海市三八红旗手、徐汇区优秀共产党员、徐汇区道德模范等多项荣誉称号。在2022年徐汇区召开的深化推进基层治理体系和治理能力现代化建设大会上，被聘任为全区首届"徐汇区业主委员会共治沙龙"唯一的召集人。多位彤心业委会骨干，还多次参加市委组织部组织的培训班以及上海广播电台"990直通车"栏目进行经验交流分享。此外，彤心业委会作为市委组织部、区委组织部推荐的"美好社区 先锋行动"项目，参与上海电台首席主持人秦畅的金牌栏目《市民与社会》并做直播分享。

专家点评

业委会是城市基层治理的重要主体，也是沟通居民与物业的重要桥梁，更是人民群众自发治理社区的重要平台。然而，业委会的成立和发展并非易事，常常面临"发起难、选人难、规范难"等问题。斜土街道党建引领业委会建设的案例对当前各地探索城市基层治理现代化具有重要启示意义，值得深入研究。斜土街道通过完善"业委会联合会"这一"抓手"，实现了党建的有效引领、基层治理的上下联通、业委会的规范化发展和社区居民的有效参与，最终实现了社区治理效能的整体提升。"没有围墙"的"彤心"业委会联合会，体现了"共治"的力量，体现了群众的力量，已在基层治理中发挥了重要作用。但如何从制度建设、能力提升等角度实现可持续发展，仍需党委、政府和社会各界的共同关心，更需群众的广泛支持。

（胡薇　中共中央党校社会和生态文明教研部

社会学教研室主任、副教授）

"参与式规划"探索片区治理新路径

康健街道党工委、办事处

一、基本情况

康健街道长寿片区位于桂林西街沿线，与桂林路、浦北路相接，呈半圆环状，占地约 0.85 平方千米，设置 8 个居民区，管辖 18 个居民小区，实有人口约 1.14 万户，居民约 2.64 万人，辖区内有 2 所学校、3 所幼儿园、2 个菜市场和多家驻区单位。

为进一步贯彻"人民城市人民建、人民城市为人民"重要理念，对标"建设新徐汇、奋进新征程"要求，康健街道长寿片区持续培育片区治理特色，结合"三旧"变"三新""15 分钟社区生活圈"、美丽家园建设等重点工作，探索参与式规划基层治理新路径。

二、主要做法

（一）完善片区治理格局，引导多元主体参与

一是搭建治理构架。2019 年底，街道已成立了长虹街区

一体化治理领导小组，下设街区一体化工作站，组建街区治理共同体联盟。2022年，为进一步落实"网格强基行动"，建立长寿片区党委，全面负责片区治理工作，片区党委由街道领导班子成员担任负责人兼片区长，街道职能科室、区域单位、"两代表一委员"、社会组织、志愿者、物业、业委会、居民区党组织等共同担任片区党委委员，推动多元力量参与社区治理。扩充片区治理共同体联盟成员，提升服务能级，构成长寿片区治理联盟体系，联盟成员不断扩充，主要由街道代表、学校代表、商户代表、居民区代表、群团与社会组织代表及社区规划师组成，利用联盟成员人才、智慧、场所等资源，对街区共性问题、短板问题对居民、周边单位意见建议进行汇总研究，落实相应措施。与徐汇区军队离休退休干部服务管理中心一分所签约共建，制定共建项目清单，实现"活动共建、精神共育、优势互补、协同推进"。

二是健全工作机制。一方面，健全片区治理常态长效运行机制，定期召开片区会议，研究片区治理、发展等工作，统筹协调跨片区、跨领域、跨部门问题，组织职能部门、居民区党组织、"三驾马车"、居民代表参与会商，讨论片区治理重点工作和突出问题如加装加梯、"三旧"变"三新"、12345处置、居民区日常管理等。坚持全周期管理理念，围绕片区重点项目、重点工作、重点问题，片区力量协同推进，片区党委督办落实。另一方面，聚焦"参与式规划"，建立方案征询机制，围绕治理难点，自下而上开展议题征询，形成问题、需求预判。建立会商研究机制，通过片区共治联盟，强化内部议事和社区民主协商，明确责任落实和目标分解。建立治理联动机制，协同社区规划师、社区治理师、居民协商师，促进街校联动、街铺联动、街社联动。

三是明确工作任务。立足调查研究，需求梳理，制定片区重点工作任务清单，明确片区责任覆盖围墙内外、小区街区、生态业态等各项事务。聚焦街道年度实事项目和各类民心工程，排摸片区问题、需求清单，梳理片区资源、力量清单，制定片区硬治理、软治理、融治理项目清单，系统规划，统筹推进，清单式抓管理、项目化促落实。

（二）加强片区治理"硬治力"，描绘片区焕新图景

一是聚焦区域道路更新。打造"美丽街区"，提升整体市容市貌，开展桂林西街景观道路提升，聚焦绿化、围墙、店招店门、建筑立面、小区入口、休憩设施、小品标识、照明灯具等9大方面进行全街区改造提升。二是推进"三旧"变"三新"。片区内长虹坊、长兴坊、长青坊（北）小区、长丰坊、寿昌坊5个小区实施"三旧"变"三新"项目，提升居民居住品质。三是东上澳塘岸线环境提升。开展东上澳塘岸线环境提升工程，通过贯通两岸空间、增添亲水空间，形成绿廊慢径，

打造低碳、多彩、人文林道。四是加大拆违整治力度。围绕"三旧"变"三新"拆违先行工作，以专项工作小组的形式，对照"一小区一清单"和"一小区一方案"，每周汇总工作、分析进展、应对困难、调整方案，拆除一处销项一处，确保清单按时清零。五是实施雨污混接改造。片区内长青坊（南）、康健星辰、虹漕公寓3个小区实施雨污混接改造工程，以此确保雨水走雨水道，污水走污水道，提升辖区水环境质量。六是提速小区加梯工作。结合"三旧"变"三新"项目，提前部署管线移位、道路调整、美丽楼道等为加梯工作提速。通过完善工作机制、紧盯工作目标、形成多方协同、开展专项调解，以线上管理和线下巡查来推进加梯进度和质量。

（三）提升片区治理"软实力"，打造片区共治愿景

立足实际，长寿片区不断深化"参与式规划"片区治理特色，探索从小区到街区再到片区的三级进阶治理模式，以点及面、连面成片，打造多元参与规划和治理的品质片区新格局。

一是立足小区，以自治为抓手，促进多方共治社区。片区各居委会持续深化"全岗接待"工作规范，打造"一岗多责、一专多能"复合型社区工作者，积极发挥协管员队伍，增强居民区服务力量。严格落实"四百"走访机制，强化居委会经常性联系服务群众，走访关心无遗漏，收集民情广覆盖，需求问题速回应，能人达人深挖掘，形成"居民的事居民议，居民的

事居民定"的新局面。片区 8 个居民区结合居民诉求，通过自下而上的意见征询、需求反馈，探索以项目化方式激发自治新活力，解决居民关切问题，制定并开展实施了 8 个居民区基础自治项目，1 个街道自治金项目，深化"虹亭汇""汇长丰""老榕树"等居民区党建自治品牌，探索打造"一居一品"自治项目，形成小区居民自治良性互动实践样本。

二是外延街区，以更新为重点，增进参与共绘蓝图。聚焦"15 分钟社区生活圈"建设，长寿片区打造结合"微日托""微助餐""微健康""微助浴""微生活"等个性化服务的"一体化"综合服务片区，通过开展参与式社区治理培育营挖掘和鼓励社区居民了解协商议事的程序和方法，引导社区居民、志愿者、自治骨干等学习符合社区特色的议事规则，聚焦片区治理开展了参与式讨论和议事活动，结合片区特色和实际，以"片区品质生活如何提升""社区老旧设施如何改造""片区 15 分钟生活圈布局如何优化"等为主题，开展参与式议题共议，有效激发社区愿景。以桂林西街"美丽街区"景观道路提升工程为契机，聚焦参与式规划，在街区更新过程中践行全过程人民民主。改造前，街道会同区绿容局组织召开改造方案意见征询会，长寿片区治理共同体联盟内企事业单位、学校、菜场商铺、居民区党组织、居民代表参加建言献策；改造中，依托片区治理共同体联盟，汇集居民意见建议及时与施工方沟通，合理研判居民诉求调整更新方案和施工措施；改造收尾阶段，召开片区会议，听取多方意见，进一步优化街区改造提升、品质升级。开展"城市家具设计赛"，基于桂林西街更新规划和社区居民需求，面向社会征集具有座椅功能的公共艺术装置设计，以赛为媒满足对美好生活的向往，最终共有3件作品落地，体现社区居民、社区规划师、社会组织等多方力量"参与式规划"为社区更新赋能增效。

三是辐射片区，以参与为引领，推进协同共建家园。强化"五社联动"模式，深化参与式社区规划理念，促进多元主体参与社区治理，以康健社区社会组织服务中心、康健街道社工站阵地建设为依托，链接社会组织、公益志愿、专业团队等多方治理力量的作用，进一步提升社区、社工、社会组织、社区志愿者、社区慈善五社参与片区治理的作用。完善片区参与式规划平台和队伍，深化长寿片区议事厅平台作用，发挥长寿片区治理共同体联盟作用，将片区治理参与"触角"进一步延伸至各类群体，通过座谈会、议事会、议题征询会等形式，利用线上线下相结合方式，对片区共性问题、居民意见建议进行收集研究，落实参与社区建设、服务、治理，激发片区共治活力。

三、经验成效

一是打造一个参与式规划治理特色和艺术社区。结合"党建引领基层治理"片区重点，从片区特色着手，持续深化"参与式规划"，积极回应居民需求和建议，打造多元参与规划和治理的品质街区。依托片区党委、长寿片区治理共同体联盟，加强片区协商共治和居民自治。以"美美的街区、暖暖的家园"为主题，推动艺术介入社区营造，打造"家门口的美术展""没有围墙的艺术馆"，在满足社区居民生活需求的同时，为社区精神生活注入文化艺术和人文关怀。

二是构建一组参与式规划平台和队伍。组建长寿街区治理共同体联盟，发动社区居民、街区商户、社区单位、社会组织、社区规划师参与，发挥居校联动、居商联动、居企联动、片区联动作用，就街区共性问题、短板问题，进行汇总研究，落实解决措施。打造街区规划议事平台，以长寿片区党群服务中心为片区治理主阵地，设立长寿街区议事厅，深化党建引领、"五社联动"片区治理格局，提升多元主体参与社区治理能级，开展参与式规划理念、策略、协商议事、群众方法等培训。

三是形成一套参与式规划实施流程和评估方法。从场景选定、参与动员、落地维护，到项目宣传、运维、评估，形成了一套参与式规划项目实施流程和评估方法，制定《康健街道参与式规划指导手册》，为推进参与式片区治理提供了较清晰的"参与式规划"操作框架。

专家点评

在社会治理重心不断向社区下移的新阶段，以居民为主体，汇聚社会各方力量共同参与社区建设，具有重要的理论与现实意义。康健街道通过"参与式规划"行动，持续激发居民的参与热情，为打造共建共治共享的社会治理格局提供了一条崭新路径。一是依托片区治理模式，提高参与主体的广泛性。通过建设片区参与式规划平台和队伍，将"触角"延伸至片区内各类群体。二是聚焦民生实事，增强公众参与的主动性。通过"下沉式"调查研究，发现并提出与居民生活息息相关的治理难题，激发居民"主人翁"意识，从而积极参与社区治理。三是嵌入"全周期管理"，促进参与过程的民主性。将意见征询、协商、沟通贯穿社区建设的规划编制、立项、实施及后续管理的全过程，使"参与式规划"在阳光下运行。四是引入专业团队，提升参与规划的科学性。发动社区规划师、社区治理师、社会组织等专业力量，确保社区规划的可行性。

（杨发祥　华东理工大学应用社会学研究所所长、教授）

"五社联动"激活基层自治共治新动能

凌云街道党工委、办事处

一、基本背景

习近平总书记在党的二十大报告中强调，要健全共建共治共享的社会治理制度，提升社会治理效能。凌云街道党工委聚焦学习贯彻党的二十大精神，深入贯彻落实区委"1+6"文件精神，坚持党建引领、自治共治，以社会工作服务站为社会治理枢纽平台，聚合社区、社工、社区志愿者、社会组织、社会资源五大要素，创新五社联动机制，全面探索构建新时期基层社会治理新格局。

根据上海市民政局《关于推进上海市街镇社会工作服务站建设的通知》《上海市社会工作服务站建设和服务指南（2022年试行）》等文件要求，按照因地制宜、分类设置、资源共享、注重功效的原则，凌云街道打造集资源整合、人才培养、服务开发、应急处置等功能为一体的枢纽型社会工作服务站。

二、主要做法

（一）坚持党建引领，着力建设基层社会治理资源集聚平台

在街道党工委领导下，社工站建设始终把党的领导贯穿全过程，确保各领域试点工作在党的领导下稳步推进。

一是健全领导体制。成立街道社会工作领导小组，由街道主要领导任组长、分管领导任副组长，街道八大办及有关部门为成员单位，自治办负责社工站常态运营管理工作。

二是完善组织架构。在街道层面成立街道社会工作服务站，整体协调辖区社会工作服务事项，处置社会治理疑难问题；在居民区层面，在五大片区成立社会工作服务室，与片区治理队伍一起，落实信息收集、及时处置问题。

三是配齐干部队伍。设社工站站长1名，配备专职社工3名、第三方驻站专业社工6名，具体负责社工站常态运营、项目执行等。片区社会工作服务室由居民区社工兼职。

四是健全空间设施。凌云街道社工站办公面积约500平米，包括1个未成年人保护专项社工站，社工站设置综合接待区、融合办公区、个案室、解压室、小组活动室、心理咨询室、多功能室、讨论岛、读书角等。

（二）坚持自治共治，全面构建基层社会治理五社联动机制

依托社工站综合平台，引导社会治理要素聚集，创新社区与社工、社区志愿者、社会组织、社会慈善资源的联动机制，集中资源开展社区难点问题攻坚，全方位赋能基层社区治理。

一是汇集社区治理议题。社区作为社会治理的需求方和项目落脚点，是基层社会治理的重要承载和依托，通过五社联动，社区负责收集、识别、转介议题至社工站，同时在专业社工指导下，协同项目团队将治理措施在社区落地。

二是培育专业社工队伍。社工在五社联动中起到链接各方的重要作用，对社区是承接管理和服务的主体，也是社区治理议题的收集者；对外是外部资源的链接者，通过社工引导慈善资源、志愿服务力量和社会公众参与基层社会治理。

三是链接公益慈善资源。以凌云社区基金会为主体，充分发挥各方链接社会资源作用，不断创新社区基金募集机制，广泛动员社会公众、企事业单位、社会组织等为基层社会治理和社区公益服务捐赠资金和物资，撬动更多社会慈善资源汇入社工服务和社区治理中来。

四是孵化社会组织。社工站布局了社会组织融合办公区，重点对公益慈善、生活服务、社区事务等领域社区社会组织提供综合服务，支持社会工作服务机构承接养老服务、未成年

人关爱保护等政府购买服务项目。辖区现有主管社会组织22家，此外还引入东方社工事务所等多家社会组织参与社区治理工作。

五是涵养公益精神。积极培育社区志愿服务组织，传承和发扬志愿服务精神，广泛发动居民群众积极参与社区志愿服务，充分挖掘辖区名人、街区达人、社区能人等力量，形成"社区能人圈"，丰富治理专家库、资源池，真正实现家园自治。辖区在册志愿者18000余名，志愿服务项目总计发布2051项，打造了"梅陇路志愿服务一条街""凌云小小志""杨茶生志愿服务队"等品牌志愿者服务团队。

（三）坚持项目运作，着力打造基层社会治理特色品牌项目

2023年，凌云街道社工站通过要素聚集，专业社工实施项目包装，重点推出了服务基层民生的"五大系列"特色项目，将社会治理资源项目化推送至社区，切实为社区居民提供专业化服务，惠及1000余名社区居民及其家庭。

一是心"凌"空间。建设凌云街道心理咨询室，开通24小时心理咨询热线，提供常态化心理咨询、心理辅导活动进社区、应急处置等服务，加快构建面向全体居民的心理服务体系。推出"大黑狗请走开"——儿童心理风险社会支持项目，为辖区内有心理风险的未成年人及其家庭提供心理关爱、增能

支持、社区融入等专业服务，开展 2 个专题共 10 次小组活动；为 8 名心理风险等级较高的儿童累计开展共 60 余次个案服务。

二是全"凌"关怀。聚焦"一小一老"，开展"老小孩不孤单"——孤岛老人社区支持项目，针对辖区独居且有认知障碍倾向的 150 多位长者及其家庭提供专业的社会工作服务，帮助他们更好地适应生活和社会环境。开展"儿童大舞台"——儿童社区参与平台打造项目，畅通儿童社区参与的渠道，引导儿童参与事务，打造儿童友好社区，目前累计服务 300 余人次。

三是乐"凌"互助。培育志愿公益精神，以"三师工作坊""能人工作室""片区市集"等项目为牵引，挖掘并整合社区资源，引导社区能人、达人参与社区治理，服务社区居民，提升志愿者参与社区治理的能力，激发居民自治活力，共举办公益市集 8 场，吸引万余名社区居民参与。

四是助"凌"成长。建设全市首家街道级社会工作图书馆，每月举办"凌心阁·言"大讲堂，邀请社工界专家名师走进社区，赋能社工。聚焦居委"全岗通"建设，邀请华东理工大学专业团队组织 110 余名社工开展社工师初中级培训，社工持证率已达到 50% 以上，社会工作专业化水平显著提升。

五是安"凌"家园。围绕社区品质提升，实施"梯升幸福"计划，引导社会资金助力电梯加装工作，资助辖区 10 余户困难家庭成功加梯。深化"一居一品"项目建设，各居委共立项 28 个精品自治项目。

三、经验成效

一是凝聚治理共识。市区两级高度重视，多次召开相关单位研讨项目落地。凌云街道办事处整合社工站运营经费，保证了项目人员经费的问题。依据《社工站相关制度》《专项基金管理办法》《联动会议》等制度，保障项目规范开展。项目开展以来，服务对象满意度由 92.5% 提升至 98.3%，政府等合作方满意度为 97.8%。

二是撬动治理动能。以社区需求为导向，以社区创投项目式联动为平台，培育社区社会组织和志愿团队。截至 2023 年 6 月，已孵化培育 5 家社区社会组织，鼓励和指导 6 家社区社会组织在街道进行备案。孵化社区社会组织共开展为老活动 30 余场，活动参与 450 余人次；爱暖童心活动 16 场，活动参与 280 余人次；社区治理活动 15 场，活动参与 150 余人次。

三是促进社会资本积累。以"五社"为依托，发挥"凌云星""凌云荟"汇聚作用，集结"五社"力量，针对社区文化、生活、环保、养老等服务需求为支点，撬动相应资源，以社区基金为中心，整合资源池，回应社区治理需求。

专家点评

　　社区社会组织高质量发展是社会治理创新的重要方向，五社联动是构建社会治理共同体的重要路径。凌云街道从孵化"绿主妇"到发展凌云社区基金会再到体系化推进五社联动，经历了十多年的发展历程，积累了宝贵的治理经验。其主要的启示包括：一是构建了以凌云社区基金会为代表的枢纽型社会组织，以"绿主妇"为代表的社区社会组织以及以杨茶生志愿服务队为代表的自治团队等构成的社会组织生态体系；二是引入专业力量发展社会工作服务站，联合华东理工大学社会工作和社会治理的专业团队，引入东方社工事务所，为推动社会治理创新提供持续专业支持；三是探索了基于平台和基于项目的五社联动两种路径，社会工作服务站和首家街道级社会工作图书馆都是在全市具有影响力的平台，"儿童大舞台""三师工作坊"和"能人工作室"是代表性的品牌项目。五社联动是一个长期发展的过程，未来需要进一步思考的是如何让"绿主妇"等老品牌实现新发展，如何培育更多在全市具有影响力的新品牌，如何实现专业机构与在地组织的有效联动与合作。

（唐有财　华东理工大学社会与公共管理学院教授）

场景之治：
人民城市建设的基层行动

上海市徐汇区基层治理创新实践案例
（下篇）

徐汇区基层治理课题组◎编著

新 华 出 版 社

▲徐家汇街道乐山绿地

▲申城首座儿童友好型口袋公园——乐汇小游园

▲康健街道桂江路生态绿廊

▲康健街道社区党群服务中心·"康乐汇"邻里汇

▲徐汇区推进居委会沿街设置

（图为徐家汇街道交大新村居委会）

▲田林街道蒲汇塘健身步道

▼龙华街道西岸活力谷

▲天平街道举办儿友好特色活动

▲华泾镇开展小小泾营师——"15分钟社区生活圈"公众开放日活动

▲虹梅街道居民在社区健身步道开展健步走活动

▲长桥街道"清和敬老联盟"开展助老跨越数字鸿沟活动

▲凌云街道举办特色养老课堂

▲康健街道社区志愿者指导居民垃圾分类

▲漕河泾街道实业大厦汇成物业召开垃圾分类推进工作会议

▲凌云街道居民正在参观碳汇科普馆

▲长桥街道开展平安社区宣传活动

▲凌云街道居民群众欢庆电梯加装开工

▲建设新徐汇　奋进新征程

（图为漕河泾街道金牛花苑小区 40 个门洞成片规模化全覆盖加装电梯）

目录 CONTENTS

五、场景关键词：

一 老 一 小

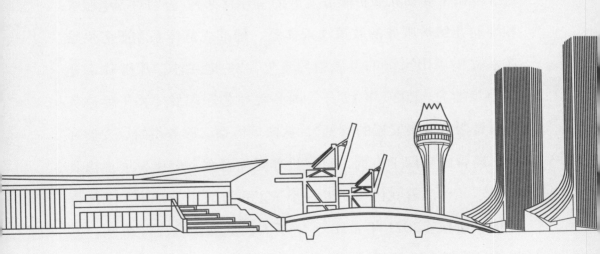

　　家家都有小，人人都会老。当前，我国人口结构呈现老龄化、少子化、长寿化的趋势。养老和托育成为影响我国人口质量的两个重要环节。为进一步对我国养老幼育服务发展不平衡不充分的现状作出回应，促进人口长期均衡发展，党的十八大以来，党和国家将"一老一小"问题作为人口发展和民生建设的核心议题进行深入探索和研究。党的十九届五中全会特别强调"解决好'一老一小'问题，对保障和改善民生、促进人口长期均衡发展具有重要意义"。2019 年，中共中央办公厅、国务院办公厅相继印发《关于推进养老服务发展的意见》《关于促进 3 岁以下婴幼儿照护服务发展的指导意见》，分别对养老服务和婴幼儿照护服务的政策法规体系、标准规范体系和服务供给体系提供了国家级的发展指导意见，"一老一小"服务体系建设稳步加力。2020 年 12 月，国务院办公厅印发《关于促进养老托育服务健康发展的意见》，从政策体系、服务供给、发展环境、监督管理四个方面，对促进养老托育服务健康发展提出具体要求，标志着我国"一老一小"正式进入统筹推进、一体推进的新阶段。2021 年 3 月，《中华人民共和国国民经济和社会发展第十四个五年规划和 2035 年远景目标纲要》中明确要求以"一老一小"为重点完善人口服务体系，发展普惠托育和基本养老服务体系，"一老一小"问题在"十四五"期间上升至国家重要战略层面。习近平总书记指出，我国已进入老龄化社会，老人们越来越长寿了。要抓好老龄事业、老龄产业，有条件的地方要加强养老服务设施建设，积极开展养老服务。孩子们现在都是宝，要加强对下一代的养育、培养，确保身心健康。

"一老一小"事业发展得好不好，不仅事关当前，更事关长远。如何在城市的快速发展中，寻求社会发展与家庭关怀的平衡点，破解养老托育难题，是上海一直在不断探索突破的治理主题。近年来，在养老方面，上海先后发布《老年照护等级评估要求》《养老机构设施与服务要求》《养老机构服务应用标识规范》《老年宜居社区建设细则》《社区居家养老服务规范实施细则》等地方标准与细则，全面提升养老服务质量。在托育方面，2020年颁布的《上海市托育服务三年行动计划（2020-2022年）》明确要求，"新建改扩建的幼儿园原则上都要开设托班"；2022年1月1日，《上海市学前教育与托育服务》正式实施，是全国首部将学前教育与托育服务整合立法的地方性法规，提出了"建立社区托育点提供临时性照护服务"，截至2022年底，上海已试点设置了32个社区托育点。随后《上海市促进养老托育服务高质量发展实施方案》出台，明确提出促进"一老一小"融合发展，通过深化形成居家社区机构相协调、医养康养相结合的养老服务体系，构建政府主导、家庭为主、多方参与，教养医相结合的托育服务体系，推动实现老有颐养、幼有善育的美好景象。

关键词释义

"一老一小"，即老年人与儿童两个年龄段群体。与之相对应的保障工作分别是养老服务和婴幼儿、儿童的照护服务。"一老一小"聚焦于全人口全生命周期的可持续发展，旨在为家庭成员赋能以提高整个家庭的承载力。

建立老有所养、幼有所育的普惠性服务体系，将满足人民群众多层次、多样化需求，促进广大家庭和谐幸福和经济社会持续发展，是事关高质量发展、高品质生活、高效能治理的民生实事。总的来说，解决"一老一小"问题应立足于家庭需求，从家庭友好原则出发，不仅为家庭中的老幼个体提供"一揽子"政策支持，同时也应回应以家庭为单位的整体性、发展性诉求。"一老"与"一小"问题常常共存于同一个家庭，这意味着资源并不朝向某一个体倾斜，而是通过资源整合、制度创新、服务强化等途径回应家庭内部处于不同生命周期成员的个性化、阶段性特征与需求。同时，"一老一小"政策制定应更多考虑以家庭为单位的支持而并非替代家庭责任，其内容包括强化家庭成员纽带联结、提升家庭成员健康保障、明确家庭成员角色与力量等，通过经济补助、税收补贴、产假育儿假等权益保障、社会力量扶持、市场力量引入等多层次、多维度、系统性的手段，营造和谐、稳定的家庭环境，保障家庭功能的完整性与可持续性。

目前，我国"一老一小"事业正朝向构建家庭支持型政策制度体系的方向迈进，但也面临着多重现实挑战。一方面，"一老一小"诉求扎根于经济、健康、照护、文化等多元场景之中，需要多元主体的多方位支持，这对构建国家、社会与家庭责任合理共担机制，确定精准政策服务内容提出更高要求；另一方面，随着社会结构的变迁与社会文化的变革，社会整体养老观与育儿观发生深刻变化，如何构建具有中华优秀传统基因与新时代家庭特点的家庭支持政策体系，成为"一老一小"服务政策的重要内容。对此，应重新梳理并调整"国家—社会—家庭"关系，积极构建"多元共担"的家庭内外支持体系。通过纳入不同主体支持力量，针对"一老一小"普遍化与个性化问题，优化政策组合和需求管理提升服务内容的精细度。其中，伴随着家庭结构与居住模式的变化，传统的家庭照料模式已难以适应老年人与幼儿的发展需求，社区作为连接千家万户的"毛细血管"，已逐渐成为提供养老幼育服务的重要场域。

上海市徐汇区就将社区作为"一老一小"服务的重要空间，以"生活盒子"为载体，致力于打造融"一老一小"服务和活动于一体的"多功能厅"。在"生活盒子"内，将"一老一小"最需要的社区食堂、卫生站、智慧养老、亲子空间等功能进行场景式整合，实现生活服务设施功能复合设置，打造一站式的城市便民空间。同时，还通过部门协作，对接市场资源、纳入社会慈善力量，深化多方联动工作机制，积极打造适老型社区与儿童友好型社区。

随着现代文化的不断更迭，家庭的结构和形态将愈发多样复杂。在新的历史条件下，如何巩固完善养老服务和托育体系，构建全生命周期公共服务模式，统筹解决"一老一小"问题，真正回应社会养老和育儿之需，这些是当下和未来很长一段时间内基层社会面临的重要民生议题和治理重点。

场景典型案例

"五边"服务让老人乐享社区"五情"

徐家汇街道党工委、办事处

一、基本背景

徐家汇街道乐山片区位于上海市中心徐家汇商圈中心，在20世纪80年代末，由政府的建设规划，从棚户区到新建公房，经历了第一次蜕变。公房建成后，传统的空间规划布局为社区服务和建设带来诸多问题，如：公共活动区域有限。区域内的"迷你"公园，被拾荒人员占据，堆放着回收的各类杂物，"脏乱差"的环境与商圈的繁华景象格格不入，社区成为"都市孤岛"似的生活洼地；居民住房面积逼仄，人均不足5平方米，各类杂物占据了楼道、绿地空间；生活文明程度较低，衣物晾晒随意挂在了电缆及树木上，形成了"万国旗"的景观；小区规划预期不足，停车位紧张，不能满足社区居民的需求，"乱停车"的矛盾日益显现；特殊人群占比较多，居民中呈现出老人多、残疾家庭多、低保家庭多、大病致贫困难家庭凸显。

2018 年开始，立足老人多的特点，徐家汇街道乐山片区滚动推进连片式老旧小区一体化治理，党组织牵头、条块融合、干部下沉、社区统筹，共抓民心工程、共建党群阵地、共做群众工作，破解一系列老小区治理难题，形成党建引领基层治理的"乐山样本"。政府对老旧小区的综合治理"美化环境""美丽家园"的规划落实，又一次惠及小区居民。经过三年攻坚战的改造，乐山片区焕然一新，第二次的蜕变成了老年人梦想中的品质养老"高地"，登上 CCTV 新闻联播头条。

为让生活在这里的老人真正"乐"在其中，在徐家汇街道党工委、办事处指导下，通过"周边、桌边、身边、手边、街边"改善居住环境，服务功能提升，居民出行生活便捷，形成了广泛参与、孝亲敬老、智慧创新的良好氛围。

二、主要做法

以构建"老年友好型社区"为目标，建立"5 分钟养老服务圈"，以满足老人对于居住品质和精神生活的双重需求，以环境改造、外部资源链接为抓手，乐享"五情"推动老人整体提升向善向美、团结友好、感恩反哺的精神面貌，营造宜乐、宜养、宜居、宜学的老年友好型社区，让老人真正"乐享"晚年生活。

（一）数字有温度，乐享"时代情"

丰富老年综合服务体（邻里汇）内涵，充分运用"云科普、云辅导、云问诊、云党课"四大云端服务设备，开展多项服务：

一是云科普。通过 VR 设备开展科学普及，让老年居民感受 VR 技术与科普教育深度融合，增强服务的互动趣味。通过线上科普，普及冬病夏养、防诈骗等科学普及。

二是云辅导。辅导社区老年人使用智能手机、电脑，学会使用手机缴费、手机购物、网上办事、网络社交、智能出行等实用操作。同时，秉持"数据多跑腿、群众少跑腿"的服务理念，社区事务延伸服务点、远程帮办系统试点，为老年居民们就近提供政务服务。

三是云问诊。智慧网络、智能设备让老年人不出社区就能通过"云问诊"与辖区内的三甲医院连线问诊。有针对性地邀请专家开设讲座，为小区老年居民实现线上预约挂号和对症配药等服务，缓解小区出行不便的老人看病难。

四是云党课。AR 平板开启云党课，沉浸式感受中共一大会址、知名博物馆等资源，让老年居民们足不出小区便可畅游红色线路，感怀历史，追寻红色记忆。小区百余名 60 岁以上的老年党员们的"学习强国"的活跃度位居各个居委前列；77 岁的老党员俞纪青 2020 年下半年才接触"学习强国"学习平台，比身边的党员晚了近两年，一日答题答对786题，全部通关，实现三日内两次成功刷新个人历史记录。

（二）军地共联盟，乐享"鱼水情"

街道社区主动对接，沪上首创与联手海军特色医学中心、海军第九〇五医院、上海长海医院、上海长征医院、上海东方肝胆外科医院等5家三甲部队医院创立"徐家汇乐山—军医"社区健康服务融合体，11名优秀青年军医被聘为青年健康大使，每周半天下沉开展义诊、科普讲座等，守护社区老人身心健康，每次义诊服务就有百余名老年居民受益。2023年是中国人民解放军海军成立74年，5家成员单位每周四利用半天时间，安排骨科、肾病内科、耳鼻喉科、口腔科、中医科、老年医学科、呼吸科、肝胆外科、肿瘤放疗科等知名专科医生，在小区内开展义诊。一位老伯说："平时看一种病就要等半天，今天一下就能咨询好几个科室，真是太好了。"

（三）近邻有情谊，乐享"邻里情"

小区内成立10余年的"老伙伴"志愿者队伍现有6位平均年龄64.5岁的热心"小老人"，与社区中独居、高龄、困难的28位老人结对。通过日常电话关心、节假日上门慰问，特殊需要及时帮助解决，让结对的老人们感受到邻里间的关爱和温情。在"老伙伴"志愿者队伍影响下，居民区的爱老助老志愿服务从"等靠要"到"挖潜能"，如丰富的代际互动、邻里互帮互助等社区各类活动。在老伙伴志愿者们的影响下，小区内邻里互帮蔚然成风，朴实的邻里情升华了楼组温度，增强了归属认同。

（四）共商显民主，乐享"参与情"

通过居民代表会议带动老年居民参事议事，楼组长带动开展"清洁家园""美丽楼道""共商社区微更新"等活动，通过居民代表和楼组长，带动产生"长者智囊团"，聚焦为老服务功能提升、适老化改造、加装电梯、设置方便子女回来探望的"孝心车位"、乐山绿地的长凳，也因为老人们的意见建议，现在也加装上了舒适的靠背……绿化角开辟空地，配置长椅、茶几，共建单位中国联通捐赠了遮阳伞，"一桌两椅"为老年居民的邻里互助、谈心谈话、心情疏导提供平台，成为小区老年人常去的"爱晚角"。

（五）服务有聚焦，乐享"颐养情"

传统化服务。数字化、自媒体时代飞速发展的当下，传统服务渐渐淡出年轻群体的需求，而很多老人们依然怀念上海的"老底子"。缝纫撬边、修换拉链、修鞋修伞、配钥匙、理发等这些社区老人们期盼但难觅的便民服务，现身乐山党群服务站，服务环境好、管理规范、收费公益，成为老人们最爱的"宝藏小站"。针对性康养。针对老年人反映比较多的膝骨关节病痛问题，街道和社区卫生服务中心对接，结合临床症状及膝骨关节 X 线检查筛查骨关节炎患者 210 人，根据患者膝骨关节炎临床进行分级康复诊疗，改善膝骨关节炎膝关节软骨退行性变和继发性骨质增生病理症状，通过康复筛查、分层分类康复诊疗以及 2 年随访，改善 126 人，手术 20 人，此服务项目荣获 2023 年度上海康复医学科技奖。专业化照护。通过长护险服务智慧系统链接长护险服务提供方、居民家庭和医疗机构，为小区老年人提供居家照护、医疗诊断、健康管理等远程、辅助技术服务。

三、经验成效

乐山片区内的乐山六七村获评全国老年友好型社区、乐山二三村上海市老年友好型社区的成功创建的过程中，初步构建了"周边、身边、桌边、街边、手边"的"五边形"为老服务体系。

一是周边"乐改造"，让社区环境更友好。为解决小区及周边公共服务空间不足的问题，从街区整体治理入手，结合小区综合治理、"三旧"变"三新"街区改造，乐山片区请城区规划师做了整体的功能调研，以及布局规划设计。通过从整体到个体的圈层设计，增加老年人公共活动空间和高品质休闲娱乐场景。综合为老服务体（乐山邻里汇）。2020 年建成并对外开放，由一栋三层小楼和一个花园广场组成。为老人提供日间照护、助餐、助浴、心理咨询、健康义诊、老年会客厅、文体活动等为老服务。乐山绿地。打破围墙，以"众乐之源"立意，用全龄段、全时空、可游憩的设计手法，荣获住建部口袋公园典型示范项目。承接徐家汇璀璨首届生活节、"乐享社区璀璨生活"五五购物节等活动，为老人们带来公益市集、便民服务等，让公园成为再次激活城市公共生活的重要触媒，引领乐山片区的敬老风尚。街区博物馆。街区围墙展陈海派文化底蕴和沉淀乐山记忆，无声讲述乐山故事，营造社区文化自信。老年人便民服务驿站，一片屋檐、一张地图、一个等候区、一条座椅、一盏灯……尽显敬老护老真情。尚上鲜·众乐山市集。电梯通行便利，145个摊位、12家小百货，为周边百姓带去便利，满足老年人日常生活的购物需求。意大利人经营的nonna面包，自发为65岁以上老人提供八五折优惠，成为敬老爱老公益商铺第一梯队。乐山片区党群服务中心。2021年下半年建成的乐山党群服务站围绕"党建＋服务＋治理"破题，融合便民、为老、法律咨询等服务，每天为百余人次老人提供量血压、中医推拿、法律咨询、修补理发等便民服务，仅理发平均每天就有近50人次，深受老年居民的欢迎。区道德模范林慧琴，在为老人提供理发服务的同时，还热心为邻里疏导情绪开解情怀，成为老人们的知心大姐。

二是身边"乐供给"，专业服务更多元。小区内，加装电梯、一键叫车、爬楼机、无障碍设备借用、孝心车位、晚情角，为家庭关爱、邻里互助、谈心谈话、心情疏导提供了平台。乐山邻里汇承载综合为老服务，提供日间照料、助餐、助浴、康复辅具租赁、精神慰藉、康复指导等养老服务和功能，开展各类活动，丰富老人生活。区域内，社区卫生服务中心设置开放式健康管理中心，每年可为社区老人提供基本医疗、康复护理、安宁疗护、医养结合等服务。

三是桌边"乐生活"，老年生活有保障。三级供餐体系。1个街道级助餐中心送上门、1个家门口助餐点保基本、1家社区长者食堂提品质，依托邻里汇、居委会活动室空间，构建市场资源齐参与的社区老年助餐服务网络。社区长者食堂。由传统菜摊升级完成改建的众乐山市集内，开设社区长者食堂，为不同年龄段老人提供折扣，开业至今日均用餐人数 400 客左右，3 万余人次来这里共享美食。

四是街边"乐提升"，就医出行更便利。医养。"徐家汇—军医"社区健康服务融合体的项目落地，胸科医院、国妇婴等两家专科医院的资源下沉，为老年居民提供定期义诊、优质医疗服务及就医指导。舒养。乐心小站——片区一站式物业管理服务中心，提供优质物业管理服务，提高居住满意度。虹桥路天桥架设无障碍电梯，加大了乐山片区与徐虹片区的居民服务互动及互补。智养。充分盘活片区资源，通过一张便民服务地图、一套远程帮办服务机制、一份智慧养老大礼包（智能烟感等四件套）、一片认知障碍症友好环境，努力树立乐山片区老年友好型的时代新典范。

五是手边"乐参与"，精神生活更充实。区域内拥有多支各具风范的老年文体团队。文艺范。乐舞蹈成员舞动夕阳，舞动精彩；乐合唱成员连续两年参与庆祝活动，共享国庆喜悦；"乐衍纸"的成员们通过一双巧手变废为宝，并把作品参加社区基金会公益活动，义卖所得全部反哺社区；乐编织成员织就帽子、毛衣，传递到社区独居困难老人的身边，温暖了老人，增进了邻里温情。风尚范。乐清洁风雨无阻地参与每周四清洁家园、美丽楼道建设中；乐种植在满足基本种植的前提下，维护小区内共建单位捐赠的花架绿植，定期浇水施肥，也在社区营造了科普的氛围。民主范。随手公益让居民的精气神焕然一新，引导和鼓励更多的老年人积极参与社区治理，社区老人们从原先对社区事务漠不关心甚至"对着干"，转变成"跟着干、一起干"。

专家点评

随着我国人口老龄化进程日益加快，社区成为推进养老服务体系的重要依托。上海于2014年已步入深度老龄化阶段。徐家汇街道地处上海中心城区，人口结构总体呈现老龄化、高龄化的发展态势，为老服务的压力促使徐家汇街道成为社区养老服务的先行者和探索者。徐家汇街道聚焦老年群体对于居住品质和精神生活的双重需求，"硬设施"+"软环境"双管齐下：一方面通过"三旧"变"三新"的街区改造，为老年人提供公共活动空间与高品质的娱乐场景，打造安全、舒适、便捷的居住环境；另一方面通过数字技术开展科学普及、"老伙伴"结对邻里互帮、"长者智囊团"参事议事等方式，为老年人建立社会关系与支持网络。可以说，徐家汇街道的"五边"服务行动让老年人乐享社区"五情"，是如何让老年人有品质、有温度、有尊严地养老的生动写照，也为社区养老服务的持续健康发展提供了可资借鉴的经验样本。

（杨发祥　华东理工大学应用社会学研究所所长、教授）

聚焦弱势群体关爱
提升老年人生活品质

长桥街道党工委、办事处

一、基本背景

　　长桥街道实有人口 11.6 万人，其中 60 岁以上户籍老人 3.9 万人，常住老人 3.46 万人，占比 36% 以上。截至 2023 年 8 月 31 日，有独居老人 3142 名、孤老 390 名、纯老家庭老人约 1.25 万人、失能失智老人 209 名、重残老人 434 名、计生特扶老人 367 名，呈现老年人口基数大、弱势群体占比高、服务需求多样化等特点。街道党工委、办事处一以贯之将养老服务作为重要工作，以老年宜居社区、老年友好社区、健康社区为社区治理目标，从队伍建设、阵地布局、风尚营造、资源共享等方面着手，积极做好常态化弱势群体关爱，推进社区嵌入式养老需盼可知、养老服务设施可达、养老项目服务可及，构建多元主体参与的社会化养老新模式。

二、主要做法

（一）结对关怀，包保到人，巡访了解老年人需求

依托片区治理新格局，街道在五大片区的 138 个微网格中，由居委干部、养老顾问、老伙伴、家庭医生、志愿者等组成老年人关爱队伍，重点对独居老人、孤寡老人、高龄老人、特殊帮扶家庭等形成包保结对，以电话联系、上门看望等方式，动态掌握更新每个重点关注对象的身体和生活情况，提醒老人家中用电用气安全。目前共有 2486 名志愿者，对社区的约 1.7 万特殊困难老人群体进行日常探访关爱，做到独居老人每日必访，对其他特殊困难老人每周探访关爱不少于两次，且合理分配每周两次探访时间，及时掌握老人相关信息，在资源条件允许的情况下应尽可能增加关爱频次，在传统节日、恶劣天气等特殊时间节点做到每日关爱。探访关爱原则上以上门为主，特殊情况下辅以微信、电话、视频等其他方式。在此过程中，及时分析梳理老年人提出的各类需求，并提供政策资源链接服务，加快推进小区"三旧"变"三新"、既有多层住宅加装电梯、适老化改造等实事项目落地。

（二）提升资源，集约融合，合理分布片区"生活盒子"

长桥街道五大片区中已建有党群服务中心、罗秀生态家园、园南分布式生活服务体、龙川路综合为老服务中心、徐汇

新城"生活盒子"等服务点，融合老年人最为需要的社区食堂、卫生站、日间照护、社区助浴、文化娱乐等功能全覆盖。2023年3月，街道党群服务中心开业，为社会各类群体提供党群服务、政务服务等8大类30多种服务项目，特别是社区食堂受到居民欢迎，三个社区食堂日均用餐量1600人次，为周边居民开启舌尖上的幸福"食"光。根据华滨、华沁、中海瀛台等居委周边缺少社区食堂、卫生站等服务设施的实际情况，因地制宜深入挖潜，罗秀路108号徐汇新城片区党群服务中心·邻里汇已向公众开放；结合居委会沿街设置，在百色路嘉陵路打造集居委会办公接待、社区食堂、图书阅读、社区助浴为一身的汇成片区"生活盒子"。通过五大片区"生活盒子"和服务设施的布局建点，全域范围内实现15分钟社区为老服务圈建设，满足老年人在生活照料、社会交往、文化娱乐和精神慰藉等方面的需求。

（三）弘扬美德，做厚服务，动员社会力量参与敬老

要想持续提供高质量服务，完全靠政府投入无法实现。单以助餐为例，老年餐配送到户时，饭菜风味往往大打折扣，且老年人大多有专属的"忌口菜单"，有些不能吃海鲜，有些则需要控制血糖，标准化的老年餐难以满足个性化需求。为提供更多个性化服务，街道积极挖掘片区中的养老资源，以"扫街"的方式给每个片区沿街店铺发放"爱心敬老倡议书"，与

130家爱心企业、优质商家等联手打造"清和敬老联盟"，沿街的商家根据自身经营范围和服务模式，向老年人提供各具特色的敬老服务，包括满减打折、时令活动、上门理发、测量血压、防金融诈骗宣传、智能设备基础知识培训等，使尊老、敬老、爱老、助老蔚然成风。

为充分发挥"清和敬老"联盟的作用，精准对接居民群众的需求，长桥街道聚合社区各方力量，积极打造"清和敬老"品牌，在罗香路建设敬老街区，打造清和敬老一条街。为让社区老人获得实实在在的敬老服务，长桥百色路和罗香路的理发店推出"清和星期二"理发便民服务，为社区65岁以上提供10元洗剪吹优惠便民服务；为普及口腔健康知识、增强老年居民口腔保健意识、传播口腔健康理念、预防口腔疾病，进一步提升为老服务品质，深化"清和敬老"品牌效应，充分发挥区域化党建联建资源优势，街道联合敬老联盟单位（徐汇区牙防所及辖区内三家口腔诊所）共同推出了口腔义诊进社区服务，每周四上午在长桥街道党群服务中心开展口腔义诊，让老年人不出远门就能享受到便利、专业、优质的口腔服务。

（四）智慧居家，及时响应，探索机构养老辐射社区新模式

"有的老人在家中大小便失禁需要人照护，护工临时招不到，向居委求助，我们居委干部上门搭把手帮下忙没问题，但

护理我们也不专业。"在调研过程中，有居委干部提出这样的问题，对此，街道探索打开养老机构的围墙，在汇成片区先行试点，努力将长桥街道第一敬老院养老机构打造成家门口的养老服务站，满足华东一、华东二居民区内老年居民原居安养的愿景，逐步覆盖园南片区及汇成片区中的所有小区，让他们不用住进敬老院也能享受到助餐、助浴、陪同就医等"类机构"服务。目前共有40余位老人享受了敬老院食堂适合老年人口味的助餐服务，16位居家养老的老人享受了敬老院近在咫尺有温度有营养的送餐服务，4位老人享受了专业养老机构的日间照护和短期喘息照护服务。敬老院的院门打开了，社区居家养老的老人们可以在规定的时间段内到院内打太极、聊天，同时，助浴、家庭照护床位、应急护理服务等综合服务照护项目也面向社区居民开放，确保服务可及。同时，结合徐汇区特殊困难老人安全智能关爱服务，在为独居老人家庭推广智能安防设备的基础上，长桥街道敬老院提供智能手环健康监测服务，一旦监测到心率异常等数据，由家庭医生、养老机构中的医护人员第一时间上门提供应援服务。截至2023年9月，共接到SOS报警29条，心率报警30条，血压报警13条，敬老院医护员工上门探视十余次，并及时帮助老人联系家属及就医。

三、经验成效

一是为老服务持续改善，居民满意度显著提升。通过街道结对关怀、片区服务设施资源提升、清和敬老社会参与、智慧居家养老等多方施策，显著提升了社区为老服务能力，为老服务内容由兜底型走向普惠型，社区为老服务的内容和形式都得到了充分拓展，从而显著提升了老龄化社会的为老服务水平，2022 年，长桥街道罗秀居民区荣获"全国示范性老年友好型社区"称号，社区居民特别是老年居民的获得感和满意度明显提升。

二是敬老联盟持续扩大，社会参与显著增强。"清和敬老联盟"从一顿价廉物美的餐食、一次免费的上门理发到一节智能设备学习、心理咨询等服务，参与主体由原来的企业参与发展到辖区内的公共事业单位、企业、社会组织和社区志愿者等多方力量。在参与方式上，由原来的上门发动到主动加入，联盟单位如龙临路的大眼包子、茂菊口腔，罗秀路的红烧牛肉面，罗香路的藏书羊肉等越来越多的单位成员都把挂上"清和敬老"标牌作为一种荣誉，致力为社区老年居民提供价格优惠与便民服务，不断提升为老服务水平。

三是社区服务持续广泛，适老型社区共同体基本形成。在硬件设施上，以综合为老服务中心、党群服务中心·邻里汇

（"生活盒子"）、社区食堂（助餐中心）、敬老院、长者照料中心、老年活动室等为基础，分层分类分服务对象构建阶梯式老年服务设施体系，不断满足多样化的为老服务需要。在此基础上，以建设"清和·敬老街区"为主线，通过盘活街区内各类为老服务资源，积极引导各方资源和力量参与到敬老街区的发展中来，努力打造具有敬老特色的美好生活街区，不断完善适老型社区共同体，持续激发社会敬老爱老之心。

街道围绕"宜居、宜业、宜游、宜学、宜养"目标，在不断深化"15分钟社区生活圈"建设和片区治理过程中持续关注民生，用儿女之心、儿女之情把对弱势群体的关爱放在心上，让老年人感受到更加精彩的社区生活服务体验，切实提升老年人生活品质，推动养老事业多元化、多样化发展，为让所有老年人都能老有所养、老有所依、老有所乐、老有所安打下良好基础。

专家点评

党的二十大报告指出："实施积极应对人口老龄化国家战略，发展养老事业和养老产业，优化孤寡老人服务，推动实现全体老年人享有基本养老服务。"上海已经提前进入老龄化时代，长桥街道更是呈现出老年人口基数大、弱势群体占比高、服务需求多样化的特点。为此，街道聚焦弱势群体关爱，健全社会保障体系、养老服务体系、健康支撑体系，从全面了解老年群体实际需求、合理布局片区"生活盒子"、动员社会力量参与敬老、探索机构养老辐射社区新模式等方面，切实提升老年人生活品质，推动养老事业多元化、多样化发展，为让所有老年人都能老有所养、老有所依、老有所乐、老有所安打下良好基础。

（汪仲启　上海市委党校公共管理教研部副教授）

深耕天平沃土
高质量建设儿童友好社区

天平街道党工委、办事处

一、基本背景

儿童是祖国的未来、民族的希望，是社会可持续发展的重要资源。天平街道以"红蕴天平"党建品牌为引领，坚持儿童视角，以儿童优先为原则，以儿童需求为导向，为儿童打造一个环境友好、设施齐全、服务完善的"15分钟社区生活圈"，增强儿童及其家庭对社区的归属感、获得感和幸福感。2021年，天平街道成功创建成为上海市儿童友好社区示范点，并获评优秀。

天平街道社区儿童友好建设工作在天平街道党工委的领导下，不断完善组织架构，强健基础工作"骨骼"，成立儿童友好社区建设工作领导小组，由街道党工委书记任组长、分管领导任副组长，妇儿工委办、服务办、社发办、自治办、平安办等各相关职能部门成员为组员。儿童友好社区建设广泛动员从事儿童工作的妇联执委、巾帼志愿者、家中心指导员、共青团干部等参与，组织实施儿童友好社区的建设、管理和儿童服务工作，逐步形成一支数量充足、结构合理、人员稳定的专业化、职业化、规范化的儿童友好社区建设队伍。儿童服务中心和每个儿童之家配有专（兼）职工作人员和志愿者负责日常管理和服务工作。

二、主要做法

（一）强化工作机制，畅通协同联动"经络"

共商重点议题，用好联席会议机制。定期召开小组会议，形成职责分工明确、信息通报及时、重点工作共商的交流例会制度，依托联席会议平台的组织引领，推动各单位及部门间的融合互补、资源整合、统筹发展，从"单打独斗"到"握指成拳"，带来的是儿童友好社区建设聚合力的快速提升，有效确保了建设工作的顺利有序开展。

增强部门协作，深化联动工作机制。形成了以儿童服务中心为核心，依托21个居民区的儿童之家、邻里小汇、妇女之家、爱国主义教育基地等活动阵地为补充的全覆盖推进模式。辖区内市二中学、一中心小学等多所中小学校的体育场地，分时分段向辖区儿童开放，保障了不同年龄段儿童有适合其成长阶段特征的室内外活动空间，构建了儿童友好社区建设的主体。

搭建议事平台，建立儿童参与机制。邀请儿童参与社区代表大会，开展儿童需求调研和儿童友好 LOGO 征集活动等，听取儿童对社区治理和儿童友好创建的意见和建议。建立天平街道儿童议事会，制定议事会章程协商规则，行使议事权利。在儿童服务中心、儿童之家设立儿童意见箱、意见本等意见建议反馈渠道，听童声、汇童言、燃童心，鼓励儿童参与建言献策，促进儿童参与社区建设和治理的积极性、主动性。

（二）引入源头活水，整合各方资源"滋养"

聚焦儿童需求，打造活动空间。街道在充分调查研究及实地查看的前提下，将儿童服务中心设立在广元路 153 号社区党群服务中心的二至三层。中心占地面积 2519 平方米，内设儿童图书馆、剧场、排练厅、云教室等 18 个活动场所。在辖区内部重点打造永嘉新村、上海新村、高安、宛平、陕西居民区五个儿童之家，户外空间坚持儿童优先原则和儿童需求导向，以点带面，辐射全街道儿童。儿童之家公共设施注重适儿化改造，增加防撞、防滑等保护设置和安全提示，保障全龄段儿童适配的室内外活动空间，并将儿童友好标识与人文历史融合营造浓厚的氛围，打造温馨的儿童成长家园。

细分年龄阶段，定制活动项目。儿童友好空间以服务为目标，宣传儿童保护法律法规及涉及儿童的公共服务政策，从软硬件上分年龄段分活动类设置各类项目，如：针对 0—3 岁开展母婴保健服务、亲子绘本、科学育儿讲座等；针对 4—6 岁儿童提供绕口令、戏曲培训班、创意手工课科学课、亲子 STEAM 互动等体验；针对 7—12 岁儿童，提供立体拼搭、活字印刷体验、科普实验等；针对 13—18 岁儿童，提供社区志愿服务、科技创新营、社区乒乓球赛等活动，努力将各个儿童友好空间打造成温馨的成长活动港湾。在"双减"政策的背景下，在原有基础上设置多样性社区活动，细化分龄紧贴儿童需求，引导儿童们回归"社区课堂"。

整合教育资源，深化社校联动。街道自 2014 年起与上海社科院文明办等合作推进"天平德育圈"项目，会同辖区内 20 余所学校探索未成年人德育实践活动新途径。项目以"红色建筑和榜样人物"为载体，以"寻访和践行"为主要呈现形式，组织引导学生利用寒暑假、双休日深入社区参与主题活动，并通过"三个一"（一张地图、一个专栏、一份手册）实现德育资源的立体化、可视化。近年来，德育圈项目尤其注重"德艺融合"，并以"小手牵大手"的方式开展文明实践、志愿服务、文化传承等活动，提高项目的针对性和实效性，进一步打通家庭、学校、社区之间的联系，促进整个社区真正成为没有围墙的德育工作大平台。

关怀特殊群体，做好帮困保障。对困境儿童实施分类保障制度，确定低保、低收入家庭儿童 50 名，建立一人一档案，连续多年发放"童乐汇"文化福利体验及活动手册。每年年初，街道妇联举办"八方送温暖·齐心铸和谐"——助学帮困结对活动，2023 年共有 32 家社区单位、2 名爱心人士结对 47 名困难学生，总帮困金额 65700 元。同时，在儿童服务中心设立儿童维权点，在居委设有儿童主任，协助对符合社会救助的儿童及时申请救助。

（三）加强队伍建设，持续补充新鲜"血液"

建立专业工作队伍。街道配备儿友好社区建设专（兼）职工作人员 4 名，组成 21 支居民区妇女儿童工作者队伍，由居民区妇联主席牵头，居民区妇联执委共同参与，发挥其引领作用，提升儿童友好创建工作的动员力和影响力。儿童服务中心和儿童之家均已配备具有社会工作者专业资格证书的儿童社会工作者。此外，街道也积极鼓励社区专（兼）职儿童工作人员学习儿童社会工作专业知识，持续开展相关培训。

壮大志愿服务力量。街道 21 个居民区均建立了儿童志愿者队伍，并积极吸纳社区爱心人士参与，志愿者总人数达 315 人。开展对儿童志愿者的培训，包括《儿童权利公约》、创建工作推进具体要求等，并制定相关志愿者管理制度，进一步提高志愿者服务队和志愿者的服务意识和服务能力，提高工作队伍组织引导儿童积极参与社区体育、文化、科普及各类公益实践活动的能力。

吸纳各类社会组织。与提供专业儿童服务的社会组织保持长期合作，组织社区全年龄段儿童进行系列分级阅读课程，同时每周一次在各居民区开展手工技能、亲子活动、志愿服务等形式多样的主题活动，如：儿童节期间组织开展迎"六一"天平社区儿童社区音乐节活动，为辖区内儿童搭建展示自我的音乐才艺平台，让儿童在欢快的音乐氛围中欢度属于自己的节日。暑假期间设计为期4周的天平少年暑期营活动，开展以古文诵读、少儿经济学、科学实验等为主题的线下课程，动员中学生作为领读小助手和科学小助手进行大手牵小手社区志愿服务，用丰富内容、形式充实社区儿童的暑期生活。

三、经验成效

一是结合实际、升级空间。定期开展儿童友好社区相关调研，深入了解居民的需求和意见，发动居民参与空间微改造，明确功能分区，提升社区内适合全龄段和符合儿童发展规律的空间设施。通过针对性地改善和提升，增加能够激发儿童创造力和想象力的空间，为其创设更好的成长环境。

二是社区合作、共享资源。与辖区内的研究所、学校、图书馆等合作，链接有效资源，举办各类儿童友好活动。通过提供更多贴近生活的儿童友好服务，促进居民与社区的紧密联系和互动，提升居民满意度和实际体验感，完善社区共建共治共享，形成更加活力和融合的儿童友好社区氛围。

三是甄选案例、打造品牌。进行案例的甄选和总结，梳理现有儿童友好项目活动，从中发掘成功经验和优势，结合衡复风貌区及上海红色历史文化优势，进一步开展研究，以创建具有天平特色的儿童服务品牌为目标。通过整合资源，提供创新的活动和服务，打造具有天平特色且有吸引力的品牌，从而吸引更多的儿童和家庭参与其中，促进家庭互动和儿童友好建设协同发展。

今后，天平街道将进一步宣传儿童服务理念，拓展儿童服务内容，优化儿童服务机制，广泛动员社会力量参与，提升儿童社区建设能级，建设儿童美好家园。

专家点评

建设儿童友好型社区是现代化城市建设的题中应有之义，也是践行"人民城市"理念的重要行动。天平街道将儿童视角纳入社区建设之中，为我们提供了良好的经验借鉴。天平街道打造儿童友好社区的经验启示主要有以下四点：一是党建引领。儿童友好社区的建设首先要有个主心骨，骨骼要健全。天平街道在街道党工委的领导下成立了儿童友好社区建设工作领导小组，书记、分管领导和相关部门为成员，工作力度大、协调性强；二是资源整合。在领导小组的统筹下，儿童工作相关的政府部门、群团组织、学校、社区、社会组织等力量参与，做到了队伍统筹、资源共享、机制打通；三是机制创新。如建立天平街道儿童议事会，建立工作统一推进机制、为儿童建立意见箱等；四是精准服务。立足于儿童需求和辖区特点，在充分调研的基础上，有针对性地分类分众开展工作。天平街道的实践案例既关注到了空间打造，也关注到了活动的融入，既关注到不同年龄段孩子的需要，也关注到困境儿童等特殊儿童群体的需求；既注重社会的参与，也注重儿童自身能动性的发挥；既关注"硬件"建设，更关注"软件"完善，注重可持续发展。

（胡薇　中共中央党校社会和生态文明教研部

社会学教研室主任、副教授）

六、场景关键词：
15 分钟社区生活圈

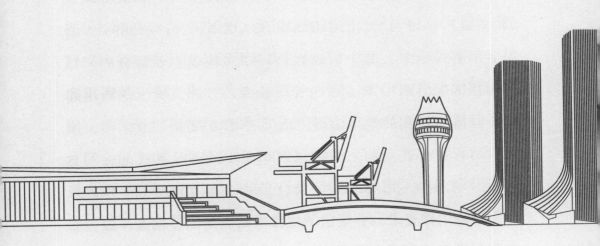

习近平总书记在党的二十大报告中提出，要"健全基本公共服务体系，提高公共服务水平，增强均衡性和可及性，扎实推进共同富裕"。社区是城市的"最小细胞"，建设社区生活圈，打造集就业、医疗、教育、文化、养老、休闲等服务功能的空间单元，是激活"城市细胞"，完善城市公共服务、提升基层治理效能的重要载体。

2014年10月，在上海召开的首届世界城市日论坛上，率先提出了"15分钟社区生活圈"的规划理念。2016年，上海发布了全国首个《15分钟社区生活圈规划导则》，并启动实施"共享社区、创新园区、魅力风貌、休闲网络"四大行动计划。2017年12月，《上海市城市总体规划（2017—2035年）》得到国务院批复，其中明确在全国率先构建多元融合的"15分钟社区生活圈"。随后，北京、南京、广州、武汉等地也陆续在社区生活圈的规划建设方面展开积极探索。2021年，国家自然资源部在总结上海、北京等地实践经验基础上，发布《社区生活圈规划技术指南》，确立了社区生活圈规划工作的总体原则和工作要求，并规定了社区生活圈的配置层级、服务要素、布局指引、环境提升，以及差异引导和实施要求等技术指引内容。

作为最先提出"15分钟社区生活圈"概念的城市，近年来，上海市不断加快社区生活圈建设，积极回应老百姓"老小旧远"等急难愁盼问题。2022年起，按照上海市委、市政府的部署要求，由上海市规划和自然资源局、上海市发展和改革委牵头，会同市相关委办局和各区政府，在"十四五"期间全面推进"15分钟社区生活圈"建设，目标至2025年底，全市率先建成一批具有示范性意义的街镇，中心城基本实现基础保障类服务全覆盖。2023年，市规划资源局印发《2023年上海市"15分钟社区生活圈"行动方案》，提出"15分钟社区生活圈"的"1510"工作框架，即聚焦1个总体目标、5个基本导向、10大专项行动，全面拉开上海市"15分钟社区生活圈"建设的格局。

关键词释义

"15分钟社区生活圈"，是以社区居民为服务对象，以慢行15分钟为社区生活空间尺度，完善并丰富该空间范围内的各类社区功能，形成"宜居、宜业、宜游、宜学、宜养"的社区生活圈，全面构建以人为本、低碳韧性、公平包容的"社区共同体"。所谓社区生活圈，是以居民真实生活空间为依托，通过教育、医疗、养老等不同服务功能的有机组合，与居民实际生活产生动态紧密互动的基本单元，同时也是实现公共服务均等化的重要空间。

推进"15分钟社区生活圈"行动是以习近平新时代中国

特色社会主义思想为指导，深入贯彻党的二十大精神，落实人民城市重要理念，以各方着力推动自下而上为主、以社会治理牵引的重大规划创新举措、空间治理模式转变和资源配置方式改革，对于提升社区服务和基层治理水平，增强人民群众的获得感和满意度具有重要意义。打造"15分钟社区生活圈"的核心要义，在于将民事理顺，将民心聚拢，把人的需求放在第一位，注重建设规范、空间布局与组织协同。在建设规范上，根据《上海市城市总体规划（2017—2035年）》，"15分钟社区生活圈"划分为城镇社区生活圈和乡村社区生活圈。前者要求结合行政边界，以500米步行范围为基准，平均规模约3-5平方公里，服务常住人口约5万—10万人，包含一个或多个街坊的空间组团，配置满足市民日常基本保障性公共服务设施和公共活动场所。后者以行政村为单元，按照慢行可达的空间距离，集中配置基本保障性公共服务设施、基础性生产服务设施和公共活动场所。在空间布局上，根据《2023年上海市"15分钟社区生活圈"行动方案》(以下简称《行动方案》),构建以功能整合、空间复合的一站式综合服务中心为核心，通过慢行网络串联若干灵活散点布局的小体量、多功能服务设施或场所等小型设施点，形成"1+N"的社区服务空间布局。

在社区生活重新赋予现代城市以文化价值与精神内涵的当下，"15分钟社区生活圈"重点从衣、食、住、行等多个居民生活场景出发，构建全人群友好的社区服务方式，提升城市居民生活幸福感。在通过一站式综合服务中心满足居民的普遍性基本需求，并配合多功能服务设施满足居民个性化生活需要的同时，"15 分钟社区生活圈"还与社会适老适幼需求、社会组织发展和服务等紧密关联，这意味着建设"15 分钟社区生活圈"既要从城市整体空间网络中对作为实体的"生活圈层"进行合理规划设计，还需要对社区居民动态而复杂的生活、交往等需求进行具体考量。因此，"15 分钟社区生活圈"并非能够快速简单复制，而应根据社区现有资源、实际空间特征、需求层次、人口结构等进行差异化打造，提供不同服务类型与能级的设施配给。

根据上海市《关于"十四五"期间全面推进"15 分钟社区生活圈"行动的指导意见》，徐汇区制定《徐汇区"15 分钟社区生活圈"行动工作方案》，坚持因地制宜、精准提升，推进"15 分钟社区生活圈"行动。2022 年，徐汇区提出一站式社区服务综合体"生活盒子"民生新概念，对辖区内现有"邻里汇"进行升级，标配社区食堂、社区卫生站、社区文体活动和社区助浴点等"新四件套"，还因地制宜配备了丰富的便民服务，让"生活盒子"实现空间共享、复合使用，满足全年龄段人群的需求。各街镇立足自身资源禀赋、人口结构等实际，进行了一系列创新探索，如华泾镇"泾彩"15 分钟生活圈示范围建设，枫林街道将"15分钟社区生活圈"拆解为"生活舒适圈、老少同乐圈、健康宜养圈"，徐家汇街道通过居委会沿街设置实现了家门口的便民服务，虹梅街道将"社区边角料"变身运动空间等。

以"15分钟社区生活圈"建设为依托，最大限度缩小区域间公共服务能力差距，优化公共服务空间布局，将是城市精细化治理阶段的重点内容。徐汇区将持续推进"15分钟社区生活圈"建设，打造惠及全社会的公共服务空间，推动城市生活脉络在社区单位的延伸与链接，以15分钟的便民尺度实现居民生活的幸福跨度。

场景典型案例

持续打造"健康枫林"15 分钟生活圈

枫林街道党工委、办事处

一、基本背景

枫林街道位于徐汇区东北部，东至小木桥路，南至龙华中路，西至天钥桥路，北至肇嘉浜路。区域面积 2.69 平方公里，是连接徐家汇商圈、衡复历史风貌保护区与徐汇滨江的枢纽地带。

区位优势独特。枫林街道属于徐汇"五大功能区"最核心的大徐家汇功能区，同时具有成熟居民老社区和单位企业新聚集区的双重特性。区域内有四个三甲医院（中山医院、肿瘤医院、上海市精神卫生中心、龙华医院）和上医大、中国科学院等优质健康资源，枫林生命健康产业园、上药控股、扬子江药业等医药行业优秀园区和龙头企业更是比比皆是。

人口老龄化偏高。枫林街道共有 32 个居委会。根据七普数据，常住人口约 10.98 万人，户籍人口 9.85 万人，为全区人口密度最高的街道。人口老龄化严重，60岁以上户籍人口4万人，占比40%，其中80岁以上高龄者5500多人，纯老家庭4400多人，特别是南片社区的老年人口比重更高。人口年龄金字塔呈现典型的收缩型结构特征，老年人口的增加直接导致养老以及适老需求的持续增长，尤其是餐饮服务、家门口的卫生站、适老化改造等应作为率先保障的重要领域，老年活动室、体育设施等数量和分布范围也有待提高。

公共资源较缺。一是小区房屋及设施陈旧。街道94个小区里，2000年以前建成的小区有84个，房龄30年以上的房屋和大楼占比近四分之三，由此带来的是居住环境观感较差、维护管理难度大、安全隐患突出。二是医疗养老设施分布不均。现有1处社区卫生服务中心，5处社区卫生服务站，卫生服务中心偏于西南一隅。现仅有2处综合为老服务设施（一处位于邻近街道），3处日间照料中心、5处助餐点，总体养老服务设施不足。三是文体设施存在覆盖盲区。街道现有3处文化设施，文化活动中心建筑总量未能满足要求。现有9处幼儿园，托幼养育托管点存在局部覆盖盲区。辖区配置了2处公共体育设施，社区健身点设施普遍老旧。四是社区商业业态品质不高。辖区现有1处大型超市，2处生鲜超市，3处菜市场，沿街和小区内个体工商户800多户，但是总体商业和业态品质偏低偏散。

二、主要做法

近年来，枫林街道坚持把民生福祉覆盖度和居民群众满意度当作社区服务的核心价值，持续加大民生领域投入力度和工作精细化，不断推出各类为民办实事项目和工程，努力让区域高质量发展转化为群众可以感受的高品质生活。

（一）突出问题导向原则，坚守社区服务的人民性

紧紧围绕社区群众"衣食住行""老小旧远"等日常生活需求和问题，全过程、全周期听取社区群众的意见和建议。2023 年 1—9 月开展了 5 轮集中式走访调研，通过线上线下问卷调查、街道和居委座谈和实地走访、现场航拍四种方式，对不同片区、不同年龄群体的不同需求进行全面摸底。例如，为充分掌握社区居民对天龙生活盒子功能设置的具体需求，发放问卷 1000 份，广泛吸纳群众建议。同时开展多种形式的小型座谈和走访调研，发动街道和居委干部、第三方专业力量，在居委会、菜市场、广场绿地等区域，聚焦"一老一小"和弱势群体，广泛征求居民意见，确保生活服务设施建设方案从群众中来，实效到群众中去，更加契合老百姓需求。

（二）落实规划引领布局，保证点位设施的均衡性

在街道宏观布局层面，为配齐各类公共服务功能，枫林街道全面梳理、深入挖掘区域资源，统筹利用闲置宿舍、厂房等

点位，清理落后业态，2023年上半年，挖掘中山南二路930号、零陵路231号、零陵路404号、肇嘉浜路857号、小木桥路440弄22号等重点点位，压茬纳入规划和建设，让生活圈服务点位覆盖更加全面和均衡；在居委街区层面，盘活周边空间资源，全面推进完成22个沿街居委会设置，最大化嵌入生活服务项目；在小区楼幢层面，除全面加装电梯外，还充分布局小花园、健身点、靠背椅、充电桩、无障碍、梯扶手等便民利民设施，细致回应群众对品质生活的期盼。

（三）坚持健康生活特色，营造区域资源的共享性

推进枫林新时代文明实践健康街区建设，切实把枫林区域丰富的健康资源挖掘出来，让居住在枫林辖区的居民群众和前来枫林就医的患者群众共享。搭建街区联盟构架，以上医·中山、枫林国际、社区卫生中心为辐射支点，构建健康枫林街区"金三角"，组建55家区域单位参与的"健康街区促进联盟"，汇聚健康服务资源力量；汇集志愿队伍力量，组建"健康街区"院士专家志愿服务团和健康志愿服务"青骑队"，延续每月5日健康服务品牌项目，推出"健康街区"民生议事堂，推动健康街区治理项目清单落地落实。开展"四有五微"联动，既开展有品质、有人气、有意义、有意思的健康拓展项目，同步系统组织开展串联健康地标场馆的市民参观微基地；汇集健康资源开展每月微公益行动；结合单位阵地，开展健康主题微

课堂；挖掘运动健康达人，开展系列微运动；举办健康评选等活动，倡导健康微生活。街道建设就医服务中心，牵头组建短租房社会组织，开发面向就医群众的服务场景App，扎实做好面向大量来枫林就医群众的服务。

（四）把握统筹兼顾方法，追求服务内容的全面性

街道在各类资源约束、公共空间有限的条件下，坚持"政府少花钱、百姓多得益"的高效实施模式，用统筹兼顾的方式方法，尽可能在已建成服务站点里"一揽子"满足各类群体的多元多样多变需求。以三个生活盒子为例，宛南盒子周边居民区密集，是全街道第一个社区食堂，同步兼顾社区学生、青年、新就业群体知识服务需求，主打党建共建服务；西木盒子处于驻区单位集中区域，目标群体为周边白领、幼儿家庭以及社区居民，涵盖"吃、喝、玩、乐、学、育"设施，打造从幼儿到老龄服务全人群的邻里空间。天龙盒子背靠两万多人的大型居民区，全面配备助餐、助浴、卫生、文体、娱乐、康养等功能，设置洗衣房、理发店、照相馆、面包房、咖啡店、电影院等与老百姓生活息息相关的22个服务场景，打造全人群便捷、多彩、温暖的一站式生活服务中心。

（五）聚焦队伍能力建设，保障民生服务的规范性

为保障"15分钟社区生活圈"建设发挥最大服务效能，街道始终注重加强和规范相关队伍和组织管理，把群众工作

"人"的关键因素紧紧抓起来。抓好教育培训，引导民生服务条线干部和社工积极践行人民城市重要理念，秉持"儿女之心、儿女之情"做好服务群众工作。抓好能力建设，确保工作队伍以主动的态度、充分的能力、廉洁的作风，来提高民生工作可及率、覆盖率和满意率。抓好窗口运行，认真抓好民生服务窗口、党群服务站、居委沿街设置等相关的服务队伍建设，用场所整洁、办事高效、态度热情，展现良好的服务形象。抓好监督管理，依靠居民群众日常反馈，认真落实对生活盒子、社区食堂等第三方服务单位的监督管理，特别是食品安全监督，发现问题当面解决、及时解决、联动解决，确保群众满意。

三、经验成效

枫林街道以"宜居活力，健康枫林"为愿景，坚持民生工作一张蓝图画到底，围绕"五宜"功能建设和"十全十美"理想服务目标，不断补齐民生服务短板，切实完善社区各类公共服务功能，持续做实做强"15分钟社区生活圈"，取得了一系列阶段性成果。

一是建圈布点，服务均衡布局打造"生活舒适圈"。以公共服务均衡覆盖，满足不同服务半径内的群众多元需求，助力群众感受美好生活。例如，针对街道南部居住人口密集的特点，就餐、购物和生活服务需求量大的问题，街道已建成的三个生活盒子都位于南部片区，均嵌有社区食堂，目前已满足日均2300人次就餐服务。打造串联天龙盒子、宛平剧院、东安公园、枫林国际、钟表科普馆等"五宜"点位的精品路线，联合前期打造的党建、科普精品路线，让居民在漫步街区、阅读建筑、浸润文化过程中，切身感受"15分钟社区生活圈"的温度。在完成沿街设置的22个居委服务新空间，除硬件标准化建设外，重点在服务功能嵌入、服务理念融合、服务人员"全岗通"上下大力气，打响开放友好服务新品牌。结合"三旧"变"三新"项目实施，对小区里各类民生、健康、文体服务设施进行精细维护和定期翻新改造，全面保障各类人群的生活便利性需求。

二是可圈可点，回应主要需求培育"老少同乐圈"。根据调研掌握的"主要问题矛盾"，枫林始终落实好对"一老一小"两个重要群体和其他弱势群体的针对性服务。新建的天龙生活盒子专门内设综合为老服务中心，满足老年人日间照料、长者运动健康、辅具租赁以及助浴需求，在建的零陵路231号综合服务体内进一步打造老年人日间照料点。全面推动枫林第二敬老院功能升级建设，完成小木桥路440号800平方米功能置换，扩建设置残疾人"阳光之家""阳光心园"、智慧阳光康健苑，同时，持续推进老龄家庭的适老化项目改造。针对未成年人服务，在天龙盒子打造未成年人一站式综合服务场所，实现了专门针对未成年人的保护站、阅读室、活动室、心理咨询辅导站、临时照护点、宝宝屋、母婴室等多功能于一体，满足不同年龄段未成年人的社区照护和成长陪伴需求。

三是出圈亮点，区域联动共享激活"健康宜养圈"。枫林街道最大的特色社区圈层就是"健康枫林"，最大的亮点也是对区域健康资源的挖掘运用。首先，通过加大支持力度，把社区卫生服务中心打造成为本市高质量发展标杆单位。以天龙卫生服务站中医特色为示范，建设五大片区"一站一特"医疗服务精品布局，日均服务 620 人次，让群众在家门口享受到一流的健康服务。其次，发挥出党建联建平台作用，集聚组织三甲医院资源直接服务社区居民。在大型医院聚集区域建立医院周边党群工作站（枫林助医之家），综合发挥医院周边综合治理指挥中心、短租房治理专班、枫林街道短租房企业自治促进中心等组织和功能，全力保障来辖区就医人群的权益。目前"健康街区"建设正在全面展开，逐步实现"健康环境提升、健康促进融合、健康生活共享"的新时代基层文明实践目标。

民生建设永远在路上。枫林街道将一如既往切实践行人民城市理念，坚持党建引领，加强基层治理，切实完善社区各类公共服务功能，全面构建与徐汇发展相适应的"15 分钟社区生活圈"。

专家点评

上海提出了"五个人人"的奋斗愿景，其落实应当融汇到生活、工作各类具体场景之中。如何发挥优势、整合资源、破解难题、提升服务品质，是政府工作的着力点和突破点。枫林街道把基础保障和品质提升作为两个重要工作方向，选择将打造"接地气""聚人气""有生气"的"15分钟社区生活圈"场景作为工作突破口，通过党建引领、整合资源、盘活存量，创造性地提供了各类服务增量，提升居民生活幸福指数。其主要启示在于：第一，"四个圈"（健康宜医圈、舒适宜养圈、书香宜学圈、活力宜业圈）抓住了"15分钟生活圈"建设的关键群体、关键需求、关键领域；第二，坚持问需优先，为"圈"的合理布局与功能整合筑牢群众基础；第三，做到排摸总量、预判容量、盘活存量、做优增量、提高质量，形成了系统完整的工作思路。展望未来，这一工作可以持续迭代，更好满足居民等各类主体的服务需求。

（焦永利 中国浦东干部学院教研部教授、

公共政策创新研究中心主任）

建设高品质活力"新华泾"

华泾镇党委、政府

一、基本背景

从"十四五"到 2035，对作为区主要人口导入区和土地资源储备区的华泾来说是重要的发展窗口期，发展的基本要素充足，已具备成为区未来发展主战场的基础条件。交通飞跃提速，随着轨交 15 号线开通，23 号线、19 号线、机场联络线及龙吴路快速路的陆续建设，未来便捷的交通将使华泾成为区域重要的交通战略节点，推动地区发展走上快车道。产业资源丰富，北杨、华之门、生命蓝湾、东湾等四大片区可开发用地超过 140 公顷，为地区实现跨越式高质量发展提供了坚实基础和空间保障。生态持续优化，公共绿地、河道水系资源丰富，处于外环绿带与黄浦江生态廊道"一江一带"交汇区域，外环生态公园总面积达 103 公顷，具备以蓝绿织网绘就美丽城区风景的潜质。文化底蕴深厚，黄道婆非遗文化、邹容红色文化、宁国禅寺历史沿革等文脉资源为绽放区域独特魅力，提升"软实力"奠定基础。

围绕落实徐汇区"15分钟社区生活圈"行动，华泾镇始终秉持"把最好的资源留给人民、用优质的供给服务人民"理念，结合"2131X"片区精细化治理经验，统筹推进各类公共空间规划和公共服务设施建设，着力打造以"生活盒子"为核心、业态齐全、功能完善、智慧便捷、富有品质的全龄友好型"15分钟社区生活圈"，高水平推进"新华泾"建设。

二、主要做法

（一）以高起点规划为引领，顶层设计绘制"新华泾"蓝图

严选试点，着力打造示范样本。北杨华发片区紧邻华泾三大产业园区之一的北杨人工智能小镇，是华泾未来重要的形象代表区。我们将其作为试点，高标准、全要素统筹推进"泾彩"15分钟生活圈示范圈建设，加快"三旧"变"三新"步伐，持续发力拆违攻坚，近年来累计拆除违法建筑30万平方米。叠加小区门禁系统功能更新、道路景观提升、绿化更新、店招店牌改造、街区数字孪生等项目，精准改善居民生活品质，推动更多城市公共空间开发开放。与市属国企地产集团对接，盘活陈旧商业资源，新建近3000平方米"生活盒子"，提供党群服务、社区食堂、社区文体、医疗卫生、老年助浴、事务受理等一站式社区综合服务，可辐射周边5个小区，2万居

民能在 15 分钟内为自己补上生活中需要的"拼图"。

规划引领，科学谋划空间布局。华泾镇同时处于徐汇区"高质量滨江发展带"和"高能级科创集聚带"，拥有"科创重镇"和"生态新城"两大 IP。我们坚持一盘棋做谋划、一张图干到底，将"15 分钟社区生活圈"作为建设"新华泾"的重要抓手。在区委、区政府的指导下，发挥社区规划师等专业力量，高起点编制方案。把党的领导、政府主导、群众基础和社会协同等多方力量融合转化为基层治理的新动能，以"实干兴邦智联"六字工作法推动片区治理，汇流量、聚力量、提质量、正能量，健全共建、共治、共享的基层治理机制，提升社会治理效能。坚持把最好的资源留给人民，高标准打造党群服务中心，补齐"15 分钟社区生活圈"，提供优质共享、便捷可及、智慧高效的公共服务。加快将"施工图"变为"实景图"，构建布局合理、功能完备、覆盖全面的全龄友好型社区综合服务供给体系，引领"新华泾"发展格局。

延伸触角，全力推进阵地建设。在基础设施到位的前提下，延伸服务触角，拓展功能多样化。华泾镇织密"15 分钟社区生活圈"，新建北杨华发党群服务中心"生活盒子"，设置共享自治园、公共服务区、乐活新天地、片区警务中心等区域，包含童馨盒子、游戏盒子、爱知盒子、服务盒子、雅趣盒子等不同功能，也包括了面对社区居民的个人事务延伸办理、法律咨询等。在"在地安老"理念的指导下营造友好的老年社区环境，东湾徐浦党群服务中心内的适老化项目已全部完成投入运营，服务资源都汇聚于老人家门口，自开业以来受到社区老人们的喜爱。由点及面，将功能模块延伸至各个功能板块，服务辐射至各个居民区，扩大服务半径，拓展服务人群，建设好每一个阵地，筑牢基层服务的"压舱石"。

（二）以"生活盒子"为核心，近享便利提升"新华泾"品质

坚持需求导向，补齐民生短板。华泾地区为老服务设施匮乏、大型活动空间不足，街区品质仍然低下，通过调研定需求、共议定项目、规范定举措、评估定效果等实施步骤，针对短板不足形成具体路径和行动指引。综合考量交通便利、位置显著等人群流量因素，新增小微公共空间，推进华泾龙吟片区、关港蓝湾片区全要素"生活盒子"建设。谋划华泾广场升级改造，融合党群服务、事务受理、医疗卫生、社区文体等功能，打造5.6万平方米生活广场，提升公共空间服务能级。围绕打造"五宜"社区，以"三旧"变"三新"为引领，全面提速违建拆除、加装电梯、群租整治等精细化治理工作，提升社区宜居指数；加强华展路、华济路等重点道路市容市貌和店招店铺整治，加大社区就业服务保障，营造优良宜业环境；落实"河长制""林长制"，改造东新港、春申塘等沿河景观，提升黄道婆纪念公园国家3A级景区功能，打造美丽宜游华泾；发

挥镇域教育资源优势，迭代更新世外国际部、逸夫小学等新建优质学校，建设崇学向上的宜学社区；丰富智慧养老场景，建立2个老年认知障碍支持中心，塑造品质宜养空间。

集聚要素资源，做强优势特色。将"生活盒子"作为建设五宜六共"新华泾"的核心载体，立足"蓝绿织网"生态城市基础，结合未来"两横两纵"轨交资源优势，对已建成的"生活盒子"拓展个性化、精准化便民服务，实现服务倍增效应。重点着眼于北杨人工智能小镇致力打造人工智能全域应用的示范地，以多元、开放、活力、可持续四大品质为"15分钟社区生活圈"建设框架，融合"才艺+非遗+创意+技艺+公益"五个"YI"，推动社区"百YI人计划"。夯实数字孪生城市运行底座，探索运用无限的数字场景弥补有限的空间场所，建设"慢行友好、品质文化、数字生活"的典范，助力地区产业发展及高端人才引进，提升城市空间整体风貌品质。

关爱特殊人群，做好温情服务。坚持做好重点人群的服务，特别是针对社区内的残疾人，在每个"生活盒子"设置辅助器具适配点，方便残疾人就近选择合适的辅具，开展残疾人技能培训，组建残疾人公益服务队伍，尝试残疾人集中托养、日间照料和居家服务，对不方便出门的残疾人推广网上课程和在线心理疏导，健全完善关爱服务体系，使其也能感受到综合服务空间的温馨与便利。除了丰富的功能分区，"生活盒子"

还拥有"泾心24小时"户外职工爱心加油站，为快递员、外卖小哥等新兴领域青年群体提供空调、微波炉、冰箱等便民设施，同时具备一网通办自助服务区，实现7×24小时相关政务事项办理，最大限度地为群众提供便利，让大家感到温暖。

三、经验成效

一是加强协同联动，实现开放共享。构建政府与社会"上下互动"的协商机制和多部门间"左右融合"的联动机制，最大限度保障整合区域化党建和专业条线资源、链接社区资源的能力，梳理形成"15分钟社区生活圈"资源清单、需求清单、项目清单和攻坚清单，通过资源叠加、部门联动，形成工作合力，提升社会治理效能。盘活既有公共空间资源，对消极低效使用的公共空间，如华济路1号规模化租赁等进行清退改造，积极推进党群服务中心与"生活盒子"融合提升等工作，促进各类公共设施、服务空间、活动场地的开放共享和高效利用。

二是找准工作路径，拓宽参与渠道。将"以人民为中心"融入"15分钟社区美好生活圈"建设的方方面面，构建"党委领导、政府负责、民主协商、社会协同、公众参与、法治保障、科技支撑"的社会治理体系。依托片区平台，结合镇"美丽家园"三年行动，从强化顶层设计到稳步分类实施，吸引一批有热情、有担当、有想法的"社区能人"积极参与，借助社会组织承担更多专业社区服务供给和技术支持，激发"新华泾"建设的自治、共治活力。

三是把握工作重心，提升社区服务。围绕"15分钟社区生活圈"，以邻里汇为抓手，推进服务群众全覆盖，搭建基层共建共治共享平台，实现"小空间大集聚"。以"优环境"保障"宜业"，进一步提升华发小区沿线商铺运营环境。以"提品质"促进"宜游"，持续打造"江南文化+黄道婆非物质文化遗产"特色文化旅游景区。以"全参与"传承"宜学"，因地制宜打造便捷可及的全年龄段学习空间。以"强优势"实现"宜养"，优化养老机构资源与社区融合，将养老资源辐射到社区居家养老，建设社区长者食堂和助浴点，优化提升助餐、助浴服务。为2247名65周岁及以上户籍老人提供免费健康体检工作，开展老年人心理关爱项目，对1192名老人进行初步筛查，对轻度认知功能障碍风险的老人开展认知障碍干预，对65名中、重度认知功能障碍风险的老人转介医疗系统，抓实片区精细化治理新高度，不断提升社区服务水平。

下一步，华泾镇将以"咬定青山不放松"的韧劲，紧密围绕"建设新徐汇、奋进新征程"目标任务，谋定快动，真抓实干，努力将"15分钟社区生活圈"建设中的每一处点睛之笔渗透城市更新肌理，激发"新华泾"空间活力，让人民群众获得感、幸福感、安全感更加充实、更有保障、更可持续！

专家点评

"15 分钟社区生活圈"是上海城市治理的重要探索和创新行动，致力于聚焦社区大众的生活实践需求，将公共服务、社区服务和市场服务最大限度地进行整合，实现服务在家门口、活动在家门口、健康在家门口等，旨在更好地践行"人民城市人民建，人民城市为人民"重要理念。为更好地响应徐汇区"建设新徐汇、奋进新征程"目标任务，华泾镇从顶层设计上绘制了"新华泾"蓝图，以"生活盒子"为载体提升"新华泾"品质，打造出业态齐全、功能完善、智慧便捷、富有品质的全龄友好型"15 分钟社区生活圈"，为高水平推进"新华泾"建设迈出重要一步。未来，华泾镇可以进一步从以下方面深化"15 分钟社区生活圈"助力"新华泾"建设的效能：一是着力激发社会活力，通过培育引导社会组织高质量发展，成为多元社区服务的主要提供者；二是提升居民参与主体性，搭建多元载体促进居民从"被服务"向"自我服务""服务他人"转变，重构居民"附近"的生活意涵，使他们成为社区治理的真正主体；三是加强社区与社会组织、社会工作者、社区志愿者、社会慈善资源的有机联动，以社区生活需求回应为载体，探索党建引领多元主体协同参与基层治理的"新华泾"模式。

（杨锃　上海大学社会学院党委书记、教授）

居委会沿街设置全面到位
家门口公共客厅深入人心

徐家汇街道党工委、办事处

一、基本背景

居委会是城市社区基层群众自治组织。居委会办公空间既是组织发动群众的基层哨所，也是服务凝聚群众的载体平台，更是展示党和国家形象的象征空间。因此，居委会办公空间的点位布置、功能设置、形象展示具有重要的政治意义和治理意义。

徐家汇街道地处徐汇区商业中心，辖区内共有 29 个居委，149 个小区，平均每个居委下辖 5 个居民小区。由于此前居委会办公空间普遍设置在居民小区内部，因此其公共影响和服务半径受到较大限制。为深入践行"人民城市人民建、人民城市为人民"重大理念，充分提升居委基层治理服务的能力，扩大服务覆盖面，根据区委区政府关于居委会沿街设置工作的要求，徐家汇作为全覆盖试点街道，于 2022 年全面启动了相关工作，同时结合全岗通工作要求，从基础设施的硬件到基层治理的软件创新，对29个居委会进行了全面沿街选址搬迁，标准化内外布局，全岗通服务规范化建设，整体提升基层治理党建引领强度、服务居民温度和社会治理效度。

二、主要做法

（一）"汇心聚力"多渠道筹措房源

经排摸梳理，要实现沿街设置徐家汇街道有20个居委会需要重新寻找房源。"找哪里、如何找"成了最大的难题。为此，街道形成以五大片区长为首的"片区房源筹措小组"，"马路干部"们走街串巷，摸清区自有、区域内、市场租赁房源"家底"，积极找寻面积合宜、方便居民、性价比高的房源，切实保障了居委会沿街工作的进程。

摸清家底，深挖街道自有房源。通过盘点、挖掘、统筹街道自有房源，为汇翠、南丹南村、东塘等居委会物色到了便民的沿街房源。原"徐家汇源"景区公司、街道私房税窗口均为沿街房屋，现已改造为汇翠和南丹南村居委会办公用房。东塘居委会则将社区老人助餐点改造为沿街接待服务站，在保证老人用餐的同时，增加了居民接待、服务和活动功能，待隔壁卫生站搬迁后，将进一步建成集办公、接待、服务、活动于一体的沿街居委会。

区域联动，撬动辖区内部房源。通过联系走访区域内各企业单位，寻找合适的沿街房源，经过几轮现场勘探、对比、洽谈，最终锁定了徐汇国投、商城集团、徐汇灯光所、区教育局、煤科院、昂立教育和区民政民福企业的几处房源。在调研交大新村沿街房源时，"片区房源筹措小组"发现徐虹北路路口有一房屋地理位置优越、周边设施丰富，适合作为沿街新址，经了解该处为徐汇国投档案室，街道立即主动联系徐汇国投，在其大力支持下，房屋以零租金提供给交大新村居委会使用，街道也为国投另外协调了场地放置档案。居民区党总支书记深深感慨："20 年前就看中这块地方希望能用作居委会，终于赶在退休前圆梦了。"

服务连心，带动租赁市场房源。徐家汇街道紧邻商圈，纯住宅小区居多，沿街房源少，部分居委会无法寻得国企、公建配套房源，但却寻到了市场"公益"房源。不少商户或私企老板都曾得到过居民区党组织的关心关爱，得知居委会要沿街且今后居委会服务要"从社区走向街区"，他们纷纷引荐沿街房源，甚至拿出自己手上房源，愿意以低于市场的"公益价"出租。乐山一村居委会在寻找房源过程中，找到一处属于南方集团的沿街房源，在与南方集团多次协调后，南方集团克服困难清退租客，将原本 50 平方米的房间升级成为带小院的 133 平方米场地作为居委会沿街新址。

因地制宜，用活居委已有房源。街道充分发挥社区规划师作用，针对居委现状及房源情况制定"一居委一方案"，对于部分邻近街面但未能真正沿街的居委，以"改造"代替"改址"的形式实现沿街设置。乐山八九村居委会位于秀山路小区门内，与"沿街设置"仅差一墙之隔，社区规划师实地勘察后，提出了将封闭围墙推倒实现居委会沿街设置的建议方案。经片区专题会研究讨论、各部门集思广益，同时在业委会和物业支持下，最终乐山八九村拆除了封闭围墙，还将原居委会和小区围墙间的健身区域重新改造，开放供周边居民享用。

（二）"练好内功"强化居委功能

合理配置，按需提供便捷服务。沿街设置后，居委室内环境布置结合各居委特色进行改造，融合了党群服务站和居委会，功能上增加了全岗通接待岗、居民议事活动空间、便民服务点、骑士驿站、灯塔书屋流动书架，并设置无阻碍卫生间及适老化设施等，服务共享空间的扩容，不仅满足社区居民文化生活需求，增进邻里沟通交流，也拉近了居委会与居民的距离。

完善机制，保障落实各类诉求。结合居委沿街设置标准化建设工作，充分利用居委室外空间，因地制宜，结合居民的需求特点灵活设置，在美化的基础上叠加健身、休闲、社区展示的功能，充分发挥居委宣传阵地及活动场所的作用，使其成为居民日常活动的中心，形成以居委空间为核心的社区多功能服务场所。结合居委沿街设置，完善印发"徐家汇街道全岗通服务清单"手册，方便居委干部对照服务清单，确保居民诉求件件有落实，事事有反馈。实行全年无休工作制，节假日和晚间均提供值班接待服务。

（三）"做强支持"确保落地见效

全岗通建设培养创新治理社工队伍。按计划实施居民区社工分层分阶培训。针对持证社工继续教育培训引入相关精品实务课程，与日常工作、典型案例相结合，与社工需求相结合，探索工作新方法新突破，探讨困点、难点问题，及时总结反思，不断促进持证社工专业成长。适时开展新社工入职培训，帮助新进社工尽快熟悉和融入社区工作。同时鼓励社工持证上岗，组织社工参加考前辅导课程，积极参加资格水平考试，提升居委会团队专业素质。开展"汇·当家"赋能计划，树立"汇·活力"训练营、"汇·聚力"学思堂、"汇·动力"工作坊三大专项培育品牌、特邀苏嵘、杨兆顺等5位明星居民区书记作为导师，开展分片区带教，为社区精细化治理建言献策。2023年还开展了全体社工运动会、邀请专业团队以居委会为单位，为社工提供形象照拍摄，提升整体队伍形象和社工归属感。

数据赋能强支撑，全面走访重点关爱贴心。通过"四百"

走访机制，更新居村微平台数据信息，持续完善居民区四份清单底数。制作徐家汇街道片区便民服务手册，清晰标注了社区各类公共服务设施、各居委所在地及联络方式，主动跨前的服务意识，深受居民的好评。汇总"一居一档"汇编，全面精确更新区域内各居委小区概况、常住人口、党员数量等，以及各小区出现的难题及跟进情况。依托"走百家门、知百家情、解百家难、暖百家心"工作基础，明确对象群体、建立民生档案、强化数字赋能，推动重点关注人群关爱服务常态化。

三、经验成效

一是党建引领，硬件＋软件设置走心。居委会沿街设置后，实现居委办公形象从色系、内容到布局的一致性，提亮视觉识别，增强显示度。门头统一为居民区党群服务站，不仅在形象上凸显居委会党群服务功能，而且在内涵上进一步实现了从方便小区居民到面向全街区居民的转变。激发党建引领下的多元主体参与社区治理，激活基层党组织的活力，如乐山八九村居委通过党建联建，形成乔家栅烘焙坊特色共建项目，既调动了周边企业参与社区治理的热情，又有效促进社区自治共治共享良好氛围，同时积极培育全岗通一岗多能社工全面手。对外提升了形象、对内提高了素养，实现了服务功能理念的叠加和升级。

二是做强优势，特色＋品牌服务暖心。通过大调研、大调查，结合微网格设置和"四百"走访工作，厘清居民需求，在"一居一档"的基础上，精准挖潜各自辖区特色，因地制宜，打造"一居一特"。依托五社联动社会治理项目，引入专业社会组织团队，开展特色自治项目。如虹二社区的瓶子菜园、汇站共享图书室、乐山八九村的"乐当家"、豪庭居委的非机动车自治管理项目、徐汇新村的为老关爱支持网络建设等。2023年更是发挥徐家汇社区基金会优势，撬动社区资源。依托沿街设置居委党群服务站，在原有试点的基础上，再引进安装一批"一键叫车"智慧屏设施，共计33台实现"全覆盖"，满足社区中老年人打车需求，帮助解决社区中老年居民出行叫车难的困局。

三是创新模式，叠加＋升级凝聚人心。居委沿街设置宣传栏展示达人风采，利用社区达人榜样的力量感召更多居民参与社区活动。在此基础上引导一批达人领袖加入社区当家人队伍，形成街道"智库"发挥居民专长，为社区建言献策，参与社区管理。2022年在乐山二三村，依托同济大学社区花苑与社区营造实验中心的专业力量与虹桥路小学共建开展徐家汇街道乐山片区参与式社区规划试点项目、初步形成"家校社"联合模式，2023年正式与辖区2家学校签约形成"家校社联盟"，助推参与式社区规划，推动全过程人民民主在社区治理实践中落地生根。伴随着居委沿街设置的全覆盖，在服务能力提升的同时，探索出了一条引导居民广泛参与社区治理和环境更新，践行全过程人民民主的创新模式。以点带面，凝聚人心，共建共治共享社区美好家园。

专家点评

居委会沿街设置是拉近社区与居民距离，放大基层公共服务的能见度、友好度和可及度的重要举措，也是考验街道和居委的工作基础和治理能力的试金石。徐家汇街道面对实现29个居委沿街设置这一难度系数很高的任务，充分调动政府、市场和社会资源，多方筹措房源，取得了来之不易的成果。其主要的启示在于：一是街道党工委以时时放心不下的责任感全面推进居委沿街设置这一民心工程，体现了担当和作为；二是善于将平时扎实的工作基础转化为关键时候的重要资源，如区域化党建建立的组织基础、疫情防控期间形成的情感链接都成为本次工作中的重要支持力量；三是各辖区单位、商圈企业对于街道社会治理工作高度支持，是中央提出构建共建共治共享社会治理共同体的生动实践；四是将全过程人民民主思想、参与式社区规划等治理理念有机融入居委沿街设置工作中去，体现了社区工作的专业化。

（唐有财　华东理工大学社会与公共管理学院教授）

"社区边角料"变身家门口的运动空间

虹梅街道党工委、办事处

一、基本背景

徐汇区虹梅街道古美小区地处徐汇区和闵行区交界处，建成于 20 世纪 80 年代末、90 年代初，下辖 4 个居民区。小区内大部分是拆迁安置房、小部分是单位分房，房龄超过 30 年，房屋质量较差。小区现有 3700 余户，户籍人口 5700 余人，常住人口 8700 余人，以原动迁安置居民为主。相较于虹梅街道其他片区，该片区居民老龄化程度高，老弱病残比例高，60 岁以上老年人约 2700 人，占常住人口约 31%。居委活动室普遍较小，相对于庞大的人口基数和服务需求，公共服务设施配备不足。为破解片区难题，街道始终坚持人民城市重要理念，把最好的资源留给人民，用优质的供给服务人民，全力推进"三旧"变"三新"民心工程，加快推进"15 分钟生活圈"建设，探索党建引领片区治理模式。2023 年，聚焦居民群众健康生活、运动健身需求，街道利用小区内的"沉睡"空间，为居民打造了一条长达 2 公里的健身步道，让运动空间见缝插针地嵌入"15 分钟生活圈"。

二、主要做法

（一）主动"领题"，坚持深入基层问需于民

街道主动作为，始终将人民群众的需求摆在优先位置，深信没有调查就没有发言权，没有调查就没有决策权。因此，围绕"15 分钟社区生活圈"建设，坚持将问需于民、问计于民贯穿始终。为深入了解社区居民的真实诉求，街道采用了多种方式积极展开调查研究。通过实地走访、片区会议、问卷调查、广泛座谈等多层次、多渠道的调查方式，畅通沟通渠道，形成沟通机制，面对面倾听群众意见，全面了解居民需求，切实掌握第一手资料，为丰富服务内容、优化提升功能提供依据，从而更加精准地指导工作。截至 2023 年 7 月，累计召开片区会议 7 次，发放问卷 260 份，实地走访、座谈等 40 余次。通过调研，对发现的问题进行分析，梳理出了小区绿化带违建、运动空间缺乏，小区大卫生死角多等几个主要问题。了解到这些困扰居民群众的问题后，街道党工委召开专题研究会议，积极认领难题，逐一展开研究，讨论解决方案。

（二）积极"破题"，坚持党建引领片区治理

由于古美小区内有四个居民区，涉及居民众多，资源复

杂，治理难度较大，如果单纯依靠各居委自身的力量，不同居民区的需求和资源往往无法得到统筹。因此，街道始终坚持党建赋能片区治理，强化党建引领作用，把"组织优势"转化为"攻坚效能"。2023年年初，街道在东兰古美片区设立片区党委，由街道处级干部担任片区党委书记，整合各办公室、各中心、市场监管所、派出所、综合执法队等力量，成立"1+4+N"的片区工作队伍，将多方力量拧成"一股绳"，夯实基层治理力量，织牢基层"一张网"。针对前期调研过程中发现的问题，片区党委积极协调统筹各方资源，分类施策、分步实施、全程指导。以居民群众反映强烈的小区绿化带违建问题为破题切入口，片区党委牵头开展专项整治工作，共拆除小区绿地违章搭建、私自硬化等27处，近300平方米，解决了长期困扰居民的难题，为后期推进"三旧"变"三新"工程、"15分钟社区生活圈"建设等奠定了良好基础。

（三）高效"答题"，坚持化解难题服务群众

面对运动空间缺乏、卫生死角等问题，街道积极寻找解决方案，确保问题得到妥善解决，群众得到优质服务。于是，一条贯穿四个居民区的健身步道项目被提上议程，纳入"三旧"变"三新"工程内容，这不仅可以充分利用小区内的闲置空间解决小区卫生死角问题，又能满足居民的运动健身需求。为了让步道的设计更为合理，街道坚持全过程人民民主，在片区党

委的统一指导下，由各居委组织居民对小区步道路线设计方案进行反复讨论，引导居民就步道路线设计方案提出宝贵意见。由于整条步道贯穿四个居民区，而不同居民区的一些楼栋之间在建设之初就建了围墙，随着时间流逝，部分围墙出现破损，既不美观，又阻碍了小区资源整合。因此，各居民区分头行动，反复同涉及的居民沟通，争取居民同意，动之以情，晓之以理，终于打通了不同居民区的壁垒，建成了这条贯通四个居民区的环形步道。如今，这条步道已经成为小区里一道亮丽的风景线。通过高质量的治理方案，变难题为亮点，让老旧小区重新焕发出新的活力。

三、经验成效

一是从"单打独斗"到"协同作战"，整合多方优势资源。街道坚持党建引领片区治理，片区党委发挥组织和制度优势，在片区层面整合各方资源力量，协调解决掣肘步道建设、"三旧"变"三新"工程等过程中遇到的瓶颈问题。从街道到各职能科室、再到各居民区，上下一心，全体工作人员拧成一股绳，变原来的各居委单兵作战到整个片区齐力攻坚，破解难题。建立沟通机制，广泛发动党员、志愿者，挖掘居民"达人""能人"、群文团体领头人等对工程建设、治理事宜等进行宣传，传递政策信息，将项目真正做到群众心里。

二是变"边角余料"为"金角银边"，化解社区治理难题。古美小区占地面积约20万平方米，由于小区大，闲置的角落也相对较多。因为闲置，小区内的卫生死角问题、绿地私占等问题也因此产生，成为长期困扰居民群众的问题，居民投诉日益增多。通过这次步道建设，街道把小区内的一些"沉睡"空间充分利用起来，盘活了社区的"金角银边"，既从源头上解决了社区顽疾，又实现了居民不出小区就能锻炼身体，一举两得。这条步道长约2公里，在寸土寸金的徐汇实属难得。

三是从聚"人气"到聚"人心"，融汇基层治理内涵。为更好地用好小区步道，让更多居民享受到"三旧"变"三新"的工作成果，街道组织了一场居民群众喜闻乐见的百人健步走活动，通过活动吸引人气。一方面，推动全龄运动、全民健身，共享美好生活；另一方面，通过社区知多少、社区"WE行动"、清洁家园等打卡任务，让居民在参加活动的过程中更加了解社区，鼓励更多人参与到社区治理"微行动"中，汇聚更多力量，变"微行动"为"ＷＥ行动"，凝聚人心，为基层治理汇聚力量。

四是从"配套不足"到"补齐短板"，完善"15分钟社区生活圈"。东兰古美片区居民住宅普遍房龄偏大、硬件设施较差。原来片区内虽然设有卫生服务站、老年人日间服务中心等公共设施，但是相较于庞大的人口基数，社区公共配套设施仍显不足，无法满足广大居民的需求。因此，街道对标对表"15分钟社区生活圈"要求，充分论证公共设施建设方案。这次的步道建设补齐了该片区社区文体的功能。此外，东兰古美片区社区食堂也已投入运营，基本实现了社区食堂、社区卫生点、社区文体、社区助浴四大基本服务功能全覆盖。

专家点评

随着城市发展速度不断加快，居民对城市生活品质的要求日益提高，在此背景下，"15分钟社区生活圈"成为上海特大城市基层治理进程中积极回应居民生活需求的重要创新实践。基于小区内公共活动空间狭小、公共服务设施配备不足难以满足庞大的人口基数和服务需求的现实制约，虹梅街道聚焦居民群众健康生活、运动健身需求，将小区内"沉睡"的空间打造成居民"家门口"的健身步道，让"社区边角料"成为居民津津乐道、爱来愿来的运动空间，真正发挥了"15分钟社区生活圈"的功能效用。总体上，虹梅街道的上述实践体现了一种以场景重塑实现治理目标的创新模式，具有以下积极启示：一是注重因地制宜，在资源、空间限制的基础上实现内生性变革，通过对"废弃边角料"的场景改造，实现"社区边角料"的华丽转身，成为居民生活需求实现的重要载体；二是注重整合联动，通过片区党委，整合各办公室、各中心、市场监管所、派出所、综合执法队等力量，将多方力量拧成"一股绳"，夯实基层治理力量，织牢基层"一张网"，形成小区治理共同体。三是注重居民参与，在工作开展过程中注重问需于民、问计于民，让居民成为社区空间改造的重要参与者，畅通居民表达诉求和参与的渠道，有利于全过程人民民主的发展。

（徐选国　华东理工大学社会工作系副主任、副教授）

七、场景关键词：
平安社区

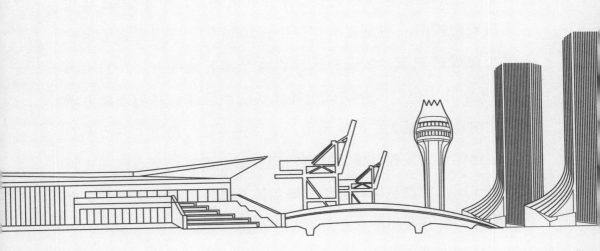

国家安全是民族复兴的根基，社会稳定是国家强盛的前提。自 2005 年中央提出开展平安建设以来，我国平安建设工作一直稳步推进。尤其是党的十八大以来，习近平总书记对平安中国建设作出一系列重要指示。2020 年 11 月，习近平总书记在平安中国建设工作会议上作出重要指示，强调要以市域社会治理现代化、基层社会治理创新、平安创建活动为抓手，建设更高水平的平安中国。

平安社区建设是平安中国的基础工程，是提升公共安全治理水平、完善社会治理体系的重要抓手，事关市域社会的和谐稳定，党和国家的长治久安。平安社区建设最早于 2005 年作为治安防控的一项重要工作提出；2006 年，在科技强警示范城市建设推动下，平安社区建设在全国各地铺开。2021 年 4 月，《中共中央　国务院关于加强基层治理体系和治理能力现代化建设的意见》中明确指出，要加强乡镇（街道）综治中心规范化建设，发挥其整合社会治理资源、创新社会治理方式的平台作用，完善基层社会治安防控体系，着力增强基层平安建设能力，提升人民群众获得感、幸福感、安全感。

围绕推进社会治理体系和治理能力现代化的总目标，上海市积极探索市域社会治理现代化的平安建设新路径，切实巩固社会治理的基层基础。近年来，陆续发布《关于建设更高水平的平安上海实施方案》《上海市平安创建活动考评管理办法》

《上海市贯彻落实〈"十四五"平安中国建设规划〉工作方案》等相关文件，不断推动平安上海建设。其中，《上海市平安创建活动考评管理办法》明确了基层社区在治安防控、社会秩序、居民平安等方面在平安社区创建活动中的应达标准与评估指标，并强调基层社区居民在平安社区创建中的主体作用，使平安创建活动有章可循。

关键词释义

平安社区，又称安全社区，是指通过多部门合作的组织机构和程序，与社区居民等相关利益共同体共同参与事故与伤害预防、安全促进工作，以实现安全为目标的社区。平安社区建设旨在打造一个安全、和谐、友爱、互助的基层社区环境，与民生福祉息息相关。20世纪90年代末，世界卫生组织魁北克合作中心提出安全促进理论框架，指出一个安全的社区必须具备四项标准：社会凝聚力、和平与公正，保障人权和自由；预防伤害和其他事故的发生；尊重人的价值观、生理及物质和心理的完整性；为各类人群提供有效的预防、控制和康复措施。

社区直面基层一线，是社会突出矛盾、重大风险的汇集区，对人民群众生命健康安全具有最强和最直接的影响力和辐射力。因此，平安社区建设是矛盾风险源头发现、处置化解的关键，是社会平安治理的第一步。从狭义上看，平安社区是能保障人民群众生命财产安全不受侵害的生活环境，这是人民群众最基本的需求。主要包含两个基本主题：一是社区治安良好。社区突出治安问题能够得到有效解决、社会犯罪问题能够得到有效控制的安全社区，生活于其中的居民能够享有较高的安全感；二是社区邻里矛盾纠纷能够得到有效化解。"邻里之间团结无纠纷，家庭内部和睦无暴力"，不安全因素最大程度减少是平安社区的应有状态。从广义上看，平安社区是指更高层次的可以满足人民对美好生活向往的生活环境。针对社区居民的突发事、难心事，通过政府、市场和社会等多方主体协同共治，构建和谐友爱的社区氛围，打造幸福安居家园，使居民安心、舒心、放心。在现实操作层面，平安社区建设具有综合性，根据《上海市平安社区考核指标》，平安社区建设涵盖政治安全、社会稳定、经济安全、公共安全、严打整治、治安防控、预防犯罪、安全生产、食品安全和公共卫生等多方面维度，这意味着平安社区建设是一项长期复杂的系统工程，需要政府、市场、社会各界多线作战、协同配合，持之以恒、久久为功。

当前，我国平安社区建设仍面临诸多挑战，一方面，目前涉及推动社会治理、解决矛盾纠纷、完善风险防范的法律尚显不足；另一方面，经济和社会发展水平迅速提高为平安社区建设带来新的压力，特别是城镇化和信息化的深入推进给社区居民生活带来便利的同时，也存在一系列安全隐患和风险因子，平安社区建设的复杂性和艰巨性日益凸显。对此，应坚持法治思维，完善平安社区建设的法律支撑，并以立体防控体系为重点纵深推进平安社区建设，将"人防、物防、技防"手段相结合，带动平安社区建设的立体化、智能化水平，构建上下贯通、执行有力、职责明确、保障有力的"平战结合"基层治理体系新格局，从而将平安的隐患管控在社区、将平安的问题解决在社区，以社区平安推进社会平安，以社区撬动区域大平安。

为落实平安中国精神，深入推进更高水平的平安上海，徐汇区以共建共享平安社区不断深化平安徐汇建设。早在2012年，徐汇区就已基本建成人防、物防、技防三位一体的社会治安防控网络。目前，在顶层设计上，组建了包括民政、公安、妇联、综治委等多部门综合治理网格联动工作机制，各部门分工协作，将平安社区建设工作纳入到各级部门的重要工作范畴。在参与主体上，依托社区党群服务站等载体，结合当月实事重点，以居民艺术创作等创新形式将禁毒、扫黑除恶、反邪教等法治教育融入居民日常生活，引导居民积极参与平安社区建设。在工作路径上，坚持问题导向，瞄准重点领域、关键环节的矛盾风险，以问题的标本兼治为主要目标。在此基本框架中，各街镇结合辖区内突出的矛盾风险点，筑牢平安社区防线，如枫林街道通过短租房治理，打造宜居宜医的"友好枫林"，田林街道设立网格级社区微型消防站守护居民生命安全等。未来，徐汇区将继续以高标准、精细化治理为要求，不断探索形成符合市域社会治理现代化的平安建设新路径，为广大人民群众营造安全、稳定、和谐的社区环境，提升社区居民生活品质。

场景典型案例

深化短租房治理
改善群众生活就医环境品质

枫林街道党工委、办事处

一、基本背景

枫林街道面积 2.69 平方公里，辖内医疗健康资源丰富、大院大所集中，同时也面临着老龄化程度高、老旧房屋密集等问题。常住人口近 10 万人，4 家三甲医院和著名的徐汇牙防所坐落枫林，涉及枫林街道"四横四纵"主干道网，与医院院区位置紧邻或隔路相望的居民区数量占全街道 60％，日就医人流 10 万余人，给枫林居民生活造成显著影响，医院周边综合管理压力巨大。

2023 年，枫林街道深入践行人民城市理念，围绕"建设新徐汇、奋进新征程"目标任务，结合市域社会治理现代化试点工作，将短租房治理作为重点工作来抓，坚持紧抓不放、一抓到底，为全力做好中心城区高质量发展大文章贡献枫林力量。

　　从政策背景看，实施高水平短租房治理时机已成熟。2023年2月1日起实施的《上海市住房租赁条例》，对个人以营利为目的从事住房租赁经营活动，以及住房租赁企业、房地产经纪机构、相关从业人员都进行了规范和约束。2022年起施行的《关于规范本市房屋短租管理的若干规定》也强调开展房屋短租治理的要求。两部地方性法规为我们探索短租房治理新模式，保障政府监管有抓手，企业经营有秩序指明了方向。

　　从需求分析看，短租房治理是当下枫林面临的重要课题。一是就医和居住矛盾突出。一方面医院周边就医就诊看护短期租住需求量大且多样，另一方面周边宾馆旅馆布点少，难以满足就医租赁特殊性需求，催生了短租房市场。二是服务房源资源零散。房源绝大多数为个体自有房屋出租，分散无规律。短租房经营者依靠"熟人网络"招揽生意，零散经营，隐蔽性强。三是租住市场行为混乱。短租房市场交易主体间往往存在严重信息不对称，存在准入门槛宽松、房间设施违规、风险意识淡薄、退出机制缺乏、文明管理缺位、邻里纠纷频发等问题。

　　从工作演进看，原有短租房治理模式亟待升级优化。一是监管不周。2017年以来街道连年对医院周边区域的违章整治、业态调整、城区道路等开展精细化管理，短租房乱象有所遏制，实有人口管理有所见效，但对动态的短租房市场监管还存在联动不广泛、监管不灵敏问题。二是自管不足。街道曾在两个居民区组建二房东自治小组，鼓励二房东"自治管理"正向赋能，约束市场不良发展，但时间一长自治小组因自身动力不足，对市场经营行为的适应不足，正向功能不断弱化。三是纳管不灵。街道前两年引入区属国有企业承担短租房纳管和承租人导流，出资适当改造房屋满足居住需求，市场交易透明度和租赁运营安全度有所提高，但其后市场反应不及预期，成交量和利益润支撑太小，无奈被市场逆淘汰。

二、主要做法

街道党工委把医院周边综合治理作为枫林社区党建和城市建设的"一号课题"，坚持以区域化共治的思路来主导解决区域内的共性问题，直面矛盾、躬身入局、狠准出招，打响枫林短租房治理大会战。

（一）锚定问题导向，深入学习调研

解决思想认识问题。引导教育干部队伍统一思想，以儿女之心、儿女之情做好基层工作，寻求枫林居民和就医患者各得其所、各享其乐的实践方案。解决工作站位问题。明确在辖区内发挥出街道党工委的领导核心作用，发挥好办事处及"双管"职能部门的监督执法效能，在市场经济运行格局中实现引导有方、监督有力、守底有责、服务有为。解决工作机制问

题。坚持问题导向，对相关前期工作成果和模式开展调研分析，探索梳理分析短租房治理新情况新机制。

（二）坚定政治立场，强化组织领导

高度重视，压实治理责任。街道把医院周边治理作为基层党建和片区治理的核心内容和实践载体，已成立街道主要领导任组长的短租房治理工作领导小组，负责现场指导、推进、协调职能部门开展整治工作。整体推进，细化治理任务。领导小组办公室负责制定任务清单、责任分工表、工作进度表，每周召开推进例会，每月召开领导小组会，汇总阶段性工作情况。党建引领，形成治理合力。建立枫林街道医院周边党群工作站，承载医院周边综合治理指挥中心、短租房治理专班、枫林街道短租房企业自治促进中心（以下简称"企促中心"）三个组织，发挥综合治理、专项治理、市场治理三项效能。

（三）圈定市场主体，规范经营秩序

明确市场主体登记要求。街道要求短租房经营者要以市场主体身份依法办理市场主体登记，在枫林辖区注册成立房屋租赁公司，注册资金须在百万元以上，保有一定风险防控能力。明确经营活动开展主体。街道对擅自以个人名义开展活动的，依法采取措施予以制止，并给予处罚。个人租赁合同已签订的，应以公司名义重新签。压紧压实主体责任。严格落实短租房实际经营者、股东及公司三方责任捆绑制度，紧盯短租房实际经营合作方式，紧跟公司实缴出资情况。

（四）锁定关键环节，落实高效管理

落实短租房经营者备案登记。规范短租房经营者向业主履行告知义务，取得后者的书面确认。经营者持房屋权属证明、租赁登记备案凭证、营业执照、业主同意材料等向街道备案。落实街道从严从实核验。街道联合相关部门对房屋功能划分、设施环境的安全、消防、卫生、业主意见等基本情况进行现场核验，出具明确各类数据信息情况的意见书，规避违章租赁、不实租赁、群租等情况。落实签订治安责任承诺书。由合规短租房经营者与街道和公安机关签订治安责任承诺书，定期接受治安、消防、环保等监管，及时落实整改；明确经营活动不得影响周边居民居住，设定违反承诺退市规定。落实承租人动态管理。由经营者上报住宿人员信息，街道定期核验，确保人户一致，实施动态管理，通知住宿人员遵守文明公约。

（五）绑定制度赋能，实现长效治理

以社团管理制度保障有序发展。街道正牵头建立企促中心，指导企促中心建立管理标准，鼓励企促中心同企业签订业务指导合同、建立业务指导关系。以信用机制调控市场竞争。建立市场"黑白名单"制度，对不规范公司列入"黑名单"，向社会进行风险提示；对积极融入社区文明和谐建设的公司纳入"白名单"，优先推广承接。以信息化机制加快治理步伐。

搭建信息化管理平台，整合市场多方参与者信息，提高租赁信息更新便捷性、有效性和全面性，形成政府管理有力抓手。以党建引领推动治理更上台阶。以党建联席会议为平台载体，充分发挥街道党组织、医院党组织和居民区党组织对短租房治理的政治引领、统筹协商、服务保障作用，摸索打造党建引领短租房治理新模式。

三、经验成效

经过半年来的积极实践运行，枫林地区医院周边短租房市场规范化经营取得了明显阶段性成果，综合治理渐有成效，市场管理机制日趋明晰，市场发展日益有序。

一是提质增效，发挥出政府的资源整合优势。开展了全覆盖"地毯式"摸排。根据《枫林街道短租房登记备案流程》截至 2023 年 9 月，63 位二房东已按要求成立公司 22 家，到街道申请备案 462 套，主要集中在肿瘤医院（8 家公司 198 套）和中山医院（14 家公司 264 套）周边，仅剩少数二房东处于观望状态。初步实现"人房两手齐抓"。组织协调公安派出所，对黑中介按非法经营从严处罚打击，对未备案房集中清理。在派出所的配合下，已打击黑中介 1 家并将其 10 套房源交由合规企业经营。建设枫林街道医院周边党群工作站。选定医学院路 92 号（110 平方米）为工作站，以党群工作站的实体化运作保障短租房治理落地见效。

二是推陈出新，发挥出企业的市场竞争优势。行业标准有所提高。加大强制性标准管理力度，驱动企业良性竞争。强化入住管理，统一制作备案房屋公示牌，每户一码，严格要求入住人员扫码登记。强化居住管理，有效拆除 7 个非法隔间、4 架高低床，整改消除 15 个消防安全隐患，严格规范超限居住行为。短租房市场主体有所培育。优先向市场宣传推广优质租赁公司，鼓励企业实施兼并和联合重组，扶持标杆企业做大做强，加快形成一批租赁者信任、社会认可的优秀企业，实现以质取胜、优胜劣汰。

三是化零为整，发挥出社会的服务供给优势。推进建立社会组织。积极推进企促中心成立，已上报会长、副会长各 1 人，理事 3 人，监事 3 人的建议人选，为规范化运作提供组织保障。初步拟定管理标准。街道已同企促中心共同拟定涵盖企业要求、房源标准和从业人员管理等方面内容的管理标准。比如，统一从业人员着装上岗，塑造服务形象，实行亮牌服务，加大从业人员专业技能和从业道德培训。同步加强企促中心党建工作。报批成立企促中心的同时，摸排采集党员信息，有条件的建立临时党支部，加强职工文化建设，增强社会责任感，推动企促中心健康发展。

四是改革创新，发挥出科技应用的支撑优势。推出了治理智能化应用。依托短租房租赁 APP，打通入住者、经营者、企促中心和街道"四方"的衔接入口，入住者阅知《入住公约》《安全责任告知书》，登记入住信息；经营者完善房屋详细信息、可租赁期间等内容；街道实时监管租赁信息变化，提供街道、协会和居委会服务热线；企促中心关注市场动态变化和最新需求，四方共同打造"指尖上的租赁利器"。融通了智慧平台。将短租房租赁 APP 连接到"汇治理""居村微平台"等窗口，增加使用便捷性，扩大市场影响力，打破平台孤岛。通过整合 APP 和"居村微平台"数据，实现实时核实数据一致性，以智慧手段第一时间发现不实登记、违规经营情况。

专家点评

枫林街道辖区内有多家医院，日就医人流 10 万余人，短租房市场由此产生，给枫林居民生活和医院周边综合管理带来巨大压力。在此背景下，枫林街道聚焦短租房治理难题，把医院周边综合治理作为枫林社区党建和城市建设的"一号课题"，坚持以区域化共治的思路来主导解决区域内的共性问题，直面矛盾、躬身入局、狠准出招，打响枫林短租房治理"大会战"。在具体行动上，枫林街道探索出"五定"工作思路，即锚定问题导向、坚定政治立场、圈定市场主体、锁定关键环节、绑定制度赋能，形成了"问题—主体—机制"的有机治理逻辑，充分发挥了党委领导、政府负责、民主协商、社会协同、公众参与、科技支撑的多元效能，探索出立足枫林实际、多元主体积极对话、共建共治共享的基层社会治理新模式。枫林的探索具有以下积极启示：一是注重区域化党建联建思维，加强街道党工委统领辖区各相关单位共同对话、协同行动机制构建，致力于在枫林街道医疗资源密集的基础上探索更加有效的场景营造，实现场景为民；二是引导市场向善，在满足大量外地就医群体需求的基础上形成良性的市场氛围，为外来群体提供有温度的住房支持；三是推动建立企促中心，以组织化载体促进短租房治理更加规范化，积极发挥城市基层社会治理的社会协同功能。

（杨锃　上海大学社会学院党委书记、教授）

建设微型消防站
破解老旧社区消防安全难题

田林街道党工委、办事处

一、基本背景

田林是一个以居住社区为主的辖区，大多数居民楼建于20世纪八九十年代，部分房屋甚至有六十多年房龄，其设施老旧，住户密集，且外来租赁户和老人较多，这些地区是田林较易发生火灾事故的区域。经统计，在田林居民区发生火灾事故的时间段主要集中在居民烧饭时段和晚间休息时段。街道尽管在技防、物防上做了许多努力，但限于老旧小区的具体结构特点，仍不能彻底消除火灾隐患。

为此，街道决定在人防上下功夫，先是在全辖区设立11个微型消防站，设点在居委会，每个点负责2个居委辖区，主要负责白天居民区消防安全巡查处置。2017年针对地区部分老旧小区晚间巡逻值守的迫切性，而物业没有能力解决人力问题，街道采取政府购买服务模式，安排有消防证书的人员作为街道消防工作站夜间站成员进行驻守巡逻，开启了田林社区微型消防站全面建设的序幕。

二、主要做法

（一）整合资源配置，提高组织力

一是建立网格化管理。以"打早、灭小、3分钟到场"扑救社区初起火灾为目标，确定最小灭火单元模式，依托消防安全网格管理平台，发挥区域联防、企业联动和平安志愿者等火灾防控队伍的作用，将原来设在居委的微型消防站全部平移到各自然小区，形成67个小区微型消防站，人员主要由小区物业保安担任，加上街道消防中心站，满足24小时有人值守的要求。

在此基础上，街道设立了网格级社区微型消防站，对应的微站新模式为"1+67+81"，"1"即为田林街道消防工作中心站，"67"即是田林辖区全部67个自然小区微型消防站，"81"即是辖区81家消防重点单位微型消防站。按照符合辖区特点的火灾应急处置流程图，熟悉掌握处置流程和处置事项，最大限度地发挥社区微型消防站"3分钟到场和救早、灭小"的实战效能。

二是优化人员分工。在街道消防委的直接领导下，由街道消防工作站负责田林辖区全路段消防安全巡逻，查处各类安全隐患，代表微型消防站参与辖区火警应急响应；配合物业引领各小区微型消防站开展小区内部消防安全管理，检查和整改各类消防安全隐患；协同重点单位微型消防站开展消防应急响应及演练；开展社区消防安全宣传活动；并对小区微型站人员（物业保安）进行消防管理培训；参与对地区安全管理数据排摸登记工作；协同参与各类消防安全投诉工单的处置；参与其他消防安全管理工作。

三是加强值勤值守。2022年，街道将原来的夜间消防站改制为24小时全天候消防工作站，将巡防的区域从"田"字块扩展到整个辖区，并增添了消防救援器材和应急物资，确保工作站随时保持战斗力，一旦接到警情及时前往处置。

四是厘清实战模式。街道应急响应预案将社区微型消防站应急处置模式分为自防自救、互帮互救、公助公救三大模块。在自防自救阶段，当街道消防工作站接收到"119"指挥中心或街道城运中心感知终端的指令时，可以及时派遣就近的社区微型消防站队员或是巡查的队员前往查看情况。如果没有异常情况，现场处置人员返回工作岗位。如果已经被确认为火灾，消防工作站则要对邻近的社区微型消防站和重点单位微型消防站进行人员有效调度，做到互帮互救。而一旦火势较猛，则配合消防部门，协调作战所属的各方力量，做到公助公救。

（二）提高人员素养，增强战斗力

一是优化年龄结构。考虑到青年队员学习能力强，体力充沛，作战能力更强，对提高战斗力具有重要作用，街道将年龄问题作为购买服务时思考的条件之一，目前，街道消防工作站青年队员占比超过75%。同时，针对年龄结构的特点，合理安排人员岗位分工。

二是具备基本素质。消防工作站进行灭火应急处置中，需要专业的消防知识进行支撑，因此街道要求队员必须具备较好的学习水平和能力，通过不间断地学习消防专业知识，掌握消防技能，提升初战处置能力。并通过运用智能化系统，在多个模拟场景进行实战训练，进一步提高战斗力。

三是提高专业素质。街道专门组织社区消防工作站全体队员到漕河泾消防救援站（中队）进行专题培训，进一步加强队员扑救初期火灾、安全巡查与隐患整改、运用和发挥战术水平、熟练运用器材装备等技能，以更强大和更为丰富的消防专业知识来应对社区居民火灾。

（三）创新智慧赋能，强化宣传力

一是打造地区科教基地。根据徐汇区安委办关于设立常态化社区安全科教基地和区消防委关于建设高配版微型消防站的指示精神，在街道领导班子成员的提议下，采用数字技术来推动社区安全宣传教育水平。街道领导带队实地考察，引进多台VR安全实训设备，成为上海首家运用数字技术开展安全教育的社区。目前，街道消防工作站除具备出警、巡查等任务，还拥有宣传和教育功能，成为社区常态化安全科教基地。

二是开展体验式学习教育。消防工作站设有执勤室、装备室、2 个宣教室和 1 个集中充电站，配备了 VR 消防工作机、3D 模拟灭火台、VR 安全实训机、MR 消防训练器、消防绳结练习架、电瓶车充电安全教育屏、消防器材和应急物资展示架，以及品种多样的宣教资料。上述 VR 设备提供沉浸式互动体验，让社区居民身临其境地参与到火灾逃生、隐患查找、灭火器使用、多场景灭火、地铁火灾逃生等游戏中。通过调动体验者的心理和情绪更易被视觉、听觉和现场气氛等因素，真切模拟出人们遇到火灾时的真实反映。

三是持续创新教育方式。为满足城区安全状况特点和社会需求，不断引入更多安全教育视频、VR 安全教学软件。同时，还将添置 AED（体外自动除颤仪）训练器、CPR（心肺复苏）训练器，进一步丰富各类应急知识的授课手段。后续，将对 VR 消防工作机联网升级，引入 20 余部安全教育视频，并尝试让其作为街道城运平台的分支设备，实现社区风险地图投射演示，助力重大事故隐患排查整治行动的挂图作战。

三、经验成效

城市生活的主体离不开社区，而社区火灾发生的概率与经济的快速发展呈正相关的关系。经济发展的同时，社区火灾也处在高危运行阶段。社区微型消防站是当前和未来社会降低和消除初起火灾成灾的重要力量，加强地区微型消防站的现实意义。

微型消防站建设真正发挥了近距离优势，做到"打早、灭小"，降低和减少本区域、本社区人员伤亡和财产损失，从而有效降低"小火亡人"的火灾发生。2023 年 1—9 月，街道消防工作站共处置消防工单 180 余份，接警出动 38 起，处置初期火灾 14 起，极大地发挥了社区消防站的战斗功能。自 2017 年设置微型消防站以来，田林街道未发生因火灾导致的人员伤亡事件。

通过整合社区物业安保、平安志愿者等力量，构筑微型消防站的指挥架构，完成社区微型消防站的全覆盖，进一步提升了田林消防工作站作为社区消防运行指挥中心的感知、研判、协调和督促功能。根据徐汇区消防委在全区微型消防站运行通报中显示，田林街道社区微型消防站在实战调度得到了很好的应急联动响应，24 小时都能予以接报处置，接警出动率始终名列前茅，对初起火灾扑救处置起到了较大的效果。

微型消防站将消防救援、安全教育、应急演练相融合，2023 年以来协助街道开展了 1000 余次的各类消防安全宣传，28 场各类安全应急演练，极大的提升了辖区居民、企事业员工的安全意识、应急处置能力，真正做到"人人讲消防、个个会应急"。

专家点评

社区消防安全，尤其是老旧社区的消防安全始终是城市基层治理的一大难题，受房屋设施老化以及空间布局限制，老旧社区易发生火灾险情但有时消防车却很难第一时间进得去火灾现场，容易错失最佳火灾阻断和救人时机。基于此，田林街道进行了积极探索，在人防上下功夫，通过网格化管理思路，建立微型消防站，每个站点辐射覆盖2个居委会，目前形成"1+67+81"的微型消防站新模式。这种模式有助于最大限度地发挥社区微型消防站"3分钟到场和救早、灭小"的实战效能。在加强消防队伍能力建设、保持战斗力的同时，还将数字技术带入社区消防安全治理之中，发挥积极作用。田林街道的做法具有很强的现实参考意义：一是通过与社区治理、网格化治理紧密结合，聚焦辖区实际探索微型消防站模式；二是注重社区居民的参与性和主体性，除专业化、职业化的消防人员，将辖区内有经验的物业保安等成员纳入其中，发挥了保安队伍"保一方平安"的在地优势。

（徐选国　华东理工大学社会工作系副主任、副教授）

八、场景关键词：
加装电梯

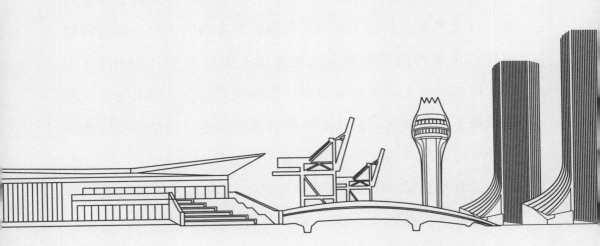

民以居为安。2022 年 7 月，国务院办公厅发布《关于全面推进城镇老旧小区改造工作的指导意见》，老旧小区改造工作驶入快车道。8 月，习近平总书记在辽宁省沈阳市皇姑区三台子街道牡丹社区考察时强调，老旧小区改造是提升老百姓获得感的重要工作，也是实施城市更新行动的重要内容。其中，加装电梯是对城镇老旧小区进行适老化改造和打造无障碍居住环境的关键，已成为破解"悬空老人"出行难题的一项重要民生工程。早在 2015 年，住建部和财政部联合发布《关于进一步发挥住宅专项维修资金在老旧小区和电梯更新改造中支持作用的通知》，探索建立老旧小区和电梯更新的多方资金筹措机制。自此之后，包括《政府工作报告》在内的多项党和政府的重要政策文件持续倡导为老楼加梯。2023 年 6 月 28 日，《中华人民共和国无障碍环境建设法》表决通过，从国家支持、部门推动、基层参与、群众配合等方面明确给予加梯工程以法律上的支持。

在社会需求和国家政策的推动下，我国各地纷纷出台相关管理办法，探索实施政府补贴、分段计价、支持公积金提取等举措积极推进老旧小区加装电梯工程。上海市作为全国超大型城市和最早迈入老龄化的城市之一，为老旧小区加装电梯的重要性与紧迫性更加凸显。在上海，加装电梯是践行人民城市理念的重要行动，不仅具有促进城市自身发展，打造幸福宜居之都的现实意义，同时在全国范围内也具有典型意义和示范价值。2011年，上海市出台《本市既有多层住宅增设电梯的指导意见》，开始启动既有多层住宅增设电梯试点工作，实现了从无到有的突破。2013年，《上海市既有多层住宅加装电梯设计导则（试行）》出台，成为全国第一部对既有住宅加装电梯的地方性技术文件。2014年，上海市发布新版《住宅设计标准》，在全国率先明确规定4—6层及以上多层住宅均应设置电梯的新要求。2019年，上海市住房和城乡建设管理委员会等十部门联合制定《关于进一步做好本市既有多层住宅加装电梯工作的若干意见》，要求进一步扩大加装电梯试点，并相应加大了政府政策的扶持力度。2020年，上海市就加装电梯后续管理问题出台《关于加强既有多层住宅加装电梯管理的指导意见》，提出"加装电梯所有权人可以按照'共建、共治、共享'的原则保障加装电梯后续安全平稳运行"。同年，既有多层住宅加装电梯被上海市列为民心工程，加梯工程按下"加速键"。2021年，加装电梯首次被纳入《上海市住房发展"十四五"规划》，加梯工程持续提速。此后，上海还就加装电梯中的审批管理、代建单位管理等出台了一系列文件。

关键词释义

加装电梯，指对未设电梯的既有多层住宅结合楼宇结构增设电梯，以方便老年人及行动不便者上下楼，提高居民居住舒适度与出行便捷度。

加装电梯与我国经济社会发展紧密相关，是伴随人口老龄化和城市社区发展而新生的公共需求和社区治理重点。中华人民共和国成立初期，我国人口处于高速增长期，同时多层住宅数量较少，未出现加装电梯的刚性需求；20世纪70年代末至90年代初，随着改革开放、现代化建设和城市化进程的不断发展，城市住房供不应求，无电梯的多层住宅成本低、工期短，可快速应对住房供求紧张局面，由此也造成了我国目前大量多层住宅未设电梯。电梯作为现代楼宇中重要的垂直交通工具，关乎人们的居住与出行体验，随着人们对生活品质的追求和社会老龄化的持续加速，多层住宅未设电梯的不便性日益凸显，加装电梯需求也逐渐迫切。

加装电梯不仅是解决居民出行难题的一项技术性手段，更是融合了人文关怀、城市温度的治理过程。无论是在政策层面还是行动维度，加装电梯都需置于社区和楼宇的微观环境以及居民的出行场景中进行具体考量，在居民刚性需求、房屋安全风险、社区邻里关系等多维面向中寻求平衡点。可以说，加装电梯过程是推动治理重心下沉，构建自治、法治、德治相结合的社区治理体系有效路径的探索实践，是城市治理的一个重要缩影。对此，上海市《关于进一步做好本市既有多层加装电梯工作的若干意见》要求以习近平新时代中国特色社会主义思想为指导，坚持"以人民为中心"的发展理念，遵循"业主自愿、政府扶持，社区协商、兼顾各方，依法合规、保障安全"的原则，以坚持"业主主体、推动业主协商、政府分级负责"为推进机制，通过开展前期评估，结合房屋实际情况因地制宜进行加梯设计，并配套政府资金补贴等相关扶持政策，实现"能加、愿加则尽加、快加"。

作为一项民心工程，加装电梯包含了从前期的动员协商、中期的建设施工到后期的运营维保等全过程管理。在动员协商阶段，根据上海市《关于调整本市既有多层住宅加装电梯业主表决比例的通知》，加装电梯应经由所在楼幢专有部分占建筑物总面积三分之二以上的业主且占总人数三分之二以上的业主参与表决，经参与表决专有部分面积四分之三以上的业主且参与表决人数四分之三以上的业主同意。这意味着面对不同楼层、不同群体的差异化、多样性诉求，加装电梯必须以更积极、更负责、更民主、更透明的方式进行意见征询与推广，加深居民对加装电梯的认知与认同，最终达成行动共识。如徐汇区凌云街道始终将全过程人民民主贯穿加梯工作始终，并发挥楼道"三人小组"作用，积极主动回应居民意见。在建设施工阶段，为确保加装电梯工程的有序开展和电梯的安全平稳运行，《关于加强既有多层住宅加装电梯代建单位管理等事项的通知》《上海市既有多层住宅加装电梯工程质量安全监督要点（试行）》等政策文件明确要求推动"实力强、经验足、服务优"的专业单位参与加装电梯建设管理。在运营维保阶段，为推进加装电梯的可持续发展，上海于 2021 年 8 月发布《关于加强既有多层住宅加装电梯管理的指导意见》，明确要求物业服务企业全程参与，并主动承接加装电梯所有权人的委托提供加装电梯的使用管理服务。徐汇区漕河泾街道房管所联合居民区"三驾马车"，设立电梯"养老金"，并明确小区物业为电梯的使用管理方。

徐汇区作为上海市中心城区，2000 年前建成的老旧小区占比超 70%，是加装电梯工作推进的重要阵地。为了更好地推进加装电梯工作，徐汇区在各街道镇全覆盖成立了加梯中心，编制了《徐汇区既有多层住宅加梯地图》、《徐汇区既有多层住宅加装电梯群众工作指南》（"红皮书"）、《徐汇区既有多层住宅加装电梯操作流程指南》（"白皮书"）、《徐汇区既有多层住宅加装电梯运维管理指导意见》（"蓝皮书"）等覆盖加梯全过程的指导意见，在保障加装电梯工程行稳致远的前提下，加快成片规模化的加梯进度，使百姓能够"一键直达"美好生活。

通过将楼宇空间的"硬改造"与邻里共情的"软治理"相结合，加装电梯工程营造的不仅是舒适便捷的出行场景，更承载了人们对于社区共同发展的愿景与展望。未来，在加装电梯过程中，以居民生活需求为导向，以基层资源结构为支撑的系统性、结构化、流程化的工作机制将在各地的实践中不断得以完善与突破，更多老旧小区、多层住宅将告别"爬楼时代"，开启"电梯时代"。

场景典型案例

为爱加梯
"跑"出电梯加装的"加速度"

凌云街道党工委、办事处

一、基本背景

凌云社区是徐汇区西南部的人口导入型社区，住宅类型以20世纪八九十年代的多层建筑为主。据统计，街道辖区内五至七层且无电梯的房屋共有2282个单元，居住人口约8万人。2023年，凌云街道从居民需求出发，结合辖区房屋实际情况，设定加梯目标100台。从2月2日街道召开加梯动员部署会起，至4月23日兴荣苑小区43号、77号楼加梯成功签约，80天完成了签约100台的既定目标，平均每天签约超过1台，28个居民区全部实现加梯"破零"。截至8月11日，街道累计完成签约100台，开工90台，"跑"出了凌云加装电梯的"加速度"。

二、主要做法

（一）以推进加装电梯回应居民之声

凌云社区 65 岁及以上的老年人口有 2.2 万人，占常住人口的 22%，随着老龄化程度日趋上升，"爬楼梯难"成了越来越多中老年人的"糟心事"，部分住在高楼层的老年人甚至几个月不敢下楼，只因为担心回家爬不动楼梯，严重影响了生活质量。要想从根本上解决这个共性问题，对既有多层住宅加装电梯无疑是当前最可行有效的路径。在日常走访居民区时，许多居民向街道领导表达了希望提速加梯的前期程序、早日梦圆加梯愿望。在 2023 年 1 月召开的凌云社区九届二次社代会上，代表们提出的加梯建议案多达十余件。民之所盼，施政所向。街道党工委、办事处经研究，决定将加快推进既有多层住宅加装电梯列为 2023 年街道的重点工作和民生实事工程，举全街道之力加速推动加梯项目在凌云尽早尽多落地见效。

（二）以强化党建引领夯实工作之基

社区的工作做得好不好，关键看党组织是否坚强有力。街道党工委深入贯彻落实"1+6"文件精神，年初确定 2023 年加梯 100 台任务，并提出开年就"签约一批、开工一批、交付一批、居民区目标责任书签约一批"的加梯攻略。党政主要领导总牵头，亲自主持召开动员部署会、中途推进会；亲自下沉居民区调研，排摸情况，了解民意；亲自听取具体工作汇报，研讨破解难题；亲自参加各小区加梯开、竣工仪式。班子成员按照五大片区划分，实施责任包干、挂图作战、靠前指挥。片区党委发挥组织和制度优势，在片区层面协调解决掣肘加梯的瓶颈问题。从街道到居民区，全体工作人员以开局就是冲刺的态度，"五加二、白加黑"的拼劲全身心投入到加梯中。市人大代表、梅陇六村居民区党总支书记卫华以小区全覆盖为目标，带领居民区干部包干到户，每天晚上召开居民会议，累计签约 33 台。梅陇三村居民区党总支原书记、尚艳华书记工作室带教书记尚艳华，以丰富的群众工作经验，协助居民区对持反对加梯意见的居民逐个上门做工作，争取居民对加梯的最大认同，已签约 38 台。上海市青年五四奖章获得者，凌云街道城建中心党支部书记、主任辛元平带领加梯办团队，连续四十多天放弃休息时间，来回奔波于各小区，宣传政策、解答问题，消除居民们的顾虑。正是每一个战斗堡垒、每一名战斗员的倾力付出，拧成了一股红色麻绳，有力地串起加梯之路，使整个凌云的加梯工作在短时间内取得了突破性进展。

（三）以推动多元参与探寻破题之策

加装电梯项目具有政策法规强、项目周期长、审批环节多、涉及单位广、协调难度大等特点。尽管业委会是实施该项目的主体，但是街道、小区"三驾马车"、加梯代建单位能否通力协作以及居民是否理解配合，往往会成为加梯项目成功与否的关键因素。街道总结往年加梯工作经验，以完善党建引领下的社区治理格局为抓手，最大限度调动多元力量积极参与，着力破解加梯中推进的难点堵点。针对少数反对加梯的居民，始终将全过程人民民主贯穿加梯工作始终，让加梯在阳光中进行，接受各界监督。发挥楼道"三人小组"作用，主动回应居民意见顾虑，晓之以理、动之以情，让群众做群众工作。组织居民参观已交付使用的电梯，亲身感受加梯带来的便利。针对部分居民出资难的困境，试点动员家庭亲属资助、代建单位让利、邻里友好互助、借力金融信贷，以及创新凌云社区基金会，开展"梯"升幸福、暖心帮扶相结合的"4+1"方案，多措并举解决居民自筹资金筹措难。针对管线移位，与水、电、气、通信等公司开展党建联建，试点管线移位勘测设计提前启动、规划提前公示、安全论证批量评审，从而将"人等方案"转变为"方案等人"。针对特殊情况，积极与市、区相关部门协调寻求支持。化工一四村128、129号房屋距离河道不足5米，尽管征询同意率超过四分之三，但由于地理位置限制，该房屋在最初的可行性评估中被列为"较难加装"。对此，街道搭建平台，牵头区建管、规资、水务等部门反复踏勘、设计、论证河道加固方案，并协调市安监所进行专家评审，确保施工安全。目前该两个加梯项目已成功签约待开工。

三、经验成效

一是始终坚持党建赋能。强化党建引领作用，把发挥党组织的优势放在加梯工作的核心位置，将党组织的凝聚力转化为加梯的源动力。特别是做实楼组党组织功能定位，并以党员的先锋行动带领和影响楼组群众积极支持参与加梯工作。如：梅陇四村 62 号楼的一位老党员曾多次召集党员到其家中，学习加梯政策、流程，谋划楼道加梯，主动担当三人小组组长，动员凝聚居民，助推楼道成功加梯。梅陇六村 50 号楼和 56 号楼的老党员分别为自筹资金有困难的邻居垫资 8 万元和 10 万元等等。

二是始终坚持依靠群众。将获得最广大群众的支持理解作为推进加梯的着力点，以组建加梯工作小组、召开加梯推进会，以及挖掘居民"达人""能人"、群文组织领头人等形式，搭建居民议事平台，传递加梯政策信息，帮助化解矛盾纠纷，汇聚加梯支持力量，推动居民达成加梯共识。如：梅陇六村党总支依托社区车主联盟对不同意加梯的有车业主反复上门宣传，动员说服持反对意见的业主转变为加梯同意者。华理苑教师公寓通过老校长、老教师、老同事的影响力，挨家挨户与业主沟通，助推小区加梯实现全覆盖。

三是始终坚持依法依规。在加梯工作推进前期，严格执行相关政策法规，指导居委、业委会按照操作程序规范做好意见征询、筹资分摊、协议签订、项目申报等。在项目实施中加强事前把关、事中巡查、事后"回头看"的全方位监管，打牢施工安全质量基础，以过硬的质量，优质的服务赢得居民群众的口碑，使加梯真正成为提升住宅品质、提高住宅功能、增加居民获得感幸福感的一项民生工程。

四是始终坚持典型引路。街道把率先启动加梯的梅陇三村形成的"党建赋能叠加居民自治，各方主动担责合力推进"实现一次签约 18 台和梅陇六村"针对小区特点多元发力，推进加装电梯规模化"的经验，在加梯工作简报中加以报道推广。并编发了《党建赋能叠加居民自治，推进小区成规模加装电梯》《运用多元化调解手段，推进小区成规模加装电梯》的案例，为其他居民区有效推进加梯工作提供了有益的启示。

专家点评

老旧住宅改造是我国城市化发展过程中面临的新问题、新趋势、新任务。随着城市化程度的不断加深，建设功能更加完善、环境更加宜居、文化更加和谐的新社区，是城市基层社会治理的必然要求。在这一背景下，电梯加装是老旧小区治理改造中的一项民心工程。但是，在集中居住的社区结构中，电梯加装必然因其诉求多元、利益多元而形成一个矛盾易发的治理环境。因此，电梯加装不仅仅是一个设施改造问题，更是一个复杂的社会治理问题：既有不同楼层之间的居民矛盾，也有居民、物业、业委会、承建方、安装方之间的推进矛盾，更有资金、管线、仓储、管理、维护等多维问题。凌云街道通过多个维度的机制创新和持续不懈的工作努力，成功实现了"百梯加装"：一是自治机制，坚持协商在前、自治在前的原则，让群众做群众工作；二是协调机制，通过金融、资助、让利等多种方式解决出资难问题；三是联建机制，通过党建联建解决水、电、气、通等多维问题；四是公开机制，在建设过程中多公开、早公开，最大限度减少居民的顾虑。

（李威利　复旦大学马克思主义学院副教授）

便捷上下之后
探索电梯加装及后续维保新实践

漕河泾街道党工委、办事处

一、基本背景

既有多层住宅加装电梯工作，事关千家万户，是群众家门口的"民生大事"。徐汇区漕河泾街道辖区早期建设的既有多层住宅普遍缺乏电梯，老年人比例较高，给居民特别是老年人出行带来诸多不便。近年来，街道围绕徐汇区委、区政府"建设新徐汇、奋进新征程"目标任务，在区房管局的大力支持下，结合实际，多措并举，以实施"三旧"变"三新"民心工程为契机，大力推进既有多层住宅加装电梯工作。截至2023年8月底，辖区加梯累计签约120台、竣工91台、在建16台，已有77个楼栋居民签订电梯后续维保协议，极大地消除了加梯"后顾之忧"。

二、主要做法

（一）坚持点面结合，全覆盖整体推进

经前期排摸，街道共有可加装电梯楼组 327 个，涉及 22 个居委会 43 个小区，小区加梯的先天条件相对薄弱。针对该情况，街道坚持点面结合，对涉及既有多层住宅加装电梯的居民区干部、物业企业工作人员全覆盖开展业务培训。加大对加装电梯政策的宣传力度，聘请专业机构进驻小区举办答疑会、宣讲会，制作发放宣传折页，增加居民对该项措施的理解和支持。建立电梯加装服务平台，先后聘请两家专业第三方加梯服务公司，提供在线申请和咨询服务，为居民提供便捷申请和咨询渠道，对各加梯公司设计方案及施工管理提供专业指导意见，减少居民办事时间和精力成本。做实居民意愿大征询，摸清底数，挖潜增效。在"点上"，聚焦加装意愿集中的重点楼栋，主动上门宣传发动，梳理形成"一楼一策"，邀请骨干志愿者加入楼道自治小组甚至吸纳加入街道加梯工作站团队，做好心存顾虑群众的解释说明，加强生活困难居民的关心关爱，找准各方利益的平衡点。在"面上"，针对具有成片加梯条件的小区，倾斜工作力量，安排专人驻点，将电梯加装和住宅小区综合治理、管线移位、美丽楼道等项目相结合，形成叠加效应，努力将工作成效从楼组推向小区，带动片区。

（二）树牢问题导向，全流程细化指导

街道定期研究加梯推进中的难点问题和普遍性需求，因时因势调整重心、调配力量，对接居民区做好每一步工作流程、每一个时间节点的工作提示，确保同频共振。在具体加梯工作中，街道房管所、加梯小组及小区"三驾马车"通力合作，加大对加梯全周期管控，主动引导居民选择实力强、经验足、服务优的加梯代建单位，推动相关工作规范、有序开展；及时发现风险点，为有加梯矛盾及资金风险的项目搭建平台，与居民、物业等各方开展广泛协商，听取居民意见和需求，促使各方平等对话、达成共识，共同决定加装电梯的具体方案和实施方式，增强群众参与感。比如，科苑新村某楼栋加梯工程因总包和分包矛盾导致项目处于停工状态，街道联合区房管局多次搭建平台，经多方努力，帮助居民成功变更项目代建方并恢复施工，目前该项目已顺利竣工。

（三）着眼未来长远，全方位防范风险

加装电梯项目完工后，将会面临电梯日常如何管理维护等一系列问题。目前，加装电梯的后续运维资金筹集途径主要有三种，包括：政府补贴资金的部分留存；公共收益的补充；加装电梯所有权人续筹。辖区前期已签约电梯中有 73 台存在第三方企业垫资情况，待政府补贴资金到位后，须返还给垫资公司，这些电梯后续维修保养经费无法通过政府补贴资金的部分留存的途径筹集。针对该问题，街道注重协商于民、协商为民，依托居民区党组织搭建协商议事平台，引导居民制定电梯后续维修保养方案。比如，康健路100弄某楼栋电梯竣工后，街道房管所主动与居民区党总支、业委会及加梯三人小组进行沟通，宣传筹措电梯运维资金相关政策。积极发动居民区干部、三人小组和志愿者，与对电梯运维资金政策不理解的居民单独沟通，让他们充分认识到设立电梯"养老金"的重要性和必要性。房管所联合小区"三驾马车"召集楼内出资业主召开会议，通过宣传政策、举例说明、答疑解惑等方式，最终指导该楼业主运用居民自治公约、业主自治规约的形式形成决议，按比例筹集10万元电梯运维费，并将该笔费用存进专项账户。该楼栋业主与小区物业服务企业签订委托服务协议，明确小区物业成为电梯的使用管理方，确保电梯正常投入使用。

三、经验成效

一是党建聚力，深化人民民主实践。充分发挥居民区党组织战斗堡垒作用，将群众意愿贯穿加梯项目工程始终。比如，金牛花苑整建制小区加梯工作中，居民区党总支推动各楼栋成立自治"三人小组"，提高一、二楼党员以及年轻人加入小组的比例。街道与居民区积极搭建联席会议平台，召集市住宅修缮中心、区房管局、加梯企业、管线迁移单位、物业、业委会等相关单位，每两周召开一次联席会议，充分听取居民意见，切实解决停车位、地下管线等问题，确保22个月完成40个楼栋全覆盖加梯并投入使用。依托区房管局同步落实美丽家园改造，根据群众需求做好小区外墙空调机、晾晒杆、楼道扶手、地砖、非机动车充电桩等相关设施调整更新，推动整体面貌焕然一新。在实施强弱电管网入地项目时，正逢高温时间，居民区党总支带领楼组长、志愿者逐户上门告知停电计划和应对准备，确保工程平稳有序完成。

二是居民自治，共商电梯管理方式。加梯的过程是民主意见的统一过程，加梯后运维方案的协商确定，更是高度考验"三驾马车"的协商调解能力，从加梯前期"协商难"，到后期"运维难"，加梯全过程都是难啃的"硬骨头"。街道明确要求加梯企业在开展加梯工作征询时，应同步告知楼栋居民，政府补贴资金要部分留存作为后续维保金，为电梯日常管理维护提供保障，积极引导群众友好协商，确定管理方式。比如，三江路301弄小区某楼栋在最开始加梯征询时，已同步征询加梯后续采取何种管理方式、留存多少资金用于后续维保等事宜。经全体出资业主多次讨论商议，一致认为让小区物业服务企业来管理是最优选项，但就留存多少资金用于后续维保，业主意见始终无法统一。面对该情况，街道房管所主动参与讨论，向该楼栋居民分享已投入使用的电梯管理做法经验。经过民主友好协商，楼内出资业主全权委托加梯三人小组与物业洽谈商议接管电梯事宜，最终确定管理方案：加梯三人小组代表全体出资业主将电梯的日常管理、清洁卫生工作交给物业负责，每年从12万元留存金中支付给物业3500元；维保工作在电梯厂商的质保期后由物业委托给专业单位，实际产生费用从留存金中支取。

三是总结经验，复制推广维保模式。加装电梯极大方便居民日常出行，后续维修和保养更深深牵动居民的心。针对前期加梯企业垫资、不垫资两种情况均存在的状况，街道已投入大量精力协调处理，其间形成的宝贵经验将为探索"加梯后"时代运维处理提供有效路径和范式模板，为仍对加梯存在顾虑的群众提供充分的经验借鉴。通过提前告知居民维保金筹措方式，充分保障居民了解加梯全过程资金筹措情况，有效避免因信息不对称造成不理解。后续，街道还将积极复制推广成功模式，不断探索并完善电梯维保新方式、新方法，努力形成内容全、用途广的维保体系，力争让更多群众能够在加梯后享受有序的运维管理服务，确保加梯工作真正惠及百姓，不断增强群众的获得感、幸福感、安全感。

专家点评

电梯加装已成为重要民生实事工程，然而在电梯加装日益普遍的情形下，电梯维护维修等议题则陆续浮出水面，成为社区治理中不得不面对的新任务和新议题。面对加装电梯与后续维保有机顺畅推进，漕河泾街道坚持点面结合、问题导向和长远发展的原则和策略，以系统思维、立体行动、闭环机制等指导推进电梯加装和电梯维保工作，在此基础上，已有77个楼栋居民签订电梯后续维保协议，极大地消除了加梯的后顾之忧。漕河泾街道在电梯加装与后续维保方面的工作具有以下启示：一是注重将加梯工程视为系统性工程，只有建立从加装意见征集到正式运营再到后续运营维护的全过程机制，才能保障电梯加装这一民生实事工程真正长久惠民生；二是注重党建引领多元联动，形成电梯加装、维护的跨界共同体，充分发挥党组织核心统筹作用，调动物业、业委会、辖区单位等主体的积极优势，真正形成治理合力；三是注重激发社区居民的自治性和主体性，调动居民成为电梯加装、维护的主人翁。

（徐选国　华东理工大学社会工作系副主任、副教授）

九、场景关键词：
垃圾分类

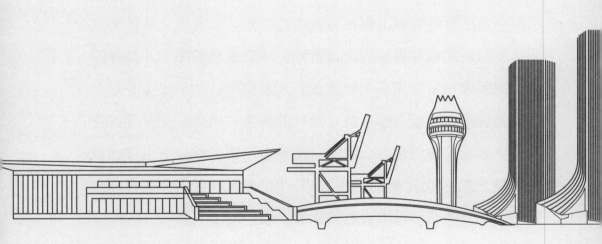

随着我国经济社会发展以及城市化进程的加快，城市人口密度显著增加，城市生活垃圾产生量大、堆存量高等问题成为无法忽视的"城市病"。习近平总书记十分关心垃圾分类和资源化利用工作。2016年12月，习近平总书记主持召开中央财经领导小组会议研究普遍推行垃圾分类制度，强调要加快建立分类投放、分类收集、分类运输、分类处理的垃圾处理系统，形成以法治为基础、政府推动、全民参与、城乡统筹、因地制宜的垃圾分类制度，努力提高垃圾分类制度覆盖范围。2018年11月，习近平总书记在上海考察时强调："垃圾分类工作就是新时尚！"2023年5月，总书记对推进垃圾分类工作提出殷切期望："垃圾分类和资源化利用是个系统工程，需要各方协同发力、精准施策、久久为功，需要广大城乡居民积极参与、主动作为。"

作为我国生态文明建设的重要内容，垃圾分类不仅是关系广大人民群众生活环境的关键小事，更是关乎社会可持续发展、体现精细化治理的民生大事。2017年，国家发改委和住建部制定《生活垃圾分类制度实施方案》，确定在46个重点城市实施生活垃圾强制分类。2019年，住建部等九个部门联合发布《关于在全国地级及以上城市全面开展生活垃圾分类工作的通知》，进一步将全国地级及以上城市纳入其中，城市生活垃圾分类逐渐进入"全民强制"时代。2020年，新修订的《中华人民共和国固体废物污染环境防治法》施行，将垃圾分类作为固体废物污染环境防治的重要制度列入总则当中，以法律的形式确定下来。截至 2022 年底，我国 297 个地级以上城市已全面实施生活垃圾分类工作，居民小区平均覆盖率达到 82.5%，一条具有中国特色的生活垃圾处理绿色转型之路也已初具雏形。

对生活垃圾进行高效分类处理、提高资源利用率是上海城市管理的一项重要任务。早在 20 世纪 90 年代，上海就开始了垃圾分类的探索，在 1995 年正式拉开规模化、体系化的生活垃圾分类序幕。随后逐步展开有机垃圾、无机垃圾、有毒有害垃圾"三分法"的试点工作。2000 年，上海作为全国首批垃圾分类试点城市，启动了首批 100 个小区垃圾分类试点工作，并将"有机垃圾、无机垃圾"调整为"干垃圾、湿垃圾"，随后陆续出台了《上海市生活垃圾管理规定》《上海市市容环境卫生管理条例》等相关文件，进一步细化垃圾分类工作。2019 年，《上海市生活垃圾管理条例》正式实施，将垃圾明确为"四分法"，包括可回收物、有害垃圾、湿垃圾和干垃圾，并规定生活垃圾分类为上海市民的法定义务。垃圾分类治理由先前典型的"软引导"模式过渡到强制分类模式，将生活垃圾分类治理引入"快车道"。从"扔进一个筐"到"细分四个桶"，垃圾分类习惯已在上海市民日常生活中逐渐养成。从

"规定工作"到"自觉动作"，从"新时尚"到"好习惯"，垃圾分类在上海的深入推进，是践行习近平生态文明思想的生动注脚，也是用"绣花功夫"治理超大城市的缩影。

关键词释义

垃圾分类，指根据特定规定或标准将垃圾分类存储、分类投放和分类搬运，从而转变成公共资源的一系列活动的总称。在分类储存阶段，垃圾属于公众的私有品，经公众分类投放后成为公众所在小区、社区等区域性公共资源，后搬运到垃圾集中点或转运站后成为没有排除性的公共资源。垃圾分类具有社会、经济、环境等多重效益。根据《"十四五"城镇生活垃圾分类和处理设施发展规划》，提升全社会生活垃圾分类和处理水平，是改善城镇生态环境、保障人民健康的有效举措，对推动我国生态文明建设实现新进步、社会文明程度得到新提高具有重要意义。

居民是城市生活垃圾的产生者、受害者和处理者。城市生活垃圾的产量与结构随着城市人口数量和消费结构的改变而发生变化，若生活垃圾处理不当，将危害城市居民身心健康，影响生活质量。因此，作为垃圾分类处理的源头与责任主体，居民的积极参与是形成人人参与、责任共担氛围，构建开放的垃圾分类治理体系的必要前提。

　　垃圾分类作为一场全民性行动，是践行"人民城市人民建，人民城市为人民"理念的重要实践，也是超大城市精细化治理的试验田。超大城市人口规模庞大，居民区情况各异，人群构成复杂，在生活垃圾分类的具体实践中，如何实现全域生活垃圾精准分类全覆盖，在解决普遍性难题基础上又能有效解决特殊性、少数派难题，考验着基层治理智慧。从上海多年实践来看，垃圾分类不仅是生态场景层面的民生行动，更是以社区为基本单位，在社区（村）党委统筹下，调动居（村）委会、物业服务企业、业委会、志愿者等多方力量促进居民形成行动自觉的治理过程。因此，将垃圾分类融入基层治理体系与治理能力建设至关重要。

　　自《上海市生活垃圾管理条例》实施以来，徐汇区多措并举开展垃圾分类治理，实现了生活垃圾分类全覆盖，居民分类投放达标率已达95%以上。首先，在设施改造上，进行垃圾库房"四分类"标准化改造，并根据不同小区人口流动性及特殊功能需求，补齐洗手池、建筑垃圾堆放点等功能。在科技赋能上，全市首创"两网融合数据运用平台"，实现垃圾分类实时管理，构建完善小包垃圾治理、分类实效追踪等一网统管场景建设。在营造社会共识上，建设"碳汇科普体验馆"，将低碳生活知识融入居民熟悉的居家生活场景中。在此行动框架下，徐汇各街镇、楼宇等也积极探索一套符合自身需求的生活垃圾分类治理模式，如康健街道探索形成"重视分""愿意分""优化分""精准分"的垃圾分类工作逻辑，注重党建引领、宣传动员、硬件配置与培训考核；漕河泾街道创造性提出"1+3+5"工作法，在漕河泾实业大厦实行各楼层分类投放，通过物业"上楼"收集、集中收运处理的管理办法实现垃圾日产日清；凌云街道通过组建"梅陇路志愿者一条街"、凌云"小小志"等垃圾分类志愿队伍带动居民自觉践行垃圾分类新时尚，实现垃圾分类全年龄段覆盖。

总的来说，垃圾分类的有效实施依托于多元互动、多方联动的社会治理体系。将统筹规划、因地制宜、市场导向、多方共治等治理思维贯穿垃圾分类工作全程，使垃圾分类在各个治理主体与各环节间形成链接、分工与合作，是不断持续优化垃圾分类管理制度、健全全程产业链循环机制、提升公众垃圾分类环保意识，从而推动城市治理体系与治理能力现代化高质量发展的内在逻辑。

场景典型案例

"四分"聚力
打出垃圾分类升级版"组合拳"

康健街道党工委、办事处

一、基本情况

为进一步落实"推动垃圾分类成为低碳生活新时尚"的指示精神，康健街道围绕生态社区的总体愿景，聚焦垃圾分类"关键小事"持续发力，改善硬件设施，加强执法监督，营造浓厚氛围，提高辖区垃圾分类工作实效。

康健街道位于徐汇区西南部，东起柳州路，西至虹梅路，南临沪闵路，北抵漕宝路。共有 25 个居委、64 个小区，常住人口约 10 万人。近年来，街道所属小区、单位、商铺垃圾分类已实现覆盖率 100%，湿垃圾运送量由原来的 3 吨 / 天增加到 25 吨 / 天，干垃圾运送量由原来的 72 吨 / 天减少到 40 吨 / 天；建设"两网融合"服务点 27 个，区级指标完成率 100%。以良好垃圾分类成效推动市容环境干净、整洁、有序，近年来街道在上海市容环境满意度测评中保持全市前十。

二、主要做法

（一）加强领导，统筹合力

一是搭建专班，夯实机制。街道党政主要领导牵头组建工作专班定期会商，社区管理办牵头，会同城建、城运、环卫夯实联席会议机制，及时通报各小区存在的问题并协调解决。二是制定方案，明晰职责。制定工作方案和操作手册，明确工作标准和部门职责，居民区全覆盖建立党组织、居委会、业委会、物业"四位一体"联动机制，提升工作质效。三是加强督查，完善考核。将垃圾分类实效纳入物业年度考核和业委会规范化建设，依托网格治理加大对沿街商铺、重点小区巡查力度，每周开展联合执法，整治违法行为，网格巡查员每两天对整改区域"回头看"，形成问题"发现—处置—巩固"闭环机制。截至2023年8月底，对辖区内沿街商铺生活垃圾分类检查752家，其中现场告诫102家，处罚136家。

（二）精准施策，稳步推进

一是分类推进，动态优化。根据小区、单位和公共场所特点分类制定工作方案，全覆盖推进，高标准对标，因地制宜设置垃圾库房探头51个、智能投放箱1个，建筑垃圾投放箱2个，结合走访调研、日常检查跟踪运行成效，动态优化工作方法路径。二是精细管理，重在养成。严格落实"十个一"规范动作的同时，鼓励各小区结合居民习惯制定"一小区一方案"，灵活满足居民投放需求。依托门责管理联席会发挥沿街商户门责自律积极作用，以"红黑榜""星级文明商户"评比激发商户履责意识。三是问题导向，智慧赋能。针对当前存在的难点顽症，探索深度定制建设应用场景，对小包垃圾落地、干湿垃圾混投、污水外溢、垃圾桶满溢等常见问题进行智能监控，实现自动识别、实时报警、闭环处置，推动"一键"提升垃圾分类全流程管理能级。

（三）创新宣传，营造氛围

一是自治共治，凝聚合力。依托社区"微网格"，组织社区党员、志愿者等骨干力量进行形式多样宣传培训，培育垃圾分类志愿队伍；依托区域党建平台携手区域单位、辖区高校等，在分类清理、宣传引导实践中共同守护美丽家园。二是线上线下，拓宽渠道。以首个全国城市生活垃圾分类宣传周为契机，组织围墙内外共同开展专题宣传，利用"乐美康健"微信公众号、宣传栏张贴海报、标识标牌等方式，全社区营造浓厚氛围。三是创新宣传，厚植意识。聚焦一老一少开展特色性宣传活动，结合老年群体特点丰富物品置换、有害垃圾兑换、积分兑换等形式，巩固良好分类习惯；携手幼儿园、中小学开展知识竞答、现场观摩、手抄报绘画比赛等，从小厚植环保意识。

三、经验成效

一是在"重视分"上强化党建引领。注重发挥党组织的引领作用，将党的组织优势转化为垃圾分类工作的治理优势，将党的凝聚力转化为垃圾分类工作的行动力。每月通报考核情况，梳理难点、堵点，依托片区治理平台会同条线部门研商解决措施。将垃圾分类工作纳入街道城市精细化管理工作职责和居民区党组织管理工作职责，居民区党组织发挥桥头堡作用，号召动员先锋党员，践行垃圾分类新风尚，带动更多人从我做起，培养垃圾分类好习惯。

二是在"愿意分"上注重宣传动员。垃圾分类重在久久为功，持之以恒。针对居民区，大力培育垃圾分类志愿者骨干，完善激励机制，结合全国城市生活垃圾分类宣传周，通过垃圾分类知识宣讲、垃圾分类情景剧、回收垃圾献爱心等月度活动，让居民群众在参与互动中，从"要人人分"转变为"人人愿分"。针对沿街商铺，依托上海市2022年度十佳自律组织康健街道门责管理商家联席会，持续加强门责宣导，线上发布"红黑榜"，线下结合"开店一件事"做好引导。

三是在"优化分"上提升硬件条件。以垃圾分类基础设施建设为抓手，夯实精细化管理。结合"三旧"变"三新"民心工程，在缺少建筑垃圾库房的紫薇园小区试点清运新模式，经小区"三驾马车"协商及业主表决，设置建筑垃圾投放箱，有效解决困扰小区多年的建筑垃圾堆放问题。持续推进6个小区生活垃圾分类精品示范居民区创建工作，对垃圾库房实施精品化改造，创造整洁美观、便民惠民的投放环境。

四是在"精准分"上重视培训考核。培训、考核两手抓，提升干、湿垃圾的分类精准度。结合"满意物业"品牌创建，加大对物业服务企业的监督、检查、考核力度，严格落实管理责任，细化考核标准。对库房二次分拣员分层分类定期培训，针对常见性反复性问题专项讲解，同步完善分拣员考核办法，做到奖惩分明，强化激励导向。

下一步，康健街道将坚持践行人民城市重要理念，依托党建引领片区治理平台持续深化垃圾分类工作机制，进一步压实责任链条，健全管理闭环，推动软硬件一体化改造提升，努力育成一支专业队伍，带动一批社区骨干，建立一套应用场景，形成一批示范精品，以"关键小事"撬动"民生大事"，持续增强康健社区居民生活幸福感、获得感，为新时代"康乐工程"增添新注脚。

专家点评

如何巩固生活垃圾分类实效，引导市民养成垃圾分类文明习惯，康健街道打出垃圾分类升级版"组合拳"，为我们提供了非常好的启发和借鉴。第一招，增强垃圾分类基层治理能力。通过建立工作专班，夯实联席会议机制以及居民区联动机制，让各方形成责任意识和监管机制。第二招，提升垃圾分类便利性。在推进垃圾分类全覆盖工作中，因地制宜、因需施策、分类推进，有效提高居民垃圾分类意愿和体验感。第三招，凝聚各方力量，营造良好氛围。通过发动自治共治、凝聚各方合力、广泛宣传引导，形成激励机制，实现垃圾分类自我管理、自我服务、自我教育。垃圾分类是一项系统工程，康健街道把这项工作做实、做细、做深，整体谋划推进好这件"关键小事"。未来，可在增加垃圾分类便利性的同时，注重加强智能化监管，发挥好市场机制作用，培育好循环经济，让垃圾分类可持续发展。

（吴同　华东师范大学社会发展学院
社会工作系副主任、副教授）

以"1+3+5"工作法
打造商务楼宇生活垃圾分类样板

漕河泾街道党工委、办事处

一、基本背景

自 2019 年起，上海实施生活垃圾分类已四年多，按照四分类进行垃圾投放已经从生活"新风尚"变成市民的良好习惯。漕河泾实业大厦（以下简称实业大厦）是徐汇区漕河泾街道辖区内的标志性商务楼宇之一，也是街道坚持党建引领下推动商务楼宇生活垃圾分类的"样板楼宇"。实业大厦现入驻单位共 20 家，日均产生干垃圾 6—12 桶，湿垃圾 2—3 桶。相比居民区，商务楼宇单位数量多、企业员工流动性大，垃圾分类工作推进颇有难度。为破解楼宇垃圾分类难题，街道积极发挥楼宇党组织引领作用，充分调动实业大厦物业、企业、党员、白领等多方积极性，总结垃圾分类经验，找出推进中的堵点难点、楼宇关注的焦点重点，探索总结具有区域普适性的"1+3+5"工作法，全力形成垃圾分类责任闭环。

二、主要做法

（一）"1"——一个引领

一是职能部门全程推动。街道管理办、城建中心多次上门与实业大厦物业负责人深入沟通单位垃圾分类事宜，整合城管、市场监管等行政执法力量，成立专门队伍开展执法监督。加强宣传教育，从企业单位入驻伊始就提供"致企业的一封信""垃圾分类小常识"等宣传资料，帮助指导楼宇做好组织动员、宣传发动等工作。

二是楼宇物业全面发动。实业大厦物业加强硬件升级和服务管理配套，优化再造垃圾分类清运流程，建立分类投放、分类收集、分类运输、分类处理的垃圾处理系统，确保从源头抓好垃圾分类，推动楼宇垃圾分类工作落细、落实。

三是党员群众全力带动。漕河泾街道积极推动党建工作向垃圾分类延伸，通过区域化党建联盟，结合各类公益活动项目，引导"两新"党员、白领大力倡导低碳生活，提高环保意识，争做垃圾分类的参与者和引领者。

（二）"3"——三圈融合

一是打造专业圈。在设施布局方面，实业大厦物业作为楼宇生活垃圾分类管理责任人，在楼内按照标准完成垃圾分类设施设备配置工作，各楼层均配齐四种不同分类指引标识的垃圾分类桶，方便上班族在各自工作楼层就近扔垃圾。安装垃圾分类宣传栏、公示牌、分类牌等 50 余处，为垃圾分类工作营造氛围。物业为入驻企业提供分类垃圾桶 70 余个，指导和督促企业规范投放。在运行管理方面，实业大厦实行各楼层分类投放，通过物业"上楼"收集、集中收运处理的管理办法，做到垃圾日产日清。同时，配置专业垃圾分类保洁员进行二次分类，提高垃圾纯净度。在专业支撑方面，物业单位认真履职，内部全员进行垃圾分类全覆盖培训，落实日常管理。实业大厦不定期组织楼宇内企业单位进行分类知识学习，提升员工垃圾分类意识。

二是聚焦共治圈。携手共治，多维覆盖。依托街道区域化党建平台，物业单位向入驻企业发放《单位生活垃圾分类责任承诺书》，由企业法定代表人签订公约，落实自我管理和相互监督，明确商务楼宇垃圾分类各参与主体的任务职责，承诺书回收率达 100%。物业还牵头向楼内全体企业发出倡议，共同实现生活垃圾减量化、资源化、无害化的目标，完善垃圾分类"约法三章"。自治自律，多元举措。结合企业自身特点，实业大厦形成垃圾分类自治自律自管机制。不少入驻公司主动倡导绿色办公、低碳消费，主动减少使用一次性用品，从源头上实现生活垃圾减量。入驻的漕河泾社区食堂推出半份饭、半份菜等举措，有效引导顾客适度合理点餐，厨余垃圾量相比之前减少三分之二，通过节约粮食、适度用餐，给垃圾终端处理设施"减负"。社会参与，多方监督。街道主动邀请"两代表一委员"到实业大厦视察垃圾分类情况，听取代表、委员意见建议，针对代表、委员提出楼宇垃圾以干垃圾与可回收物为主，打印机墨盒、废电池等有害垃圾相对较多的情况，街道引入专业力量开展定期督导，及时发现问题、解决问题，目前有害垃圾和可回收物的分拣量均有 50% 以上提升。

三是引领时尚圈。行动时尚，广宣传。街道因地制宜加强垃圾分类宣传推广，组织实业大厦白领青年，以志愿服务形式，面向社区居民、过往路人、沿街商铺等进行垃圾分类宣传，30 余名青年白领投身志愿者行列，唱响垃圾分类"大合唱"。白领青年志愿者服务队还通过线下宣讲分享经验等方式，传播垃圾分类知识，努力让"垃圾分类、全民参与"成为共识。方式时尚，强联动。漕河泾街道、实业大厦通过多方联动，积极开展喜闻乐见的垃圾分类活动，例如分类知识趣味通关赛、游园日、回收物手工艺品制作等，用趣味游戏打开分类大门，让更多白领自觉践行垃圾分类新时尚行动。宣传时尚，高质量。漕河泾街道制作垃圾分类文创 U 盘、书签、鼠标垫，向实业大厦员工发放，迅速在白领人群中掀起"时尚低碳风"。通过发放宣传折页和新媒体、电子屏、宣传栏等多种平台，宣传垃圾分类知识，不断扩大宣传覆盖面。

（三）"5"——五大机制

一是建立"一楼一策"机制，科学合理巩固实效。大厦物业切实履行工作职责，坚持规范垃圾分类流程执行和配套管理，建立"一楼一策"工作机制，根据楼层特点，科学合理设置垃圾桶组合，加强保洁力量对各楼层生活垃圾定时清运。积极探索"三长制"工作方法，即由物业经理担任"楼长"，保洁人员担任楼层"层长"，每个驻楼企业设置一位"桶长"。入驻的平霄律师事务所负责人表示，"通过与物业共同制定分类收集流程，由行政人员担任'桶长'，保洁阿姨作为'层长'做好监督，做到不分类不收集。每个工位旁不再放置垃圾箱，让员工少产生垃圾，从源头减量"。

二是建立多方联动机制，激活分类"神经末梢"。街道通过前期志愿者招募，组建一支垃圾分类专项志愿者团队，积极践行"块区督导＋志愿者"模式。街道专门为该支志愿者队伍开展培训，进一步提高队伍督导效能和实践能力。该支团队进驻实业大厦，围绕了解情况、发现问题、分析问题到解决问题的全流程，对物业工作人员和入驻企业进行垃圾分类宣传讲解，不断优化楼宇分类措施。

三是建立数字巡查机制，掌握点位动态情况。组织物业、白领志愿者每日开展巡查，针对垃圾分类存在的问题情况进行记录，做到即查即改，帮助实现动态管理。设立"红黑榜"垃圾分类管理奖惩措施，建立完善再生资源回收体系，让垃圾分类更加规范。强化多部门协同监管，城管、市场监管、市容等多个部门共同协力，营造良好垃圾分类环境。

四是建立监控管理机制，推进垃圾智慧管控。垃圾分类监控摄像点位实现全覆盖，所有楼层监控数据接入至物业监控系统大屏，实时巡查投放情况。一方面，探头可以智能监管，自动识别违规投放等行为。另一方面，探头附带语音通信功能，若发现违规行为可以在后台及时进行语音提示。通过引入智能化设备，垃圾分类督导管理工作开展更加高效。

五是建立长效管理机制，确保分类常态开展。巩固垃圾分类实效，落实全过程监管是关键。实业大厦运用数字化手段赋能科学管理，确保生活垃圾分类工作常态开展。新冠疫情防控期间，实业大厦坚持疫情防控和垃圾分类两手抓、两手硬，引进专业消毒设备，定期对楼宇垃圾投放处消杀，同时加大宣传告知力度，努力让员工始终坚持自觉分类。

三、经验成效

在一系列举措的推动下，目前，实业大厦分类普及率达100%，企业员工分类意识得到强化，全员参与率极大提升，分类准确率达98%以上。

一是党建引领统筹规划，垃圾分类有力有序。漕河泾街道以党建为引领，积极发挥楼宇党组织的引领作用，充分调动实业大厦物业、企业、党员、白领等多方积极性，持续探索"党员带头、物业履责、企业自治"的垃圾分类工作方法。

二是共治自治齐头并进，多方合唱共同参与。相比居民区，实业大厦单位数量多、企业员工流动性大，垃圾分类工作推进颇有难度。对此，漕河泾街道积极推进"专业圈、共治圈、时尚圈"三圈融合，提高垃圾分类渗透度，逐一破解楼宇垃圾分类难题。

三是全面覆盖注重实效，良性互动赋能管理。如何进一步提升垃圾分类与实业大厦整体"气质"的契合度，也是考验街道与楼宇的难题。近年来，实业大厦从完善分类设施、加强指导监督和规范收集运输等多个方面入手，逐渐探索形成五大机制，进一步指导入驻企业不断提升垃圾分类水平。

下一步，漕河泾街道还将继续发力，积极探索楼宇垃圾分类新做法，利用"互联网+"以及"大数据"翅膀，进一步提升楼宇企业对垃圾分类的知晓度、认同度、参与度，让垃圾分类从口号变为习惯，实现街道全域商务楼宇生活垃圾分类全面提质。

专家点评

商务楼宇是城市经济文化发展不可或缺的重要载体与社会活动空间。但商务楼宇内单位多元、人员差异性和流动性较大，日产垃圾数量和类别繁多，保障垃圾分类的准确率尤为重要。漕河泾街道通过创新探索，打造了生活垃圾精细化分类的"样板楼宇"，其主要的经验启示在于：一是结合楼宇特点，确保垃圾分类硬件与服务管理软件配套，为上班族进行垃圾分类提供便利，从而实现了"自愿分""主动分"；二是用好楼宇白领青年志愿者这支关键力量，以年轻人感兴趣的游园日、回收物手工艺品等活动强化宣传，引领垃圾分类"新时尚"；三是引入智能化设备实现垃圾分类的智慧管控，既能提高上班族垃圾分类的自觉性，又能提高垃圾分类的精准性。垃圾分类是提升城市社会文明程度的基础工程。如何将垃圾分类贯彻到商务楼宇这一微观单元，考验着城市的精细化治理水平。如何将垃圾分类工作与不同类型楼宇的日常管理服务深度融合，形成可持续、智能化的全流程、闭环式运作模式，仍是垃圾分类治理中需要不断探索创新的课题。

（马福云　中共中央党校社会和生态文明教研部

社会治理教研室主任、教授）

多措并举促实效　践行文明新风尚

凌云街道党工委、办事处

一、基本背景

凌云街道位于徐汇区西南部，辖区面积 3.58 平方千米，现有 28 个居委、55 个住宅小区，总人口约 10 万。2018 年以来，街道党工委、办事处落实关于生活垃圾分类减量的工作要求，始终坚持创新、协调、绿色、开放、共享的新发展理念，注重管理、服务、宣传、引导，多措并举，不断增强垃圾分类工作实效，促进社区居民满意度提升。在 2023 上半年度上海市生活垃圾分类实效综合考评中，凌云街道得分排名全区第一。

二、主要做法

（一）补短板，完善垃圾分类工作机制

依据《2023 年上海市生活垃圾分类实效综合考评办法》，健全垃圾分类派驻指导机制，全覆盖组建派驻指导员队伍。组

织开展住宅小区、单位分类质量测评，分析存在问题，通过文字及照片及时反馈督促整改，并定期开展复查。针对部分小区小包垃圾落地、非定时期间投放点垃圾满溢、投放点环境卫生差等问题，试点在垃圾集中投放点安装摄像监控，实现对该区域7×24小时全天候监管，纳入街道"一网统管"信息平台，发现问题第一时间立案、流转、处置。公示"小包垃圾随手拍"社会监督举报平台二维码，打造市民举报有途径、参与有收获的社会监督机制。

（二）重体验，提升分类投放便捷程度

街道优化垃圾分类管理机制，提升分类投放体验，让扔垃圾不再成为居民的"糟心事"。2019年起，启动垃圾投放点和库房全覆盖规范化改造提升项目，对硬件设施进行装修后，统一配置洗手、除臭、遮雨、照明等便民设备，显著改善垃圾厢房环境面貌。街道还与第三方机构合作，推广"旧物再生"微信小程序，组建由志愿者、专业人员等构成的"社区回收管家"队伍。居民通过小程序预约，专业人员负责上门回收旧家电、书本、衣物等可回收物，打通垃圾回收的社区"最后一公里"，极大提升垃圾投放便捷度。

（三）塑典型，打造两网融合示范亮点

认真学习贯彻习近平总书记给上海市虹口区嘉兴路街道垃圾分类志愿者重要回信精神，按照《上海市生活垃圾管理条例》，推进服务点、中转站、集散场提升改造工作，着力打造形象更醒目、服务更精细、体系更稳固、主体更规范、管理更智慧的可回收物体系。根据《上海市可回收物体系标准化改造提升工作方案》要求，对照《沪尚回收视觉识别系统手册》，街道因地制宜对老沪闵路799号社区回收物中转站实施改造升级，集约化打造兼具双碳科普、碳普惠智能回收、可回收物工作三大功能的两网融合示范点，保证日常对外开放，让居民对"双碳"有更直观的体验，切身感受垃圾分类的益处。

（四）抓宣传，赢得更大群体支持认同

垃圾分类工作是一项复杂的系统工程，需要各方协同发力、精准施策、久久为功，需要广大社区居民积极参与、主动作为。街道始终注重发挥志愿者队伍作用，将垃圾分类工作与其他重点工作有机结合，发动全社区的广泛参与。街道组建"梅陇路志愿者一条街"、凌云"小小志"等垃圾分类志愿队伍，利用线上和线下相结合的方式，开展形式多样的宣传活动，普及垃圾分类知识，讲好垃圾分类故事，带动更多居民特别是老年人与儿童加入志愿者队伍，自觉践行垃圾分类新时尚，实现垃圾分类全年龄段覆盖，让"绿色、低碳、环保"的理念更加深入人心。

三、经验成效

一是坚持党建引领。发挥党组织核心作用，依托"街道党工委—片区党委—居民区党总支—微网格党小组"四级体系，发动社区广大党员发挥先锋模范作用，带头做垃圾分类的参与者、践行者、推动者，在垃圾分类"新时尚"中彰显党员"新作为"。

二是坚持共治共享。推动垃圾分类工作"管理"向"治理"的思路转变，以"绣花"般的精细治理措施满足群众实际需求，不断汇聚合力形成共治共享格局，使更多群众真正会分类、愿分类、爱分类，以实际行动参与到垃圾分类中来，为垃圾分类"代言"。

三是坚持科技赋能。以治理数字化转型为牵引，提高垃圾分类工作数字化、智慧化管理水平。用好"一网统管"平台，打造科技赋能"全链条"，推进垃圾分类投放监管从"人防"到"技防"向"智防"转变，有效提升垃圾分类覆盖率、准确率、满意度。

下一步，凌云街道将继续以精细化管理为抓手，持续提升治理水平，增强居民认同感、参与度，强化源头分类质效，使垃圾分类这一"新时尚"成为凌云一道更加靓丽的生态文明"风景线"。

专家点评

　　凌云街道全面提高垃圾分类和资源化利用水平，积极打造垃圾分类升级版，其探索了一条在工作机制完善基础上的智能化、市场化和社会化的垃圾分类工作提升路径。一方面，将垃圾分类与数智化结合在一起，让垃圾分类更加透明，方便老百姓真正意义上一起管；另一方面，将垃圾分类与市场机制以及群众利益密切联系在一起，让老百姓"有利可图"也更加愿意分。另外，街道还注重提升垃圾分类的体验感，提高分类投放便捷程度，通过打造两网融合示范亮点，让大家可以对垃圾分类有直观体验和感受。接下来可进一步深化智能化、市场化和社会化，借助科技赋能提升管理水平的同时，运用市场机制反哺社区形成垃圾分类专业志愿者队伍，切实提升垃圾分类实效。

（吴同　华东师范大学社会发展学院

社会工作系副主任、副教授）

十、场景关键词：
12345

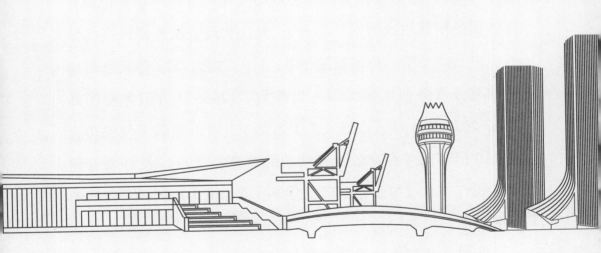

12345 热线一头连着民情民意，一头连着政府部门。习近平总书记指出，共产党是为人民服务的政党，为民的事没有小事，要把群众大大小小的事办好。12345 热线则是以人民为中心、对民情民意的"一号响应"。

20 世纪 80 年代，我国地方政府根据部门职责，先后开通运营了 110、119、120 等公共服务热线。随后，自 1983 年 9 月辽宁省沈阳市率先设立了全国第一部市长公开电话后，其他大中城市陆续将市民服务热线的创立建设工作纳入到工作议程之中。到 2015 年，全国大多数城市都设立了市民服务热线。2020 年 12 月，国务院办公厅印发《关于进一步优化地方政务服务便民热线的指导意见》，对优化政务服务便民热线任务提出总体要求，将各地除 110、119、120、122 等紧急热线外的政务服务便民热线统一合并为"12345 政务服务便民热线"。2022 年 5 月，根据《关于推动 12345 政务服务便民热线与 110 报警服务台高效对接联动的意见》，12345 政务服务便民热线与 110 报警服务台形成分流联动，助力协同提升政府的服务效能。

为进一步完善市民服务热线的归并工作，各地积极推进、相互学习经验并出台相关实施意见。在上海，12345 市民服务热线是政务服务的一个标杆窗口。2012 年，上海以高起点规划、高起点建设、高起点运营筹建 12345 市民服务热线，并于 2013 年 1 月正式运行。2021 年，上海市人民政府办公厅在《建立完善帮办制度提高"一网通办"便捷度的工作方案》中提出构建线上帮办和线下帮办相辅相成的制度，完善包括"12345"市民服务热线电话在内的线上帮办体系建设，有效满足群众需求。同时，为确保服务热线的高效运行，上海市发布《"12345"市民服务热线工作绩效考核办法》，对市民服务热线转送诉求的受理情况、市民满意度、办理质量等进行考核。历时十余年建设，上海的 12345 市民服务热线从一条单纯的电话热线变成了网站、APP 等全渠道覆盖的受理热线，累计接到 4000 多万条市民来电，已成为政府与百姓不可缺少的一条"连心线"。

关键词释义

12345，即政务服务便民热线电话（也称市民服务热线），指各地市人民政府设立的由电话12345、市长信箱、手机短信、手机客户端、微博、微信等方式组成的专门受理热线事项的公共服务平台。其直接面向公众，是反映问题建议、推动解决政务服务问题的重要渠道。

作为政府非紧急类政务服务平台，12345 政务服务便民服务热线以多面向的服务客体和多样化的服务形式深入群众生活和企业生产情境，充分考虑到不同群体各式各样的诉求，与之建立互动链接，通过 12345 牵引"接诉即办"解决好群众和企业的急难愁盼问题。根据《关于进一步优化地方政务服务便民热线的指导意见》内容，在受理范围方面，包括企业和群众在经济调节、市场监管、社会管理、公共服务、生态环境保护等领域的咨询、求助、投诉、举报和意见建议等各类非紧急诉求。在受理流程方面，要依法依规完善包括受理、派单、办理、答复、督办、办结、回访、评价等环节的工作流程，实现企业和群众诉求办理的闭环运行。在工作机制方面，要建立诉求分级分类办理机制，完善事项按职能职责、管辖权限分办和多部门协办的规则，优化办理进度自助查询、退单争议审核、无理重复诉求处置、延期申请和事项办结等关键步骤处理规则。

12345 政务服务便民热线作为一条利企便民的暖心线，肩负着以数字之名治理城市的重任。在民意表达与回应方面，随着市民参与城市治理的热情不断高涨，12345 热线电话有效拓宽了民意渠道，企业、群众仅需拨打 12345 热线电话或通过网络新媒体平台即可反映问题。通过"接诉即办"提升接通率、办结率、满意率，有助于持续推动政务服务效能提升。在风险治理方面，12345 热线是反映社情民意的晴雨表，通过用数字化手段对相关数据进行统计分析，有效排查民意热点、风险隐患、矛盾问题，为科学决策和政府管理执行提供支撑。在应急联动方面，通过与110、119、120等热线平台对接，利用大数据推进各种应用场景和智能化服务的开发，推动12345数据共享与赋能，不断健全应急联动机制。

近年来，上海市12345热线始终坚持社会诉求解决率是平台的生命线。一方面，不断加强办理制度化、规范化建设，严格落实1个工作日先行联系、一般事项5个工作日办结、疑难事项15个工作日办结的限时办理制度，优化办理流程和办结标准，进一步完善工单事项事实认定及解决情况评价机制，推进事项落地解决。另一方面，不断完善协调督办工作机制，围绕市委、市政府中心工作和市民反映强烈的急、难、愁事项开展集中督办，推动责任落地；强化热线事项日常抽查，紧紧抓住重复来电、市民不满意、超期未办结等关键点，常态化、针对性地开展督查督办工作，提升办理工作质量。同时，根据《本市推进12345市民服务热线与110报警服务台高效对接联动的实施意见》，明确建立了12345与110、119、120等紧急热线和水电气等公共事业服务热线的应急联动机制，要求各区政府建立健全区城运中心与公安指挥中心（派出所）的联勤指挥协调机制，整合基层资源力量形成一支7天×24小时响应的城市运行管理和应急处置队伍，为企业群众提供更加及时、专业、高效的紧急救助服务。目前，上海市正在推进使用"一线通达"热线工作平台。所谓"一线通达"，即上海"12345"

结合"一网通办"和"一网统管"建设，通过重塑业务流程、赋能服务基层，打造的共享共治的热线工作平台，实现跨层级、跨部门、跨系统的业务融通。

自 2012 年以来，上海市徐汇区先后发布《上海市徐汇区人民政府关于做好"12345"市民服务热线工作的实施意见（试行）》《徐汇区市民服务热线管理办法》《徐汇区"12345"市民服务热线工作绩效考核办法（试行）》等系列政策文件，逐步将 12345 市民服务热线工作嵌入基层社会治理格局。如徐汇区斜土街道依托"1+5+19+114+867"五级纵向治理体系，探索打造立体化热线处置新模式；长桥街道实行 1（城运中心）+5（五大网格）+32（居民区）+X（志愿者）治理模式，提前发现辖区内涉及公共安全、城市管理、矛盾纠纷等问题和诉求，提升处置能效；虹梅街道通过片区党建引领，优化复合疑难工单协调机制，加强对 12345 热线工单的全过程、全流程监督管理，修通与百姓的"民心路"。

在数字化转型的浪潮下，未来的 12345 热线将趋向成为更具时效性、便捷性和个性化的各部门联合服务模式。如何不断推动 12345 响应速度、办理效率和办结效果提升，通过热线本身打通治理堵点，将 12345 有效嵌入基层治理体系，构建科学治理范式，提高政务服务质量与实际工作质效，仍是当下基层社会治理需要不断探索的重要课题。

场景典型案例

坚持"为民情怀"
提升"12345"处置能力水平

斜土街道党工委、办事处

一、基本背景

　　"12345"市民服务热线是政务服务"一网通办"总客服，是服务保障民生的重要窗口，是政府联系群众的重要平台和服务群众的重要渠道，斜土街道城运中心在街道党工委、办事处的高度重视和有力领导下，在区城运中心正确指导下，内部统一思想、明确担当认识，以最大努力协调解决市民的每一个合理诉求，切切实实为群众办实事、做好事，提升服务群众的能力和水平。热线开通 10 年来，始终保持着高效运行，热线考核成绩也长期保持优异。街道城运中心围绕"组织强、业务精、制度全"的目标，不断优化热线工单处置流程，加强人员培训，2 年来，共计开展培训 40 余次，培训人次超千人。截至 7 月 31 日，斜土街道 2023 年共受理工单 1782 件，均已办结。工单先行联系率 98.97%，已办结的 1705 件 12345 上报工单中，回访成功工单数为 953 件，对满意度作出评价的工单 863 件，满意工单数为 853 件，市民满意度为 98.84%；实际解决工单数为 945 件，诉求解决率为 99.16%。感知指数综合得分为 94.16，综合得分排名全区第一。2023 年 8 月，斜土城运中心作为唯一一家街道城运中心被评为上海市城市数字化转型工作先进集体。

二、主要做法

（一）加强工单标准化流程建设，夯实热线处理"基本版"

街道城运中心定期梳理辖区内高频多发且涉及多部门的案件，通过联席会议的形式，重点分析总结，形成逻辑清晰、责任清楚、处置各阶段时限明确的处置规范化流程 20 余项。在处置过程中，针对难点堵点，不断完善流程，加强高效协同，真正解决居民群众诉求，提高居民满意度和获得感。

城运中心做实热线工单跟踪机制，不间断通报案件推进情况，如有部门出现跟进不利或超出时效等情况，城运中心联系部门负责人，共同分析问题原因，制定工作方案，同时将案件转为分管领导督办案件，由中心统一指挥，各部门各司其职、多方位介入，推动各类问题矛盾迅速解决，形成闭环。

（二）加强疑难工单处置机制建设，打造矛盾处置"特效药"

街道根据工作实际，建立疑难工单处置联席会议制度。疑难工单处置联席会议定期召开，如发现案件案情复杂、涉及条线多，即召开专题联席会议，由街道主要领导或分管领导牵头跟进。针对日常工作中发现的重复工单和不属实工单，自我加压，集中研判，针对一批有实际解决可能的工单，由主要领导牵头分析，"打开"工单，剖析诉求，寻求解决办法，争取问题得到实际解决。对一些不合理诉求，主动跨前与居民沟通解释，避免出现因"部分不属实"导致真实诉求被忽视的情况。

每一件疑难工单解决后，中心对处置程序进行复盘总结，形成典型案例，向各职能单位负责人、热线专职人员开展培训，同时针对各类相关新政策，新动态及社区诉求热点进行指导，确保全体工作人员统一思想，统一认知，以标准化为基础，参照优秀案例合理处置解决问题。

（三）加强热线人员履职建设，吹响机关作风建设"冲锋号"

明确12345热线的责任人为各部门、居民区主要负责人，紧紧围绕热线考核的"四个率"进行综合量化考核，每周通报，每月分析，成绩作为相关单位及人员年终考核的重要依据。街道结合近年来12345、信访投诉中居民关注度高、诉求集中的热点问题，由司法所联合法律顾问等专业力量，编写《斜土街道社区治理法律法规工具书》，针对"三驾马车"、消防、燃气等 13 个方面，共梳理出 150 条常用法规，赋能机关、居委一线处置工作人员。城运中心针对热线先行联系、接单处置、按时办理等重点环节与街道纪工委、监察办协同，将工单办理中的干部作风问题列为年度重点监督项目，在处置过程中，存在推诿、扯皮、拖延办理情况的，由党政办督促整改，整改不力的由街道纪工委、监察办对责任人进行约谈，如造成重大影响，由纪工委、监察办依纪依规进行处理。

（四）加强片区协同治理建设，创新热线处置模式"新样板"

根据区委党建引领基层治理"1+6"系列文件精神，结合区域实际，街道将 19 个居委分为 5 个片区、构建"1+5+19+114+867"五级纵向治理体系，确保把"小事、大事、难事"化解在基层。片区划分后，就如何发挥好城运中心与片区治理的优势，增强服务群众的能力，街道通过调研、探讨、实战，探索打造立体化热线处置新模式。

综合发挥城运中心"离群众更近"，片区治理"统筹资源更有力"的优势，街道双周例会对辖区内热线热点进行通报，发布红黑榜；要求城运中心负责同志列席"片区治理、五大专项提升、城市更新、业态提升"四大专班例会，了解街道重点工作面上推进情况；片区党委及联络员列席街道疑难工单处置专项会议，跨前一步参与组织问题处置，片区党委在城运中心的数据基础上，加强问题矛盾的分析梳理，聚焦片区重点项目中的难点问题，最终形成一张内容精准、目标明确、节点清晰的片区治理作战图。提升片区工作人员的"预判和预警"能力，增强平台的"敏感度"，对可能发生群诉群访的问题提前感知，提前处置，避免矛盾扩大。

三、经验成效

为贯彻数字化转型的相关工作要求，斜土街道完善数字化转型工作机制，积极深化践行人民城市重要理念，协调解决各类居民急难愁盼问题，通过一网统管、数字化管理、两网融合等领域不断探索、发展，层层梳理打造出高频、简易、快速、标准化流程 30 种，疑难标准化流程 20 种，并在实战中充分应用并取得了重大成效。同时自主建立了文档共享管理系统，通过制定各部门之间不同的权限设置，实现了部门之间无纸化办公，文档共享与调阅，提高了协同办公工作效率。

2023 年 2 月，斜土街道制定数字化转型作风建设工作提示，规定由街道城运中心通过抽样检查等方式进行审核、认定及督促改进，协同相关单位对于数据的排摸及核对工作进行有效的管理，实时维护，确保提交的数据工作差异率控制在 1‰

以下，提升数据准确性，为数字治理社区发展提供有力的数据依托。

"我为群众办实事 热线服务在身边"是热线服务实践的核心理念，是维护人民群众切身利益的重要体现，是强化群众监督，促进政风行风建设的重要途径。斜土街道上下对此高度重视，统一思想、并明确各项工作目标、落实具体责任，且根据社区的实际情况，不断修正、完善与创新。2021年来，斜土街道共处置"12345"热线 10400 余件，解决率和满意率均超过 90%。在全区名列前茅。同时斜土城运中心在 2021 年度、2022 年度均被评为一网统管先进集体，城运中心工作人员在工作中也表现突出，分别获得 2021 年徐汇区"12345"市民服务热线立功竞赛个人一等奖、上海市 12345 市民服务系统立功竞赛工单办理地区组个人三等奖、徐汇区一网统管先进个人等荣誉。2023 年，城运中心荣获"上海市城市数字化转型工作先进集体"称号。

专家点评

12345 热线作为连接居民与街区、社区管理部门的重要渠道，在发现社区问题、改善社区治理、提升公共服务方面发挥着不可或缺的作用。斜土街道不仅主动抓住 12345 热线带来的治理契机，还探索出运用热线提升片区治理的积极经验，显现出公共治理的独到之处。其一，在应对热线反映问题的前期，街道和片区通过前期调研、后台研判、提出方案、前台处置的方式，主动跨前一步，将有可能出现的基层问题控制在最小范围内，彰显街道与片区的主动作为。其二，当收到热线反映的问题，特别是群众普遍关心的问题时，依托街道、片区、居民区建立的纵向贯穿机制，以及片区党委与城运中心、职能科室建立的横向联络机制，运用联席会议、部门协商、现场查看等方式方法，在第一时间内化解问题，响应居民诉求，避免事态扩大，使基层治理始终保持在稳定运行的状态。其三，经过探索与推进，斜土街道以热线为连接点，将不同职能部门工作串联起来，巩固了处置 12345 热线反映问题的成果，积累了片区"集群式""立体化"治理的经验。其四，这些经验做法反过来有助于片区提前研判可能引发的问题，及时启动响应与预警机制，从而形成基层处置热线问题的闭环，社区治理实现了从被动状态、消极应付向主动作为、积极应对的转变。

（冯猛　上海师范大学哲学与法政学院教授）

提能增效强支撑
不断提升市民热线群众满意度

长桥街道党工委、办事处

一、基本背景

长桥街道是典型的居住型社区，户籍人口 9.7 万人，实有人口 11.6 万人，除去上海植物园，5.05 平方公里的区域内以 20 世纪 80-90 年代的住宅小区为主，人口密度高、弱势群体多、服务需求多样化，使街道工单量居高不下，工单总量排全区前三，其中社区管理类工单占比超 80%。

长桥街道始终坚持"群众利益无小事"的工作原则，始终坚持人民至上，全心全意为人民服务，从机制完善、条块联动、资源共享等方面着手，狠抓 12345 市民服务热线的办理效率与办理质量，努力解决居民诉求、提升政府公信力。在区委区政府领导下，街道领导统筹安排、各部门密切配合，截至 2023 年 8 月，街道共计受理热线工单 2500 件，按时办结率 100%，市民满意率 96.1%，积极搭建政民"连心桥"。

二、主要做法

（一）优化工作流程，完善工作体系

由街道主要领导担任"12345"市民热线的第一责任人，每日了解工单受理情况，将市民热线工作纳入日常工作并每月通报部门处置进度，批示疑难工单情况，研判发展趋势，提出应对方案，保障工单管理有序运行。各处置部门明确具体经办人，各居民区设置热线回复专员，形成横向到边，纵向到底的工作责任体系，搭建工单转办、承办、回复、回访、不满意工单"回头看"的"合纵连横"工作格局，不断优化"先行联系—案件处理—答复市民—街道回访"12345工单闭环处理流程，确保当天派发交办单、当天对接处理，保证诉求件按期办结。建立五大片区双周联席会议制度，聚焦群众的"急、难、愁、盼"问题，联合派出所、区委宣传部等委办局等力量，协同联动，共同商议解决市民热线投诉的重难点问题。2023年3月，街道收到来自园南片区的园一、园二、园三居民区关于小区停车矛盾的集中投诉，由于三个小区是20世纪80年代的混合型小区，停车位比例不足21%，车位供需差距以及部分市民的不文明停车行为使小区停车矛盾日益激化。在联席会议上，由片区领导牵头，协调管理办、自治办、综合行政执法队等职能部门，与"三驾马车"和居民代表一起交流座谈，广泛

听取和收集居民的意见和建议，通过一轮又一轮的调查研究、信息比对，综合考虑小区布局、机动车数量、停放时间等实际情况，全面梳理"三证合一"车辆，完善小区停车管理规定，并协调区级部门现场研讨周边市政道路开设夜间停车，同时对堆物占位的情况开展集中联合整治，最大限度保证居民停车的公平性。

（二）突出关键环节，加强协调沟通

坚持问题导向，分析研判工单诉求，分流非警情工单，形成重点问题工作清单。聚焦加装电梯、小区停车、楼道堆物、垃圾分类、违章搭建等民生热点诉求，对标对表，查漏补缺，构建多方参与、响应迅速的治理体系，进一步提升事项解决率。发挥街道城运中心数字统筹、协调作用，通过定期专题分析会，各部门研讨疑难工单，集思广益、攻坚克难，对涉及内容复杂、职能交叉的问题共商共讨，形成"收集—汇报—协调—处置—反馈"的治理模式，寻求行之有效、可推广、可借鉴的专项工单处置方案，并阶段性总结处理情况，积极化解矛盾"症结"，全力以赴解决市民合理诉求。年初，某小区居民反映小区有一房屋平改坡内有大量堆物，存在安全隐患。居民区书记与小区物业经理第一时间核对现场情况，确认堆放人员系小区居民，男户主性格偏激、行为冲动，曾发生多次持刀威胁物业，其妻子是在册精神障碍患者，无法正常沟通。为保证小区其他居民的正常生活，在了解到相关情况后，街道第一时间协调综合行政执法队、派出所等力量召开专项整治沟通会，确定整治方案后立即对该平改坡内垃圾进行清理，耗时近20个小时完成堆物的清理清运工作，并要求物业做好楼顶检修口的管理工作，杜绝类似情况再次发生。

（三）完善运行机制，提升处置能效

一是科学划分网格。实行1（城运中心）+5（五大网格）+32（居民区）+X（志愿者）治理模式，以格划区，以格设岗，以岗定人，统筹网格内市容管理、风险隐患上报，应急处置等工作。充分发挥网格员人熟、地熟、事熟的优势，结合日常巡查、专项排查等方式，提前发现网格内涉及公共安全、城市管理、矛盾纠纷等问题和诉求。

二是拓宽投诉渠道。在辖区内推广64961234长桥热线投诉电话。接电后通过平台生成案件，第一时间派发至承办部门，及时解决居民急难愁问题，并将处理结果进行反馈，将问题解决在基层，提升问题处置的效率，缩短居民与街道的距离。

三是加强研判分析。对涉及群众较多、问题关注度高，可能引发群体性事件的工单保持高度警惕，增强工作的前瞻性，在案件办理前与街道领导、处置部门做好分析研判，提前安排预防和后期跟踪工作，对能解决的问题立即启动并及时反馈结果，对暂时难以解决的问题，耐心做好解释工作，不断提升热线工作水平。

四是推行"双反馈"机制。要求各处置部门加强与诉求人沟通交流，工单办结后及时向诉求人和城运中心双向反馈办理结果，中心积极推行预回访措施，确定专人提前回访，对不满意工单进行退回重办，切实解决诉求问题，提升工单办理质量，与处置单位同向发力提升群众满意度。

三、经验成效

一是以思想自觉促行动自觉，切实推动问题解决。坚持以党的二十大精神为指引，充分发挥居民区党总支、红色物业、党员志愿者在基层治理的引领作用，最大限度把问题解决在萌芽阶段，矛盾化解在家门口。将热线工单处置和多元共治深度融合，建立社会力量广泛参与、居民自治良性互动的治理格局。定期开展热线业务培训工作，从先行联系、处置答复、结案填写、沟通交流等不同环节提升工作人员的工单处置能力，提高热线工单处置能级，为市民提供更优质的公共服务。

二是以机制保障促办理实效，切实回应市民关切。坚持"五个第一原则"工作机制，第一时间发现、第一时间派单、第一时间处理、第一时间回复、第一时间回访，及时回应市民关切。积极协调辖区内区域党建共建单位资源，组建"吾师"团队全覆盖深入汇成、长桥、罗秀、徐汇新城、园南五大片区，回应居民集中反映的热点问题，切实提升服务群众能力与水平，让热线工作更"接地气"、更"聚人气"、更"有生气"，形成"小问题不出网格、一般问题不出社区、突出问题不出街道"的工作模式。

三是以创新变革促提质增效，切实促进数智发展。街道将12345市民热线数据作为反映民意社情的晴雨表，结合实际情况定期开展数据分析，找准市民服务热线工单中反映的难点、易反复问题，同步将问题作为切入点，深入了解社区治理的薄弱环节，进而推动相关部门和居民区剖析原因、明确症结、落实举措，进一步提升数智化应用水平。强化数字监管，围绕文明创建、垃圾分类、防台防汛等重点工作，对街面秩序、汛期积水、飞线充电等状况进行实时视频监控，及时将发现的问题图文推送至相关微信工作群，限时整改，闭环处置。

专家点评

对于基层社区治理而言，如果把12345热线运用得好，基层社区不仅能够在第一时间了解民情民意、回应居民诉求，更能在长期治理过程中赢得民心，取得社区治理的主动权。长桥街道在提升市民服务热线群众满意度的工作中积极探索，涌现出丰富经验：其一，治理理念鲜明。面对服务需求多样化的社区，街道坚持"群众利益无小事"的原则，用"儿女之心、儿女之情"探寻问题的最佳解决方案，大大缓解了基层社区畏惧热线、退避热线的心理，确保反映的问题得到积极回应。其二，治理机制清晰。面对热线工单，无论是"先行联系—案件处理—答复市民—街道回访"的闭环式处理流程，还是"收集—汇报—协调—处置—反馈"的治理模式，都表明基层社区不只是将处理热线工单停留于表面，而是建立起深层机制，从而维护社区良好治理的局面。其三，职能部门联动。街道主要领导带头关心关注热线工单，相关部门协同联动，整合多方力量资源，确保热线反映的问题特别是复杂问题得到有效化解。在社区治理过程中，居民群众是社区的一双双眼睛，能够及时发现问题，基层社区如何透过这些眼睛找到问题根源，研判发展趋势，提出应对方案，保障社区良治善治，长桥街道探索出了有效的工作经验。

（冯猛　上海师范大学哲学与法政学院教授）

加强市民热线过程监督
用心浇筑百姓"民心路"

虹梅街道党工委、办事处

一、基本背景

虹梅街道位于上海市徐汇区西南部，地处漕河泾开发区核心区。相较于徐汇区其他街镇，区域结构以中间园区、企业为主、居民区四周散点分布，明显呈现"园区大、社区小，白领多、居民少"的特点。辖区现分五大片区（苍梧路片区、上澳塘片区、桂平路片区、虹梅路片区、东兰古美片区），有13个居委会，24个小区，户籍人口2万余人，外来流动人口1.6万余人，企事业单位近4000家，员工近20万。根据对12345热线的发生地工单整理发现，近70%的工单产生在居民区，超30%的工单发生在公共区域和园区企业。

为进一步提升虹梅街道12345市民服务热线工单的处置工作质量和效率，优化辖区营商环境、切实解决老百姓的"急""难""愁""盼"问题，提升辖区老百姓的获得感、幸福感、安全感。根据徐汇区 12345 市民服务热线工作要求并结合自身运行情况，虹梅街道通过体制机制建设的不断推陈出新，加强对 12345 热线工单全过程、全流程监督管理，优化复合疑难工单协调机制，推动片区党建引领，条、块结合激活各部门协同能力，修通与百姓的"民心路"。

二、主要做法

（一）热线工单全过程管理

一是制度先行，健全热线过程管理。为做好全过程管理，虹梅街道建立《虹梅街道 12345 市民服务热线管理制度》，优化 12345 市民服务热线从派单、接单、处置到结案的全流程管理，制定 12345 热线工作全过程流程图，进一步明确工单的先行联系、受理（退单）、处置、回访、结案等各个环节的标准处置要求。

二是跟踪催办，做深工单事中监管。为确保工单按时办结，街道优化督办流程，指定专人进行工单处置办结时限督办，确保按时处置工单。加强办结报告细节审查，增加工单线上回复内容审核环节，确保诉求应对简洁明了。结合城市"一网统管"，增加现场核查环节，网格监督员对部分工单现场抽样核查，避免工单回复虚假不实。

（二）疑难工单早介入早处置

一是规则前置，减少部门推诿扯皮。随着 12345 市民服务热线的深入人心，工单诉求内容趋于复杂，复合诉求越来越多，大多涉及跨部门、职能交叉的情况。结合街道"三定职责"和辖区特性，针对梳理存在职能交叉、派单难的工单类型，建立《虹梅街道 12345 市民服务热线派单规则》（以下简称《派单规则》），从源头减少各部门推诿扯皮、派单难问题。

二是定期汇报，疑难工单及时预警。每日、每周分类定制不同要素热线运行报告。每天汇总当日发生的工单，对先行联系时发现的问题工单预警提醒。每周例行通报一周运行情况，跟踪问题工单，做到及时汇报、及早介入、及时解决。

三是专项协调，工单流转形成闭环。疑难工单主要包括诉求内容存在职能交叉、变更、新增的工单类型。针对每周例会上推进困难的工单，召开紧急专题协调会，形成会议决议，会后跟踪决议执行进度，形成工单处置闭环，提升工单处置质效。针对未纳入《派单规则》的工单诉求，并结合区级层面专题协调会议决议进行预判，根据"条块结合、以条为主、基层协调"的派单原则，拟定主办单位，定期梳理总结经报主要领导确定后，动态更新《派单规则》，形成工单派遣闭环管理。

三、经验成效

一是专项协同，发挥联勤联动机制。2022 年 10 月，有投诉称钦州北路某小区一房屋有群租、短租、居改非行为，引起周边居民不满，涉及相关 12345 热线工单 5 起。收到工单后，因房屋出租性质众说纷纭，经街道城建中心核实房屋租赁行为为短租后，街道城运中心根据《派单规则》，派社区平安办牵头处置，会同城建中心、城管虹梅中队、漕开发市场监管所、虹梅派出所、虹星居委会召开多次专题协调会，商定整治行动方案。漕开发市场监管所第一时间责令各网络平台下架房屋信息，源头控制房屋再次出租。考虑到房产中介公司经营地址在漕河泾街道，由城管虹梅中队联合区执法局法制科、城管漕河泾中队对该中介公司开展联检巡查工作。虹梅城管中队、漕开发市场监管所、虹梅派出所联合约谈业主，业主承诺限期清退短租人员，且与房屋中介签订补充合同，限制租赁用途仅用于居住性质，且租赁期限不少于 6 个月以上。截至目前，未发生返潮现象。

二是主动跨前，探索片区治理之路。鑫耀中城位于乔高地块，位于辖区苍梧路片区，是融合商业、办公、住宅及文化剧场于一体的"超级城市综合体"，项目分三期完成。其中一期住宅和商业区已交付使用。自 2022 年 12 月底一期住宅鑫桂苑小区交付以来，小区居民陆续入住，对小区管理、商业管理提出更高要求。其中，因乔高二期（含住宅、商业）仍在施工，能开放的停车出入口只有2个（住宅区、商业区各一），住宅区和商业区地下停车库连通但不互通，住宅居民希望车辆可从商业、办公区停车库出入口出入。要满足居民诉求，又要保障外来车辆不随意进入住宅区停车范围，因商业区和住宅区实行两套停车管理系统，在管理上确有困难，居民诉求也迟迟未能解决。结合综合体开发商鑫侨高为辖区上澳塘片区属地企业，企业属地片区长主动跨前，于2023年6月6日、7月10日多次牵头召集小区代管居委（华悦家园居委）、开发商鑫侨高、万科物业专题协商住宅区鑫桂苑和商业区鑫耀光环就管理矛盾达成进一步的解决方案，确定由开发商鑫侨高具体落实。一是在住宅区二期地库出入口开放前，撤销住宅区停车管理服务器，与商业区共用，所有车辆由商业区统一管理。二是住宅区与商业区（B2F）连接处加装临时道闸，仅供住宅区业主进出，不设住宅区访客权限，访客如需停车，需停放在商业区。经跟踪了解，2023年8月30日临时停车道闸已安装调试完成，停车库相关引导标识也已更新完成。后续将与住宅区物业对接，将小区业主车辆纳入车牌识别系统进行联测，联测结束后将正式运行。

三是制度铺垫，提高面上处置质效。通过对12345市民服务热线工单事前派单、事中跟踪、事后汇总各环节全流程全过程监管以及制度的建设，热线工单总体处置质效较上一年有明显提升。在工单接单方面，各处置部门推诿扯皮现象明显减少；在工单处置时间方面，各部门工单处置时间明显缩短，工单平均处置时长为 6 个工作日，工单按时办结率达 100%，未发生超时工单。在工单办结质量方面，2023 年热线工单办结诉求解决率和综合满意度均位居全区前列。

今后，虹梅街道将继续聚焦辖区居民热点诉求，破解城市治理难题，牢固树立"人民城市为人民"的理念，以小区环境更美、街区品质更优、群众感受更好为目标，切实增强群众的满意度和获得感。

专家点评

作为破解超大城市治理碎片化难题的重要渠道，12345 市民服务热线是受理百姓诉求、协调督促诉求办理，进而提升城市基层治理能力的有力杠杆。为提高 12345 市民服务热线的处置绩效，虹梅街道聚焦过程监督，致力于打通服务群众的"最后一公里"：一是流程标准化。12345 热线工作流程繁多，制定 12345 热线工作全过程流程图，明确各个环节的标准化处置，为规范化运行提供了前置基础。二是派单精准化。针对疑难复杂工单可能出现的推诿扯皮现象科学制定派单规则，有效保障对群众各类诉求的回应与处置更快、更准。三是预警常态化。12345 热线不仅是群众端的事后反应器，更是政府端的事前预警器，每周的热线运行报告与定期跟踪充分发挥了 12345 热线的监测预警功能，促进管理部门将问题预警提前、化解在萌芽中。四是处置协同化。群众的诉求往往并非单向度的，多部门的专项协同、联勤联动，充分发挥各自职能与优势，协同履职，能够确保群众反映问题的高质高效处置。

（马福云　中共中央党校社会和生态文明教研部

社会治理教研室主任、教授）

主要参考文献

一、著作类

［1］《习近平谈治国理政》第一卷，外文出版社 2018 年版。

［2］《习近平谈治国理政》第二卷，外文出版社 2017 年版。

［3］《习近平谈治国理政》第三卷，外文出版社 2020 年版。

［4］《习近平谈治国理政》第四卷，外文出版社 2022 年版。

［5］中共中央党史和文献研究院：《习近平关于基层治理论述摘编》，中央文献出版社 2023 年版。

［6］中共中央党史和文献研究院：《习近平关于城市工作论述摘编》，中央文献出版社 2023 年版。

［7］中共上海市委党校、赵勇：《人民城市建设的实践探索》，上海人民出版社 2021 年版。

［8］贺雪峰：《改革与转型：中国基层治理诸问题》，东方出版社 2019 年版。

［9］城市中国：《未来社区：城市更新的全球理念与六个样本》，浙江大学出版社 2021 年版。

［10］［加］丹尼尔·亚伦·西尔、［美］特里·尼科尔斯·克拉克：《场景：空间品质如何塑造社会生活》，祁述裕、吴军等译，社会科学文献出版社 2019 年版。

［11］何海兵：《大城之治：党建引领基层治理创新的上海实践》，上海人民出版社 2022 年版。

［12］吴晓林：《理解中国社区治理：国家、社会与家庭的关联》，中国社会科学出版社 2021 年版。

［13］何艳玲：《人民城市之路》，人民出版社 2022 年版。

［14］唐亚林、陈水生：《人民城市论》，复旦大学出版社 2021 年版。

［15］吴军、营立成等：《场景营城：新发展理念的成都表达》，人民出版社 2023 年版。

［16］上海交通大学中国城市治理研究院、上海市人民政府发展研究中心：《新时代人民城市治理之路："人民城市"上海实践》，上海人民出版社 2023 年版。

［17］中共上海市杨浦区委党校：《人民城市重要理念研究》，中共中央党校出版社 2023 年版。

二、论文类

［1］兰旭凌：《风险社会中的社区智慧治理：动因分析、价值场景和系统变革》，《中国行政管理》2019 年第 1 期。

［2］周振超、宋胜利：《治理重心下移视野中街道办事处的转型及其路径》，《理论探讨》2019年第2期。

［3］陈东辉：《基层党建引领社会治理创新的探索与路径》，《理论与改革》2019年第3期。

［4］鲍静、贾开：《数字治理体系和治理能力现代化研究：原则、框架与要素》，《政治学研究》2019年第3期。

［5］杨妍、王江伟：《基层党建引领城市社区治理：现实困境实践创新与可行路径》，《理论视野》2019年第4期。

［6］杜春林、黄涛珍：《从政府主导到多元共治：城市生活垃圾分类的治理困境与创新路径》，《行政论坛》2019年第4期。

［7］彭亚平：《治理和技术如何结合？——技术治理的思想根源与研究进路》，《社会主义研究》2019年第4期。

［8］李翠玲：《从发展到生活：当代城市社区治理的价值转向》，《新视野》2019第5期。

［9］柴彦威、李春江：《城市生活圈规划：从研究到实践》，《城市规划》2019年第5期。

［10］姜晓萍、田昭：《授权赋能：党建引领城市社区治理的新样本》，《中共中央党校（国家行政学院）学报》2019年第5期。

［11］韩志明：《技术治理的四重幻象——城市治理中的信

息技术及其反思》,《探索与争鸣》2019年第6期。

[12]陈毅、阚淑锦:《党建引领社区治理:三种类型的分析及其优化——基于上海市的调查》,《探索》2019年第6期。

[13]范文宇、薛立强:《历次生活垃圾分类为何收效甚微——兼论强制分类时代下的制度构建》,《探索与争鸣》2019年第8期。

[14]张明斗、刘奕:《新时代城市精细化治理的框架及路径研究》,《电子政务》2019年第9期。

[15]周亚越、吴凌芳:《诉求激发公共性:居民参与社区治理的内在逻辑——基于H市老旧小区电梯加装案例的调查》《浙江社会科学》2019年第9期。

[16]周亚越、唐朝:《寻求社区公共物品供给的治理之道——以老旧小区加装电梯为例》,《中国行政管理》2019年第9期。

[17]成伯清:《市域社会治理:取向与路径》,《南京社会科学》2019年第11期。

[18]唐亚林、钱坤:《街区制与城市基层权力结构的流变:原点问题、基本原理与运行机制》,《复旦城市治理评论》2020年第1期。

[19]容志、孙蒙:《党建引领社区公共价值生产的机制与路径:基于上海"红色物业"的实证研究》,《理论与改革》

2020 年第 2 期。

［20］曹海军、刘少博：《新时代"党建＋城市社区治理创新"：趋势、形态与动力》，《社会科学》2020 年第 3 期。

［21］张鸣春：《从技术理性转向价值理性：大数据赋能城市治理现代化的挑战与应对》，《城市发展研究》2020 年第 2 期。

［22］李雪松：《新时代城市精细化治理的逻辑重构：一个"技术赋能"的视角》，《城市发展研究》2020 年第 5 期。

［23］张翼：《全面建成小康社会视野下的社区转型与社区治理效能改进》，《社会学研究》2020 年第 6 期。

［24］谢坚钢、李琪：《以人民城市重要理念为指导推进新时代城市建设和治理现代化》，《党政论坛》2020 年第 7 期。

［25］刘士林：《人民城市：理论渊源和当代发展》，《南京社会科学》2020 年第 8 期。

［26］杨威威、郭圣莉：《政府主导社区治理的结构性矛盾及其生成机制——基于 S 市加装电梯政策变迁及其后果的研究》，《学习与实践》2020 年第 8 期。

［27］姜晓萍：《社会治理须坚持共建共治》《人民日报》2020 年 9 月 16 日。

［28］郑磊：《政府在数据治理中的两种角色：政策的制定者和数据的使用者》，《探索与争鸣》2020 年第 11 期。

［29］吴晓林：《城市社区如何变得更有韧性》，《人民论坛》2020 年第 29 期。

［30］姜晓萍、董家鸣：《平安中国的社区表达：如何营造高质量的人民安全感》，《上海行政学院学报》2021 年第 1 期。

［31］闵学勤：《互嵌共生：新场景下社区与物业的合作治理机制探究》，《同济大学学报（社会科学版）》2021 年第 1 期。

［32］何雪松、侯秋宇：《人民城市的价值关怀与治理的限度》，《南京社会科学》2021 年第 1 期。

［33］温雯、戴俊骋：《场景理论的范式转型及其中国实践》，《山东大学学报（哲学社会科学版）》2021 年第 1 期。

［34］顾丽梅、李欢欢：《行政动员与多元参与：生活垃圾分类参与式治理的实现路径——基于上海的实践》，《公共管理学报》2021 第 2 期。

［35］孟天广、黄种滨、张小劲：《政务热线驱动的超大城市社会治理创新——以北京市"接诉即办"改革为例》，《公共管理学报》2021 年第 2 期。

［36］陈水生：《迈向数字时代的城市智慧治理：内在理路与转型路径》，《上海行政学院学报》2021 年第 5 期。

［37］张勤、宋青励：《韧性治理：新时代基层社区治理

发展的新路径》，《理论探讨》2021 年第 5 期。

［38］黄晓春：《党建引领下的当代中国社会治理创新》，《中国社会科学》2021 年第 6 期。

［39］杨发祥、郭科：《全域治理：基层社会治理的范式转型》，《学习与实践》2021 年第 8 期。

［40］严飞：《深描"真实的附近"：社会学视角下的非虚构写作》，《探索与争鸣》2021 年第 8 期。

［41］陈水生、叶小梦：《调适性治理：治理重心下移背景下城市街区关系的重塑与优化》，《中国行政管理》2021 年第 11 期。

［42］董慧：《城市繁荣：基于人民性的思考》，《西南民族大学学报》（人文社会科学版）2021 年第 42 期。

［43］侯利文、文军：《科层为体、自治为用：居委会主动行政化的内生逻辑——以苏南地区宜街为例》，《社会学研究》2022 年第 1 期。

［44］陈水生：《城市治理数字化转型：动因、内涵与路径》，《理论与改革》2022 年第 1 期。

［45］魏崇辉：《习近平人民城市重要理念的基本内涵与中国实践》，《湖湘论坛》2022 年第 1 期。

［46］项飙：《作为视域的"附近"》，《清华社会学评论》年 2022 第 1 期。

［47］乔天宇、向静林：《社会治理数字化转型的底层逻辑》,《学术月刊》2022 年第 2 期。

［48］赵金旭、赵德兴：《热线问政驱动社会治理范式创新的内在机理》,《北京社会科学》2022 年第 2 期。

［49］潘闻闻、邓智团：《创新驱动：新时代人民城市建设的实践逻辑》,《南京社会科学》2022 年第 4 期。

［50］严飞：《以"附近"为方法：重识我们的世界》,《探索与争鸣》2022 年第 4 期。

［51］任勇、周芮：《人民城市与城市治理复合形态构建》,《云南社会科学》2022 年第 5 期。

［52］何艳玲、王铮：《统合治理：党建引领社会治理及其对网络治理的再定义》,《管理世界》2022 年第 5 期。

［53］赵一红、聂倩：《供需与结构：中国社会养老服务体系建构的逻辑——基于六城市养老机构的实证调查》,《社会学研究》2022 年第 6 期。

［54］易承志：《人民城市的治理逻辑——基于价值、制度与工具的嵌入分析》,《南京社会科学》2022 年第 7 期。

［55］刘洋：《习近平关于人民城市重要论述的生成逻辑与时代价值》,《马克思主义研究》2022 年第 8 期。

［56］陈国政、朱秋：《现代城市治理动态机制研究》,《学术月刊》2022 年第 9 期。

［57］何成祥、孔繁斌：《"接诉即办"场域中政府的多重压力及其有效回应》，《北京社会科学》2022 年第 12 期。

［58］张振洋、付建军：《治理重心下移中的反向调适：城市街区治理的实现及其逻辑——以上海市 F 街区为例》，《华中科技大学学报》(社会科学版)2023 年第 5 期。

［59］关锋、李雪：《价值引领·统筹辩证·空间形塑：新时代我国城市更新三重基本规定》，《天津社会科学》2023 年第 5 期。

［60］施芝鸿：《全面践行人民城市理念》，《红旗文稿》2023 年第 23 期。

［61］冯仕政：《推进基层治理现代化》，《人民日报》2023 年 12 月 11 日。

［62］潘敏、吴金驰：《以人民为中心推动城市发展》，《人民日报》2023 年 12 月 12 日。

［63］魏崇辉：《"人民城市"的生成逻辑与实践旨归》，《人民论坛》2023 第 13 期。

［64］马福云：《市域社会治理现代化的进展、问题及化解——基于试点案例的分析》，《国家治理》2023 年第 19 期。

后 记

　　人是城市的核心，是城市工作的主体、目的和尺度。如何以"基层之治"夯实"中国之治"，如何践行习近平总书记"人民城市人民建，人民城市为人民"的殷殷嘱托，是上海各界必须携手回答的实践命题。当前，徐汇区正在上海市委、市政府的坚强领导下，全面贯彻落实党的二十大精神，主动融入中国式现代化建设的目标愿景，认真践行"人民城市"重要理念，深入学习贯彻习近平总书记考察上海重要讲话精神，对标"建设新徐汇、奋进新征程"的目标愿景，彰显新的城区形态、新的民生标尺、新的治理方式、新的精神面貌，以基层之治聚力人民城市建设、创造更多徐汇范例，努力走出一条中国特色超大城市中心城区治理现代化新路。

　　鉴于此，2023年，在徐汇区委、区政府的指导下，由徐汇区人民政府办公室统筹协调，联合徐汇区有关科研院所，共同组建"上海市徐汇区基层治理创新实践案例研究项目课题组"。课题组对标区委、区政府"建设新徐汇、奋进新征程"

的目标愿景，采用政策解读、实地调查、案例分析、人物口述等研究方法，围绕党建引领片区治理、城市更新、数字赋能、自治共治、一老一小、15 分钟社区生活圈、平安社区、加装电梯、垃圾分类、12345 等人民城市建设十大场景，系统梳理近年来尤其是"十四五"以来徐汇区基层治理创新实践的一些典型做法与品牌项目，深入分析践行人民城市重要理念的内在逻辑和实践路径，以期进一步推动"人民徐汇"高质量发展、创造高品质生活、实现高效能治理。同时，课题组结合"附近"理念和场景理论，初步阐释了"场景治理"这一徐汇基层之治新思路，丰富了"治理"的学术谱系，充实了"中国之治"的实践样本，加深了对人民城市建设的学理认知。

在课题研究和本书编写过程中，徐汇区委、区政府主要领导给予了大力支持，负责统筹协调的区府办有关同志提出了很多真知灼见，有关街镇领导对课题实地调研、案例素材和人物采访提供了诸多帮助。来自中共中央党校、中国浦东干部学院、中共上海市委党校、复旦大学、同济大学、华东师范大学、华东理工大学、上海大学等十余位学者对入选场景典型案例作了精彩点评。中共中央党校社会和生态文明教研部马福云、胡薇、胡颖廉三位教授专题来徐汇调研人民城市建设，并给予课题研究和本书成稿具体指导。上海市委办公厅马旭东博士、上海交通大学刘士林教授、复旦大学韩福国教授、华东师范大学文军教授、华东理工大学杨发祥教授在课题结项成果暨本书定稿专家座谈会上给予了诸多肯定和中肯建议。新华出版社江文军、孙大萍两位编辑为本书出版做出了很多严谨而细致的工作。

本书是一部集体作品，由上海市徐汇区人民政府办公室、华东理工大学社会与公共管理学院应用社会学研究所、上海高校智库社会工作与社会政策研究院、上海信益社会工作发展中心联合组织编写。华东理工大学刘军博士担任本书执行主编，华东理工大学何怡博士、徐选国博士，上海商学院刘东博士担任本书执行副主编。此外，华东理工大学余开静、王莉、韩旭冬、藕园，上海应用技术大学林晓兰，华东理工大学博士研究生王岩、刘仕清、张肖蒙、李金梦、胡朝阳、胡可欣、祁颖菲，硕士研究生任丹宁、兰思宇、孙亚琳、叶自冰、袁满、潘靖童、翟佳参与了相关工作，特此感谢！

限于课题研究时间和本书主题视角，特别是课题研究人员学识和本书主要编者水平有限，书稿内容若有不足、不妥甚至错讹之处，恳请各位专家和读者朋友谅解并指正。

徐汇区基层治理课题组

2023 年 12 月 19 日

场景之治：
人民城市建设的基层行动

上海市徐汇区基层治理创新实践口述实录

徐汇区基层治理课题组◎编著

新华出版社

目 录 CONTENTS

场景人物口述

场景人物口述

Oral narration of scene characters

构建音乐街区"命运共同体"
奏响人民城市新华章

徐汇区湖南街道党工委书记　杨海英

人 物 简 介

　　杨海英，现任上海市徐汇区湖南街道党工委书记，负责街道党工委的全面工作。她紧抓上海音乐学院淮海中路段围墙打开这一契机，有效推进"音乐街区治理力工程"，致力打造永不落幕的音乐街区，让音乐街区跳脱出物理空间，实现了基层治理在更大辖区内的赋能。

　　湖南街道位于徐汇区东北部，面积约 1.73 平方公里，百年音乐、百年交响的艺术传统是街道最显著的文化符号之一。在小小的街区范围内，集聚了上海音乐学院、上海交响乐团、上音歌剧院、上海越剧院等诸多国内一流的院团机构，它们在全市乃至全国也都是独一无二的存在。

　　这些高水准的艺术和教育殿堂，以及沉淀于时光中的深厚积累，都是我们的宝贵财富。事实上，街道党工委也早在 2020 年就已提出打造"音乐街区"的设想，并启动了"文化共同体""美育联盟建设"等工作，开展了一系列颇受市民欢迎的文化项目，初步打响了音乐街区品牌。但在实践中我意识到，因合作领域相对单一、单位机构覆盖不广，如仅从文化角度切入，我们仍然只是都市景观中的"金边银角"，算不上名副其实的音乐街区。这也是 2022 年我刚到湖南街道任职时，需要去直面的现实与挑战。

紧抓发展契机，让街区超越"空间"

　　经过对街区情况的全面考察，我发现，这里汇聚了一大批政府部门、事业单位、乐团机构、商务楼宇。它们虽然在行政、资产上属性各有不同，但在推进党的建设、服务广大群众、实现共同发展方面，均存在着共建共治共享方面的客观需求。而这，或许正是我们可以将众多资源禀赋化"散"为

"整"的关键所在。

幸运的是，就在2022年，上海音乐学院汾阳路校区启动整体提升工程，将拆墙开放，实现校园融入城区、街区和社区；同时，区绿容局、区房管局、湖南街道联手启动汾阳路全要素治理项目。得知这一消息我喜出望外，这是推进音乐街区建设的一次绝佳机遇。如果能抓住这一发展契机，"音乐街区"将会更上一层楼。

但第一步该做什么？又该如何迈出这一步？坦白说，最初我并没有想到完美的方案。而随着项目的推进，围墙逐步打开，我意识到，或许亟须被打破的还有我们观念上的"围墙"：我们需要跳出以往的思维框架，以开放的心态去尝试和探索，才有可能寻找到真正适合音乐街区的发展道路。

街区在空间维度上是介于街道和社区的中间体。相对于社区层面，街区治理需要更坚实的力量来统筹协调；而相比街道层面，街区的运转过程则更为具象，需要有一套严密的组织架构和科学的制度体系。唯有如此才能有效推动街区的高质量发展，提升基层党组织的感召力和凝聚力。

2022年9月，区委党建引领基层治理"1+6"文件正式提出"片区治理"，鼓励各街镇以"地理空间相邻、块区面积均衡、居委数量合理、居民人口相近、区域特点相似"为标准划分片区，实行围墙内外、小区街区全域治理。在区委组织部指导下，我们形成了党建引领下"街区即片区、片区即街区"的治理架构，实行"分片包干、分类治理"的治理模式，结合音乐街区实际，以"以文化人、成风化俗"为核心理念，正式启动"音乐街区治理力工程"，希望进一步强化基层治理力的穿透与效能，让音乐街区摆脱物理空间的限制，创造更丰富的可能。

链接街区资源，融聚治理"能量"

"音乐街区治理力工程"这一计划的提出，仅仅只是开始。在提升街区治理能级、促进街区融合方面，想要让这片终日流淌着音符的特色街区真正浸润人心，光靠我们的单打独斗远远不够，还需要通过体系化的实践，让音乐街区原本拥有的资源能量真正释放出来。

为此，我们积极与街区的文化院团、学校楼宇、公园绿地、片区居委等建立联系，一家家主动走访，一遍遍反复沟通，邀请他们共同参与到街区的建设中来。

为了提升沟通成效，也让对方能感受到我们的诚意，每一次我们都会带上用心准备好的方案前往。但想要让对方采纳接受，光凭一颗务实之心还不够，还要让对方真正认识到、感受到社会治理"共享"的成果。

在我看来，打造一个资源嫁接和互换的平台，是让其拥有

"获得感"的关键。以上海交响乐团为例，这是一个具有国际格局、国际眼光的乐团。所以，当上海交响乐团提出想在夏季音乐节期间举办"全城古典"活动，让古典音乐走出剧院、走进街区、走近市民身边，并提出与街道合作时，我们抓住了这个珍贵的机会，与乐团的同志一起走现场、看点位，力所能及地为他们提供服务和支持，努力促成活动的顺利举行。

又比如，上海音乐学院编写了一套《中国艺术歌曲百年曲集》，希望得到有效传播。我们便和他们联手，共商共议以音乐为特色的大中小幼思政一体化工作，联动辖区内的大中小幼学校，共同唱响中华艺术歌曲。

把资源禀赋变成治理能量，这就是我们的工作方向。依托区域化党建平台，我们积极探索建设新时代文明实践特色街区的路径，也打开了共建共治共享的新格局。

打造特色 IP，共享美好街区

"音乐街区治理力工程"的本质是坚持人民城市重要理念，将各类人群对美好生活的向往融入音乐街区治理的方方面面。所谓"治理"，是发展的治理、融合的治理，更是生活的治理。基于这一考量，我们针对小区居民、求学学子、青年白领和打卡市民这四类街区最主要的活动人群，开始了下一步的行动。

　　活动无疑是快速链接起大家的纽带，但想要充分发挥纽带的作用，我们需要做出"爆款"。打造 IP 的过程十分不易，但好在这一次我们拥有着强有力的后盾——那就是由驻区单位、文艺院团、包保单位、职能部门等 31 家成员单位组建的"音乐街区共治委员会"。

　　在多次深入思考与探讨后，我们提炼设计出了"梧桐乐""十个一"项目：绘制一张音乐街区文明实践地图、构建一个文明实践阵地矩阵、开展一次主题实践活动、探索大中小幼思政育人一体化、组织一次青年发展型音乐街区建设研讨、推出一条音乐旅游路线、奏响一曲青春风采交响曲、组建一支特色志愿服务队伍、发布一系列文明实践目录、举办贯穿一年的"'音乐街区·四季'特色展演"。

　　通过项目化合作，辖区内大院大团大所资源优势得以充分发挥，我们发布了活动贯穿全年、横跨四季的《2023 年"梧桐乐·音乐街区"新时代文明实践目录》，将"MISA 全城古典""音乐好邻居""午间音乐会""古典轻松听""一季一演""文化星推官探店"等音乐特色项目送进写字楼、送进社区，让更多市民体验到了"家门口"的优质文化，实现了与音乐街区的"双向奔赴"。

　　此外，在音乐街区内，14 至 35 岁青年占比超过 12%。如何打破资源界限，搭建更广阔的平台来回应这一群体的需求？

这也是我们 IP 打造过程中的又一重要发力点。依托音乐街区的资源，延伸"梧桐乐"品牌内涵，我们设计了专门面向未成年人的"梧桐 YUE+"关爱系列活动。其中，"小小规划师训练营"首期活动便聚焦音乐街区建设——来自位育实验学校的 9 名学生在专业人士的带领和讲解下，实地走访音乐街区，在梧桐光影间漫步，聆听建筑相关知识，仔细观察街区形态。在此基础上，他们一个又一个的奇思妙想通过沙盘造景被逐一呈现：有环保材料铸造的音符座椅，有融合了音箱和投影功能的音乐路灯，有冰淇淋形状的麦克风，还有模拟虫鸣鸟叫的音乐森林……这些难能可贵的创意令见多识广的专业规划师们也连连称赞，而孩子们也在这样知行合一的体验项目中收获颇丰。此外，还有青年共治联盟、音乐文化创新实验室、青年游学线路、徐汇文化星推官探店、青年志愿者街采调研……青年力量源源不断地为社区自治、街区建设注入新的活力，一道别具特色的青春风景线已成为音乐街区的闪耀名片。

"跨区"相融互通，创造无限可能

解决了资源在片区内流动的问题，我们又将目光聚焦到了资源向外延伸方面。湖南街道有四大片区，即武康片区、淮中片区、东湖片区和汾阳片区。2023 年，我们也将"街区治理力工程"延伸到了其他几个片区，而且充分发掘并呈现出四个片区各自的治理重点和特色——汾阳街区重点打造"永不落幕的音乐街区"，武康片区重点推进"开放式街区"治理，淮中片区重点推进"文商旅居融合发展街区"治理，东湖片区则以城市焕新为治理方向。

与此同时，它们又是彼此相融互通的。整个湖南街道都地处衡复历史文化风貌区，每个片区（街区）其实都有新消费业态的集聚，尤其是各类国潮品牌、本土品牌——这也是我们四个街区合力发展的重点。在此前的夏季音乐节期间，我们就以音乐为媒介，让音乐街区与武康—安福风貌街区实现了一次"双向联动"——凭音乐街区夏季音乐节门票，市民可在 Corner Cone Gelato 冰激凌、元古云境餐厅等风貌街区入驻品牌店内获得限定权益，如联名产品、体验活动等等，大大提升了市民的消费感受度和实际获得感。

2021 年，音乐街区有幸入选第一批国家级夜间文化和旅游消费集聚区；2023 年 7 月，我们又获评上海市级旅游休闲街区，正申报创建国家级旅游休闲街区。文商旅的深度融合，不仅"活化"了街区的形态和文态，也释放了街区的新消费潜能，形成"形态聚业态、业态促形态"的良性循环。街区之间的跨越联动，让更多资源在此实现了"共享""共赢"。

构建"治理共同体"，让街区与社区"携手"共进

突破空间限制，打通条线梗阻，把不同主体放到一个平台上来解决问题，这是片区治理一个很大的突破。生活治理是片区治理的本质。在区域化大党建引领下，我们坚持以片区治理来赋能街区发展，以街区治理深化片区治理，有趣链接、无限可能和实在变化也在不断发生。在这样的情况下，我们不再是一个人在战斗，而是成为命运的共同体。在建设"治理共同体"的过程中，我们也有幸见证了诸多感人的故事：

上海音乐学院校园、上海交响乐团音乐厅向社会开放后，生活在附近的党员、居民第一次走进这些院校院团参观，接受了生动的人文行走教育，音乐学院的校领导还亲自接待居民并陪同参观和讲解。

"居委"这一基层治理最小单元也有了与大院、大团面对面交流、协作共商的常态化机制。淮海居委曾向紧挨着居民区的上海交响乐团反映夜间搬运道具、隔墙破损等问题。乐团得知情况后迅速做出调整，每次深夜进场前都会提前通知居委会，以最快速度改造了隔墙并贴上光亮的瓷砖……

在共建单位看来，这些或许只是举手之劳的小事，却能为居民区解决大问题。更为重要的是，居民们在一件件扎实推进

的"小事"中，树立了对音乐街区更深切的文化认同。

城市基层社会治理不仅仅是空间设施的建设改造，或是街道及有关部门的行政兜底，更需要群众参与和群众反馈。为此，在推进音乐街区建设的过程中，我们想方设法搭建协商平台、拓宽反映渠道，让围墙内外的人都可以提意见、谈想法。比如，居民很关心街区的硬件建设，向居委反映沿街绿化景观小品前的公共座椅凳面有点低，老人坐下站起不方便。居委立刻协调了施工单位，第二天便将座凳凳面抬高了十几厘米，材质也改为了可快速渗水的木质贴条，提高了舒适度。

再比如，音乐街区内有非常多学琴、练琴的居民，但终日琴声不断也容易引发扰民纠纷。而汾阳路9弄小区就自发召集业主制订了自治规约，还商定了小区居民练琴时间，避免影响邻里休憩，从而解决了这一"老大难"问题。此外，随着音乐街区建设的推进，街道一边在线下深入街区收集诉求，一边在线上持续开展"我为音乐街区建设献一计"人民建议主题征集。针对居民反馈的问题、提到的需求，及时回应、重点解决、快速落实，让事事有着落、件件有回音。

音乐街区"治理共同体"的形成，不仅实现了片区内资源的流动共享、问题的协作共处，更是打破了各方的思想"围墙"，使街区与社区从"牵手"连心到"携手"共进。

一天傍晚，我在街区散步，恰好看到一缕夕阳映照在"音乐城堡"上，美轮美奂，那一刻我内心的幸福感、自豪感、使命感油然而生。我相信，未来的音乐街区是无边界的，极具穿透力、感染力的，能从中透出城市的暖意，更能在不同人群的低吟浅唱间展现出充满活力的城市新律动。每个人都是街区治理的共同体成员，让我们一起奏响人民城市新的华美乐章，而勤劳智慧的人民也将共享这美好的一切。

推进可持续"社会动员"
激发片区治理"青力量"

徐汇区华泾镇党委副书记　毕信仁

━━━━━━━━━ 人物简介 ━━━━━━━━━

　　毕信仁，现任上海市徐汇区华泾镇党委副书记，协管党的建设工作，统筹组织、宣传、统战等工作。为助力年轻志愿者团队实现从"战时"走向"平时"的蝶变，他坚持党建引领，致力于汇聚更多资源和力量下沉社区，从服务小区走向服务片区、从个人参与走向单位联建、从覆盖片区走向辐射镇域，探索出了一条专业团队有效有力参与基层治理的全新途径。

　　华泾镇位于徐汇区的最南端。根据区委"1+6"文件，我们将华泾分为北杨华发、东湾徐浦、建华门户、华泾龙吟、华浦望月、关港蓝湾六大片区，分别承载了不同的产业能级和民生改善愿景。镇党委积极转变思维，以片区为主要维度，重塑治理单元和治理机制。其中，北杨华发片区面积约1.41平方公里，主要由华发路上的华发、明丰、华臻、馨宁4个居委5个小区，沿街253个商铺和单位，以及正在建设的北杨人工智能小镇构成。片区内总计8562户，约2万人口。

　　2018年，我刚到华泾时，上一任领导班子已经以"融和"为主题推进居民自治，倡导四面八方来的动迁居民和租客积极融入和谐社区。但由于华泾的城市化进程跨度长，且还在持续进行中，动拆迁安置多、人口导入多、流动人口多的特点很明显，如何让外来人口融入社区并产生归属感？这成为治理工作中不得不面对的问题。随着片区治理的深入推进，这个答案越来越清晰，在片区治理中不断扩大多元参与，尤其是广泛凝聚年轻在职人员组建志愿团队，积极参与社区治理和公共事务，成为了我们推动党建引领基层治理的重要抓手。

馨宁"小全科"出战，打开基层治理新思路

　　提到"馨宁小全科医院"，馨宁公寓小区的居民几乎无人不知，而"医院"中的医护志愿者正是由从事医疗工作的小区

居民们组成。

2022年年初，我接到通知要带队进驻馨宁公寓小区，负责整个小区的防疫工作。小区实际入住3588户、约8000人，其中有1600多户是市级的人才公寓住户，剩下的则是动迁房的住户。封控刚刚开始，我们就遇到了紧急的突发问题——有居民在家不小心切到了手，但一时又无法将其运转至医院救治。好在当时居民中有专业的医护工作者站了出来，及时为受伤居民做了紧急处理。

但小区里还有那么多老人和孩子，万一有个头疼脑热，该如何就医？为了防患于未然，我们随即提出要在小区中招募志愿者，一份志愿者招募书就这样开始在各居民楼的微信群里传播。很快，我们就收到了超过200份报名申请，其中不少从事医护工作的居民主动站出来，表示自己可以立即上岗服务。就这样，面对居民常发的急难杂症和专业医疗需求，我们第一时间建立了一支"馨宁医护志愿组"，涵盖内科、全科、妇产科、血液科、药剂科等等不同科室的医护人员。

在特殊时期，医疗资源相当紧张，当时医院转运有相关的制度要求，大家都在排队争取名额。一般都是比较紧急的、自行处理不了的才能转院，很重要的前提就是要先对病患有初步判断。像我们这样的外行人显然是不具有说服力的，而当时这批专业的志愿医护主动站出来，的确是帮了大忙。

我记得，在被封控的楼栋中，一位小朋友被缝纫剪刀戳伤了眼睛，情况紧急。在等候闭环转运时，为了不耽误治疗的黄金期，有经历过严格防护培训和考核的医护志愿者穿上了防护装备，立刻为小朋友进行了伤情研判，争取到了治疗的黄金时间。

还有一位小朋友在家吃糖卡喉咙了，家长在小区微信群里一呼叫，我们的医护志愿组第一时间给他发去了海姆立克急救法的视频，3名医护人员也冲上门给予援救，孩子成功脱离了危险。

除此之外，配药也是当时居民们的重要需求点，尤其是像精神类药物更是困难。我们有一位来自上海市精神卫生中心的年轻医生非常热心，在得知了居民的需求后，她骑着自行车到精卫中心去帮居民拿药、配药……

在和大家一起度过的83天里，这样的故事不胜枚举，关键时候能扛事儿的小区医护志愿者们为我们社区的高效、有序运转作出了巨大的贡献，我们深受感动。

党建联建，构建基层治理整体合力

可以说，"小全科"团队里每个人都是一起"出生入死"过的，因此大家都十分珍惜这段并肩作战的经历，这为我们日后的情感维系打下了重要基础。从特殊时期回归正常，我们深知，持续凝聚好这支有力的志愿者团队意义重大。由镇党委主要领导出面，跟志愿者们沟通，希望将"战时"与"平时"联系起来，更好地凝聚更多专业的年轻力量。

如何让年轻人参与片区治理？前提是要先增强他们对片区的了解。在党建引领下聚心、聚智、聚力，我们着力打造以"生活盒子"为核心，业态齐全、功能完善、智慧便捷、富有品质的全龄友好型"15分钟社区生活圈"，切实提高居民在家门口享受各类优质民生服务的便捷性。我们会不时带年轻人实地参观、深入了解片区最新的变化以及居民的需求，共同讨论专业团队在建设宜居、宜养生活圈中的角色定位，潜移默化地引导他们关注片区、融入片区。

其次，想要发扬、动员群众力量，归根到底都是要先做好"人"的工作。大事讲政治，小事讲交情，人与人之间感情热络了、关系维系好了，后续有什么想法也就好沟通了。在此过程中，我们也会用到一些"小技巧"——譬如在志愿者来为居民做讲座或者参加活动时，我们会给他们发一个"医护天使"的小摆件，每一次志愿服务得到的摆件是不同造型，礼轻情义重，志愿者甚至会在朋友圈里晒晒自己的收集，大家都在有所收获。

有的志愿者可能在单位只是众多医护人员中的普通一员，参加社区服务后，我们会主动写表扬信、送锦旗到他们的单位，甚至在他们所属医院的公众号下面留言。记得有一次，我去瑞金古北分院送锦旗，院领导亲自出来接待。因为领导觉得自己医院的一名员工能够受到属地政府和居民的认可十分开心。这名志愿者还告诉我，分管院长后来专门开了一次会，号召所有医护人员在学好医务知识的同时，也要热心社区服务。医生在医院的付出是他的本职工作，而他在社区中的付出得到肯定，内心的自豪感是非常强烈的。深受鼓舞的他也主动表态，日后还会更多地为我们的社区作贡献、尽所能。

在鼓励和肯定年轻志愿者方面，党建引领也发挥了重要作用。尽管大家所属单位不同，但以党建为纽带，能够快速打通原有壁垒、突破认知局限，让大家自然地产生一种信赖感，从而快速统一好目标和行动方向。我们希望"小全科医院"团队能够走进更多的党群服务阵地，发挥专业所长并深入参与社区治理，从服务小区到服务片区，面向片区 4 个居委、5 个小区共约 1.6 万居民，以科普讲座、定期义诊等形式，开展公益服务。几乎每个年轻人一开始到陌生的环境中去开展服务，都难免会感到羞怯和被动。因此，"小全科"第一个接受动员来为居民讲课的就是党员，有人带头打破了这种局面，后面就会有更多人参与其中。

在发动个人的基础上，我们也希望以点带面，借由一个人带动他的社会关系和社会资源，从而撬动更大的能量，引入更多力量沉入社区，赋能基层治理。为此，我们从个人出发链接到了更多的资源，比如志愿者杨俊侠带来了她的朋友、海军军医大学第三附属医院肿瘤科的胡护士长，给居民讲解化疗病人的居家照护问题。有些志愿者们甚至带来了单位资源：在与中共复旦大学附属眼耳鼻喉科医院麻醉科支部委员会的党建联建中，借助结对的契机，40名来自五官科医院的党员医生们利用他们的专业所长给片区居民们带来了惠民讲座——儿童和青年过度用眼如何改善，老年人白内障、青光眼、老花眼有哪些常见症状，各类眼药水如何正确使用，遇到中风该如何急救处理，等等，这些丰富且实用的课程让前来参加讲座的居民获益匪浅。后来，瑞金古北分院、胸科医院等相关科室党支部也都陆续表达了党建联建的意向。"小全科"逐渐壮大，充分发挥了志愿者链接团队资源的作用，不仅扩大了志愿服务的"朋友圈"，也充分展示出基层党组织发挥作用的努力成果，让我们的多元"N"力量不断做大做强。

激发品牌意识，凝聚片区治理年轻力量

"小全科"只是一个抓手，我们的工作重点仍是要吸引更多优秀的年轻人来服务社会。为此，从年轻人的生活需求着手，我们进一步完善了公平共享、弹性包容的基本公共服务体系，结合实际创新片区治理，吸引高层次人才、青年人才、新

职业人群聚集。

譬如，北杨华发党群服务中心设立了片区四居委首问接待岗，四个居委社工轮值，全岗接待；开设 24 小时开放的户外职工爱心加油站，冰箱、微波炉、饮水机、充电点、阅读室、缝纫机等设施一应俱全；园区"泾彩·天华坊"党群服务站完成功能升级，党员轮班坐镇提供接待服务，面向企业实行场地活动预约使用，站内配备自助政务服务一体机，大家随手就能办理日常事务。居委搬"新家"，漓江山水居委沿街设置 500 平米新空间，不仅方便居民办事，还设有阅览室、法律援助角、乒乓球区等活动空间，做到党群服务与百姓"零距离"。

所谓"治理"的组织路径，无非是在服务群众的过程中团结群众：通过服务把他们吸引出来，才有机会去团结他们；同时在过程中坚持以党建引领为核心，方能达到最终凝聚群众、引导群众的目的。简单来说，就是用活动汇流量、用团队聚力量，最终在不断提升服务质量的过程中形成引领社区风尚的正能量。如果大家天天都能看见自己身边有好人好事发生，感受到社会充满了关爱，不仅心境会开阔愉悦，整个片区治理的氛围也会愈发积极向上。

想要让社会动员更具可持续性，我们还需将品牌项目做得更有趣、更有吸引力。而多元主体参与，正是党建引领基层治理的重要特征。

例如，我们组织动员了一些在教培机构工作的年轻人，到社区中为孩子们开设舞蹈、画画、围棋等公益暑托班；结合片区里北杨人工智能创新中心的科创特色，请一些人工智能领域的科学家、工程师组建一支"科普天团"；我们还希望组织退伍军人、平日里爱锻炼的年轻志愿者们，成立一支"蓝盾救援队"，在遇到突发情况时，他们能够第一时间行动响应……除此之外，我们还对区域化党建资源进行了分类整合，形成"泾彩·大课堂"视频党课党员系列教育课件、"书记沙龙"社区难题名医大会诊、"青蓝结对，互学共进"书记带教新进社工、高校联动基层骨干"赋能计划""泾彩"益生活社区便民服务等子项目，为常态化推进社区治理和服务群众发挥长效作用。为构建区域内党组织志愿服务网络，我们培育出了"泾彩讲师""情暖一线""爱心导医""爱心献血屋"等一批公益项目，每个项目对应设立"三个一体系"（一批党群服务站点 + 一张公益服务菜单 + 一次公益服务活动）。

如今，"小全科"已然扩展成了一个更大的片区治理品牌，而更多的品牌和价值正不断实现溢出。当我们的治理品牌影响力足够大时，就会自然而然地形成号召力。对于加入团队的年轻人来说，他们的归属感、成就感也就会越强烈。

回应百姓需求，实现片区治理整体化

随着品牌影响力的扩大，原来的馨宁"小全科"已经慢慢淡化了"馨宁"两个字。因为有别的片区居民主动参与到我们的讲座活动中，也有来自其他居民区的志愿者力量正陆续融入我们的团队。

在我看来，所有的治理都是为了解决社会问题，解决不了问题的，那就只是"做游戏"罢了。例如在药品讲座中，有的居民就拿着药品现场前来咨询，这就说明大家的需求是真实存在的。伴随我们人员规模的扩大，我们的服务范围也逐渐扩大到了其他片区乃至全镇。

我到基层工作迄今已经有 7 年多了，能够明显感觉到大家对所处环境的要求与日俱增。我们以前大多只懂得去管好自己的"一亩三分地"，划分了片区以后，对于街面上有的资源我们也可以帮居民去"牵线搭桥"了。

比如，华发居民区有个小区更换了电梯，但一直在等待验收而无法真正使用，他们的居委干部就找到我这个片区党委书记。为充分发挥片区治理的作用，我努力想尽办法，协调几个部门尽量加快了验收进程，让小区里的老人早日享受到了便捷。

从有围墙的小区居委会走出来，迈向片区治理，也让我们拥有了更多公共的场地、公共的团队、公共的活动。比如"泾彩汇 ZHI"东湾徐浦片区宣讲队的成立，推动党的创新理论飞入寻常百姓家，以乡音传党音、以真情释国事；比如街区有举行国庆纳凉晚会的传统，现在我们都是片区里的几个居委一起来出谋划策，活动内容和形式也愈加多样化了；又比如每年的"学雷锋公益日"，也都是大家集体行动，让"蓝泾灵"的志愿精神、资源价值得到了充分发挥。

眼下，群众有需求了，我们都会自然聚集起来群策群力。如果日常没有一定的群众基础，一旦等到矛盾激化了，再去做群众的思想工作就会难上加难。随时能够拉得起一支强有力的队伍来协商解决问题，这才是片区治理的关键所在。

下一阶段，我们希望花更大的心力去做好"最后一公里"的覆盖，在继续提高服务质量的同时，通过公共服务、多元活动让更多优秀的年轻人走进片区，不断吸引人流；在日常与居民的接触过程中打好群众基础，去深入挖掘他们的共性需求，凝聚更多元的力量；我们也将在建立片区建设发展和长效治理机制下，持续深化"泾彩"系列项目，把"蓝泾灵"志愿服务的影响力贯穿于基层治理工作的全流程、各方面，推动党建引领基层治理的工作成效在华泾开花结果，让居民群众的获得感、幸福感和安全感更加充实。

成片旧改"满分秘诀"

徐汇区龙华街道人大工委副主任　徐奕

人 物 简 介

　　徐奕，原武警上海总队训练处处长，现任龙华街道人大工委副主任。他退伍不褪色，以"战斗者"姿态直面挑战，针对旧改难题制订"战略"、组建团队、凝聚人心，坚持合理合法、最大程度为百姓争取利益、解决问题。在他和同事们的努力下，龙华西路334弄旧改征收项目成为2023年徐汇区首个成片旧改征收基地，实现了100%签约。

作为一名退伍军人，我算是临时"空降"来接手龙华西路334弄旧改征收项目的。在得知自己即将要面对这一"难啃"项目当天，我就将《上海市国有土地上房屋征收政策法规汇编》前前后后、仔仔细细翻阅了两遍，还找来了《党建引领打造中心城区旧改征收的"宝兴样本"》进行学习。在军队时枪不离手，在地方工作时，则是要法不离手，我日常都会随身携带这两份资料。

我成长于部队，接到命令、立即出动、马上到位的军队精神早已刻入了我的血脉灵魂。我把这个项目当作带部队打仗，并坚定地认为：只要让群众深切感受到我们全心全意为人民服务的态度，项目就肯定能成功。

分析"战局"，知己知彼

2023年3月27日，我初来街道报到，甚至连自己的办公室在哪里都还不知道就去参加了项目会议。第一场会议开完，紧接着到区里开了第二场。因为并不了解基本情况，两场会议下来我还是有些云里雾里的。

时间紧、任务重，我必须要"学"与"做"同步进行。我深知，知己知彼才能打胜仗。只有基于更详尽全面的信息，才能制定适配的"作战"方案。于是，我找来了街道管理办的主任，帮助我快速熟悉情况。根据原先存档的一份项目报告，我开始对基地房屋的具体信息、背后的历史故事等有了大致了解。

接下来便是组建队伍。初来乍到，我谁也不认识，只能将书记指派给我的一个"兵"作为联络员，并找来居委一起成立了一支"游击队"。与此同时，我们还将征收公司、项目承办单位等"友军"充实到了自己的队伍中。一番协调后，大家明确了共同的目标，决心要将劲往一处使，高效完成任务。

事实上，在我接手之前，龙华西路 334 弄旧改征收项目早已有过多番尝试。原来的城市旧改曾提出"完善功能配套"的方案，也就是在原有基础上进行房屋改造，通过"长高""长胖"，让没有独立厨房、独立厕所的居民能够处于功能齐全的居住环境。但因为各种原因，第一个方案难以推进，因而项目又提出了第二个方案：全部拆除重新起建。但由于整个区域空间有限，设计效果很难达到居民的普遍要求。因此，项目同意率始终只有 60% 左右，远低于国家 59 号令可执行的最低标准线——达到 80% 以上的同意率。

老百姓对项目的期望值很高，而我们的改造却屡次以失败告终，我认为其背后有几点现实原因：其一，房屋性质复杂。同一小区有公租房和售后产权房两种性质的房屋。其二，房屋结构不同。房型上分为 20 世纪 80 年代造的自带洗手间、厨房的成套房，20 世纪 50 年代初造的有独立厨房、公用卫生间的砖木结构房屋，以及由公用厨房和卫生间组成的"筒子楼"。其三，房屋普遍面积不大。建筑平均面积为 37 平方米，最小的建筑使用面积仅有 4.8 平方米。我进去看过，里面黑咕隆咚的，居住舒适度很差。其四，人口多。由于房屋大多是父辈，甚至祖辈分的，一套房子里又落了很多户口，牵扯多方利益，权利人的矛盾点突出。

政府的补偿政策是普惠化、最大化，因此我们整个动迁地块有一个均价，很多补贴也都是按照均价来计算的。但是，当各类利益诉求混杂时，矛盾点就会愈加突出，这就给旧改征收增加了难度。就龙华西路 334 弄这一地块，区委区政府下定决心要克服万难，把钱投入到群众关心的痛点上。我相信，在我们的不懈努力下，绝大部分老百姓还是能够与政府"共情"的。

走到群众中，走进群众心里去

基于对"战局"的前期分析，我们为项目制定了多个阶段的"作战"计划：

第一阶段是意愿征询期。凡事都要调查研究，不掌握情况，就不要讲话。由于过去存档报告中的信息有限，很多房屋的资料都是空白的，我就到多个协作单位去进行了解，并为龙华西路 334 弄 225 证（252 户）做了"一户一表"。不仅要知道房屋是哪年造的、房屋有多大面积，还要了解违章是怎么形成的、房子如何流转、有多少连带关系等信息，由此按照红、黄、绿不同颜色来标出每一家旧改征收工作的难易程度。我们前期的征询通过率是 96.89%，仅有 7 户居民未同意。

第二阶段是诉求沟通期。工作要做得细，也要对症下药。正式征收方案是 6 月 27 日提出来的，我们依靠征收公司和居委两方力量，从最初的每周例会通报情况，到后续每日开一次会，逐步聚力、细化工作，做好"两清"排查，即房产清、户口清，并逐步扩大为居民诉求清、家庭矛盾清。同时，我们也对未同意的 7 户居民进行了逐一沟通，发现他们不同意的原因集中于家庭利益纠葛深，或是出于对政策的部分误解，而这些是可以通过后续工作来解决的。

第三阶段是矛盾调解期。当预执行方案出来后，居民知道了各自的补偿方式，新一轮的矛盾也随之而来。其中有一户居民，户口上的建筑使用面积是 18.4 平方米，但他的违章面积却达到了 95 平方米，是拆违过程中遇到的违章面积最大的一户。像这样搭建在小区里的违章建筑"不胜枚举"，所以这一阶段我们很大一部分工作是在同居民违章作"斗争"。但令大家感动的是，这家户主的儿子当过兵，很讲纪律，也非常通情达理。经过耐心沟通之后，他们立即表示配合我们的工作。

除此之外，还有家庭内部利益分割的矛盾、对于户籍使用权人补偿认定的矛盾等，都像一道道"关卡"横在面前。调解每一个矛盾，都要先耐心地倾听，让居民感受到我们想要提供帮助的真心。为此，我们和征收公司一起，在两个星期的时间里认真接待了每一户居民，从中梳理矛盾、找到规律。对于前期征询中已表达同意的居民，也都一视同仁地了解他们的诉求。

随后，根据归纳总结诉求，我们将有相似矛盾点的居民聚集起来，以10-15户为一组，大家坐在一起开一场圆桌会议，由专业人士逐一依法依规回应、解答居民的诉求。

我记得有一次，老百姓情绪很激烈，甚至吵得拍桌子，场面一度失控。面对"冲突"，军人的本能让我挺身而出，动之以情、晓之以理，用我的心声唤醒大家的理性。在我看来，现场老百姓和政府的服务团队本是鱼和水的关系，而非"敌对"关系。党和政府的工作中必须走群众路线，一切为了群众，一切依靠群众，从群众中来，到群众中去。如果不是为人民服务，又怎么会投入这么高额的费用？如果这次旧改征收再失败，下一次要等到何年何月？

事实证明，不管有多少牢骚，老百姓本质上还是认可党和政府的基本方针的。在这一基础上，我们再用事实说话，一点点讲透道理，让大家感知到党和政府惠及民生的决心。这不仅扭转了即将失序的谈判场面，还赢得了原本与工作组"敌对"

的群众掌声，让大家的沟通从情绪发泄回归到了理性交流。

圆桌会议是进行矛盾调解的重要手段和组织方式。在20多场圆桌会议后，我们又组织了一场听证会，请来区里各条线的单位领导聆听老百姓的心声，也希望用更具权威性的话语让老百姓对工作产生更大的信任。

"攻坚克难，逐个击破"

按照先易后难的顺序，在完成了前三个阶段的排查梳理工作后，我们便紧锣密鼓地进入了第四个阶段——"攻坚期"。此时居民大多有观望心理，甚至认为"早签约不一定好，晚签约有好处"。因此，做好群众"领袖"工作，是这一阶段的主要目标。

所谓群众"领袖"，就是有一定的知识素养和社会关系，在群众中有一定信服力和感染力的居民，是我们重点的团结对象。有一位小区的"风云人物"，他是一位80年代的大学生，本人从事外贸工作，在群众中颇具声望。我了解到他也是一位党员，便以此为纽带和他交心，希望得到他的帮助。

一开始这位"风云人物"对于我们的方案也颇有抵触。他提出自己的房子是当时水泥厂分的，往上建阁楼也是水泥厂同意的。他以此为依据，希望为家人多争取一些利好。但我强调，如果有凭证，我们可以按照历史的遗留情况个别处理；但如果没有凭证，我们只能依法依规处理，不可破例。同时我向他承诺，如果这个基地有任何的不公平、不公正，我愿意接受所有的实名举报。而他也意识到，如果最终项目达不到签约比例，这个责任是他所承担不起的。于公、于私、于大形势、于个人利益，我都一一向他分析清楚。最后，他同意了"正向"发声，并成为我们最早签约的居民之一。

还有一位居民，他是私房搭建矛盾集中的代表。他的父亲原先是水泥厂的领导，本身也是一名老党员，讲话很有水平。但我们发现，他对于旧改政策了解得并不完整。于是，我们就从专业角度一一解答了他所有的疑惑，还和他一同回忆起了当年的历史。从他自身的居住情况分析，让他感受到此次旧改的重要性和必要性。就这样，他也成为项目推进过程中一个得力的群众"领袖"。

如何团结群众"领袖"？在一对一、多对一的工作开展中，只有比他站得更高、想得更深、讲得更透，才能争取到最广大人民群众的支持。凡事要依法依规，不能感情用事，但在公平合理的法律框架内，我们一定要力所能及地帮助群众解决实际困难。

比如，我们也遇到过一户居民，户口上有 12 个人。因为户主十分善良，把 90 多岁的老母亲、离异的妹妹都接到了自己家里住。由于最初房屋只有 18.4 平方米，他们就通过往上"升阁楼"的方式违章搭建来供全家人居住。对此，我们有针对性地帮她解决实际困难，利用民生托底保障，为她的母亲争取到了老年人补助，还为她离了婚的妹妹争取了政府的廉租房补助，给予了实在的关怀和支持，也获得了她们的理解和配合。

又比如，有些居民表示我们提供的动迁房屋太远了。对此，我们一方面从动迁房未来建设规划的长远角度来说服他；另一方面，考虑到居民实际的居住需求，我们请求了条线联动，找到区建管委房源办，协调出了48套零星房源供居民选择。

在保证全部居民利益的基础上，我们也需要考虑个性群体的利益，但依法依规始终都是不变的前提。

推倒"一堵墙"，完成"不可能的任务"

当"战役"越"打"越小，"成果"却越"打"越大。7月22日，时隔近四个月的"播种"，我们终于迎来了正式签约的收获时节。

从早上8点半开始，我看着电子签约屏幕上的数字从1%、2%，一点点跳到95%、96%，所有人都既紧张又激动，赶紧盯着工作人员查看最后几位还没到场的居民。因为有了前期开展的诉求沟通、矛盾调解和困难攻坚工作，支持的声音越来越多、表格上的待处理名单越来越少，所以对于最终结果我心里基本上是有底的。就在当天的下午 2 点半，我们顺利完成了 100% 的签约。

但签约的百分百完成，并不意味着"战役"的结束，还需进入最后的签约善后阶段，包括针对拆房平地，以及个别由于家庭内部分配问题导致仍有矛盾纠纷的家庭，进行最终的调解和清零。但好在，我们有一支能打硬"仗"、干实事的团队，能够为居民们提供最专业的解读和帮助。在整个旧改征收过程中，我们也广纳善言，对老百姓的所有诉求一一回应。对于部分居民提出的补偿系数存疑的问题，联系区房管局调取了相关底档，依法依规依据为老百姓多谋福利。基于平日里细致入微的居民区工作，甚至还有两户居民最后是全权委托我们居委干部来帮助他们完成整个旧改签约流程，对居委干部们可以说是非常信任。

龙华西路 334 弄旧改征收项目总建筑面积为 11000 多平方米，其中，违章建筑就达到了 188 处、3500 多平方米。如今回头来看，面对这一看似"不可能完成的任务"，我们用心、用情、用力解决群众所需所盼，推倒了与群众之间的心灵隔阂之墙；同时，也立法于前、讲情讲理，齐心协力推倒了违建违章之墙。百分之百的成绩来自科学的办法，也来自我们"旧改为民、旧改靠民、旧改惠民"的初心，这也是一切工作开展的重要基础。

数字赋能让"充电圈"更加便民

徐汇区田林街道平安办主任　严敏乐

──────── 人物简介 ────────

　　严敏乐，现任徐汇区田林街道平安办主任。在田林街道处置电动自行车入栋难题的过程中，他带领队伍进行了项目总体规划制订，并全程参与项目实施，借助数字赋能开展各项专项整治和宣传工作，为田林街道的充电安全保驾护航。

2020年时，区安委办和区消防救援支队下发了相关红头文件，要求对老旧小区的充电设施进行加装和管理。随着田林街道辖区电动自行车的数量不断增长，很多小区充电桩的数量不足，充电成了一大难题。居民私拉电线、飞线充电、楼道内充电等现象屡禁不止，给居住安全带来极大隐患。尤其是随着冬季的到来，大部分电瓶车都系上了挡风被。这种挡风被由棉布制成，大多数还带有厚厚的棉絮夹层，无形中增加了充电引发火灾的事故的危险系数。我们从当年第四季度开始了相关需求的摸排，并根据摸排结果上报预算。

2021年，恰逢上海市委全会要求全面推进城市数字化转型，我们开始摸索将数字化与电动车管理相结合，在田林进行数字化赋能电动车场景的先行试点。

磨刀不误砍柴，践行便民利民初心

先摸清底数、搞清情况，然后才是挂图作战，这是我们基层工作一般采用的传统手段。为此，我们在前期对整个田林街道区域的电瓶车数量做了一个整体性的排摸，并多次走访征求居民意见，邀请充电桩安装公司的专家实地考察；甚至还到了各种维修店进行调查，防止改装电池、组装电池等隐患存在。最终，我们协同"三驾马车"在各个居委开展充电桩安装协调推进会，对充电桩的安装位置、外形设计、安装数量等进行科学分析和选择。据调查了解，目前辖区内大约是 15,000 的电瓶车使用量。以此作为基础，我们在后期真正去装充电桩或是开展相关宣传整治工作时，便能够做到心中有数。

工欲善其事，必先利其器。数字化赋能仍需依托于硬件的建设，而硬件建设必然会牵涉到"全过程人民民主"。例如，有一楼居民提出，充电桩装在家门口是否存在辐射问题、来往车辆充电产生噪声、火灾隐患，等等。针对这些担忧，我们在项目总体规划制定前期就需要与居民展开大量的沟通和协调工作。不只是居民，安装充电桩同样涉及与物业、居委会、供应商等多方的关系。角色不同、顾虑不一，也就形成了我们安装工作中需要逐一攻破的难点。所有事情的运行都有它内在的规律和逻辑，我们要做的就是帮助老百姓找到一个解决问题的平衡点，满足他们的需求。

其中，充电电费就是一个较为突出的矛盾点。物业方和居委会担心的是电费到底怎么出，以及后期的管理是否会增加自身的工作量；而居民担心的问题则主要集中在性价比、便利性和安全性上。我们既要保证供应商能够实现微小盈利、物业不增加额外支出，同时居民也能从中得到一些实惠。为此，在综合了多方的反馈和诉求后，我们针对电费问题又进行了多次沟通，最终将定价设置为了 4.2 厘每分钟。相较以往的 1 元每 4 小时，居民每次可以节省 25% 左右的费用。此外，居民亦可使用充电设备通过微信小程序进行注册充值付费。为了方便无智能手机的居民使用，充电桩设备还能以充值智能卡的形式使用，最小计费单位以分钟核算，最大程度上减少了居民的开支。虽然比起民用电费略贵一些，但安全性上有所保障，居民的使用意愿也会有所提升。

在协商的过程中，有的供应商还提出了分区定价的方案。例如，针对老旧小区可以收费低一些，对高档小区适当提高充电收费。但对我们而言，必须做到一碗水端平，保持价格的一致性。事实上，在一些高档小区建设充电桩的成本反而会比老旧小区要低很多，这是因为它原本的配备就比较齐全，而老旧小区很多还需要挖地去埋线。我们就从这一点去着手，与供应商进行不断磨合沟通。

最终，我们计划在前期试点安装360台充电桩，包含田林十一村高层等6个小区。项目竣工后，田林街道59个小区智能充电设备并入城运平台进行统一调度监管。

借力云平台，让电动车充电管理安全又高效

正所谓"一屏观天下，一网管全城"，既然要"观天下"，光有"硬件"还不够，还需借助基础数据建设智能高效的管理"软件"来加持。通过网络大数据平台、云计算技术、智能充电设备等相关运用，我们积极推广街道云平台模式，应用"电

动自行车消防安全云平台"进行管理，实现了数字化的云端覆盖，力求最大程度上保证充电安全、方便居民使用。

以消防通道为例，消防通道是火灾发生时实施灭火救援的"生命通道"，应时刻保持畅通。由于田林街道人员居住密集，老旧小区较多且随着私家车数量的不断增多，消防通道被占用的现象频频出现，存在很大的安全隐患。为切实提高街道社区的居民安全和街道综合环境治理能力，我们基于区级统一建设的已有视频信息资源，通过商汤科技提供的视频 AI 智能分析手段，实时监控生命通道区域，对其中存在的机动车长时间停放、大件垃圾长期堆积等进行智能判别预警，自动发现此类违规事件，切实做到了早发现、早处置，进一步提高了监管质效。

此外，借着街道做数字地图的契机，我们还把充电桩的点位也铺设到了地图上。一方面，便于后台监测一些充电过程中的隐患，例如电池电压、火情预警等，实时进行管理；另一方面，通过登陆小程序，居民可以大大节省找寻充电桩的时间。如使用不当，车主也会收到设备运行单位的信息提示，可及时通过正规检测部门检查车辆设备。对于车辆改装大功率设备等现象，智能设备则会自主检测电压功率等参数，并通过注册客户端告知用户因设备为非标设备无法提供充电服务，进而避免安全隐患。

借助云平台管理模式，我们不仅能够对各个充电桩的状态进行监测，还可在电动自行车充电过程中进行前端主动干预，监测充电设备运行参数，在第一时间发现异常状态，切断故障设备供电。而这些信息也将反馈给城运中心平台，由平台推送信息发送至社区管理单位以及设备运行单位，在确保现场安全的前提下排除安全隐患。

除了日常的充电场景应用外，我们同样在"电瓶车入楼"这一问题上借助了数字化赋能去化解潜在的安全隐患。目前，我们已在4幢高楼进行了电瓶车入楼监控的数字化尝试，运用已安装的智能感知设备，主动发现和劝阻电动自行车进入楼栋。与我们过去常说的"梯控"不同的是，传统的梯控一旦监测到电瓶车推进去了，电梯就会停运，不仅对电梯损害较大，也会影响到其他老百姓的出行，偶尔还会有误判的情况发生。对此我们做了相应调整，每栋大楼由一位门卫值守，对于后台监测到的违规行为，采取先报警、后处置的模式。电梯内会有警报声音发出提示车主将电瓶车推出，尽量减少对于电梯正常运营的影响。如车主未按要求推出，智能识别设备将记录该行为并形成工单推送给街道综合执法队。执法队会在规定时间内上门进行警示教育，宣传电瓶车进电梯的危害，以保证处理的有效性。

让"一网统管"直达社区治理的"神经末梢"

生活数字化转型，市民是"主人"（需求方），社会是"主体"（供给侧），政府是"平台"（连接者）。此前，我们区推出了"汇治理"的微信小程序，充分结合城市数字化转型，用好数字底座，以"两张网"融合的街道城运平台建设为牵引，让"一网统管"直达社区治理的"神经末梢"，在实战中不断开发出有针对性、实用性、灵活性的轻应用。

我们将电动自行车管理同样放置于"汇治理"的数字化场景，通过智能发现、智能派单、协同处置机制，推动电动自行车火灾实现源头管控；同时将田林街道城运中心作为数字化转型工作的集中展示区和指挥区，全面监控辖区内充电棚、充电柜及充电桩等各项使用数据；实时查看大功率蓄电池充电预警、充电设施火警故障报告、充电电流异常反馈等情况，连接网格人员处置工单。借助数字赋能，老百姓的生活越来越方便、越来越智能，基层治理的工作效率也得到了大幅提升。

在我看来，凡事都要经历一个过程，电动车充电管理的智慧化同样也需要走过一个漫长的过程。就好比我们的手机，从最初只是发短消息、打电话的功能，到如今集办公、娱乐、支付等功能需求于一体，成了一个数字运用中心。在这一演变发展的过程中，民众所遇到的问题、所提出的诉求也是逐渐产生的。譬如，在充电桩建设的初期，我们看到有些供应商会开展相关的优惠活动，去吸引居民进行充值。但居民对此是有困惑和担心的。因此，我们也向供应商提出要求，对于居民充值的钱款要开设第三方账户，不能移做他用，且需要保障居民能够随时退款、随时到账。

2022年9月，在党建引领基层治理方面，徐汇提出了片区治理的概念。得益于片区治理机制，居委会、市容所、派出所、城管等相关治理力量得以统筹，这在极大程度上推动了后续电瓶车管理的高效落地。依托这一体系，更多的公共空间被挖掘了出来，电动车充电桩等便民设施的建设也有了可设置的场所；对于实际安装过程中的注意事项，我们也寻求到了城管部门、市场部门等的政策指导和法律服务。

此外，我们还会每月定期开展片区会议，由各部门提出所遇到的相关问题，然后大家集思广益，形成合力去对症解决。值得一提的是，借助数字赋能，我们通过后台的各类问题反馈、数据整理，也能更快速了解到辖区内老百姓最关心的问题，为近期的重点工作找到一个极具说服力的决策支撑。比如，有居民反映下雨时电池充电器在外面容易淋坏，我们立即去现场查看了情况，并加装了雨棚。又比如，居民反馈充电桩距离小区太远、使用不方便、担心会有安全隐患等问题，我们都进行了逐项解决，也由此防患于未然，有效保障了后期充电桩的使用率。

"民有所呼，我有所应"。这让电动车充电桩从最初的无人问津，到如今逐渐被大家认可，截至2023年9月，已累计有

7300 余用户注册使用充电设备进行充电，智能充电设备每日充电次数已达 1000 次以上，累计充电时长 51.7 万余小时。安全充电使用率的增加，意味着违规充电现象的减少、火情数据的减少、12345 投诉的减少，而这些正是我们所期待看到的。

"疏""堵"同归，让老百姓的满意一直延续下去

在田林街道电动自行车的专项整治过程中，我们坚持做到严查严管不松懈。在从事政法工作的过程中，难免会碰到很多复杂的、突发的情况，依法依规始终是我们做任何事情的底线。在日常巡查中，我们曾发现田林路某电瓶车行存放十几个锂电池组，街道便第一时间联系房屋产权单位，督促经营人立即将电池搬离营业场所。

外卖小哥、快递小哥这类电动自行车使用"高频人群"，也是我们需要动态摸排和关注的重点对象，对其进一步加大面对面宣传，逐人签订《电动自行车安全使用承诺书》。仅 2023 年 8 月，我们就集中整治了 80 多件相关案例。考虑到快递小哥、外卖小哥一般有多个电瓶，我们进一步加大社区智能充电设施改造力度，优化费用收取方式，在小区里面安装了充电柜，每台 8 个柜格，可供 240 辆电瓶车电池充电。这样一来，他们可以把电瓶放进充电柜充电，然后使用已充电完毕的电瓶车外出工作，不用再将其拎回家了，减少了一定的安全隐患。

除了拿出决心和硬手段外，做好疏导、宣传工作也是很必要的。我们在宣传上尽力做到"铺天盖地"，在演练上则要求做到"丰富多彩"。除了平日里结合需求举行多频次、小范围的演练外，我们一般每年会在防灾减灾日、119消防日走进各大园区、校区，组织多场大型演习。最近，我们还采购了一批VR设备，将其放置在街道对面的消防工作站，让小朋友们在"玩游戏"的过程中也能学习到有用的消防安全知识。

如何做好与群众密切相连的相关工作？在我看来，真诚往往是最重要的，我们要将心比心，绝不能敷衍、搪塞和拖延。做基层工作就是要让老百姓满意，同时从长远发展来看，还要让老百姓的满意能够一直延续下去。

以电瓶车充电桩为例，它所对应的是民生问题中的出行场景，也是一个数字化应用的全新场景，解决的是老百姓日常生活中最基层的安全问题。让火灾的概率降低，老百姓获得最具性价比的安全保障，相关供应商也能实现有序运转，整个产业得到良性发展，那么老百姓的满意度就会是可持续性的。以小见大，无论是上海的数字化建设，还是平安中国建设，皆是如此。而我们也将聚焦实战，持续用数字化方式解决更多城市治理和发展难题，守护好我们共同的家园。

"彤心"协力　小公寓也有大"治"慧

徐汇区斜土街道嘉乐公寓业委会主任　韩东萌

人物简介

　　韩东萌，原上海化纤机械厂经营科科长，退休后继续发挥党员余热，2010年起担任徐汇区斜土街道嘉乐公寓业委会主任至今，为居民勇于担当，为小区甘愿吃亏，为工作善于碰硬，以新时代使命感做好业委会工作。作为"彤心"业委会联合会会长，她同样充分发挥了自身示范引领作用，为做深做实做细基层治理探索出一条创新之路。

从一个脏乱差的老小区，到基层治理的标杆小区，我有幸见证并亲历了嘉乐公寓的这一蜕变历程。作为"彤心"业委会联合会会长，我也期待着在党组织"红色引擎"作用下，更多小区能够激发自治共治的新活力，和居民们"彤心"协力，开创文明幸福的美好生活，让"红色引擎"绘就最大"同心圆"。

开启自治的"第一桶金"

斜土街道是市中心城区典型的居住型社区。在这里，众多的沿街独栋公寓颇为典型，嘉乐公寓正是其中之一，麻雀虽小却也五脏俱全。由于临近多条地铁轨道、公交路线和多家优质的三甲医院，便捷的地理位置也让很多居民选择两代人，甚至三代人一起居住在这里。

2008 年我正式退休，50 出头的年纪却仍感觉干劲十足。于是在 2010 年，经过大家的票选推举，我有幸成为第四届嘉乐公寓业委会主任。按照惯例，业委会三年一换届，与物业公司的合约期同步。而从我这届开始，业委会主任的任职变成了 5 年，物业公司的合同年数则根据居民反馈的实际情况进行灵活调整，这在一定程度上保障了各项工作的延续性和积极性。也是从那一年起，我开始对业委会的工作有了全新的认知。

任职后不久，我就遇到了第一道难题。由于公寓没有自己的停车位，几乎没有公益性收入；再加上较低的物业费，物业公司连年亏损。于是2013年，原先的物业公司选择了撤离。随之而来的是新的问题——小区没有太多商业性收入，而电梯需要定期养护修缮，还有各类管理费用支出，这些都需要专门的管理和运营。

就在大家一筹莫展时，斜土街道党工委和肇清居民区党总支给予了关心和指导，并提出了一个"大胆"的设想——让我带领业委会进行公寓自治。当然，依法依规始终是不变的前提，在资金方面仍需找到第三方进行代管，这也是出于对我们自身的一种保护。面对这个"不是办法的办法"，我的内心油然生起一种临危受命的使命感。2014年1月，我们就这样硬着头皮开始了"摸着石头过河"的自治尝试。

当时的业委会包括我在内只有5个人，4名男同志还都是有全职工作的，平日里更多时候就只有我一个人。除了人手不足外，更大的挑战来自资金上的匮乏。以前的业委会资金账户是亏损的，而负责上白班和夜班的四名门卫、一名保洁和一名费用管理者，这6名员工的工资却是我们每个月都要固定开支的。眼看2月马上就要过年了，他们的工资让我着实犯了难。

巧妇难为无米之炊，没有资金，又谈何有落地自治？我随即找到了肇清居民区第一党支部，希望同党支部书记、党员们一起商讨解决的对策。令人感恩的是，42名党员马上带头做出表率，提前缴纳了 2014 年的物业费。就这样，我们业委会自管有了第一笔宝贵的启动资金。

精打细算，让每一笔款项落到居民"心坎里"

有了钱，这才只是开始。想让公寓自治管理得以长久，我们还需发动居民缴纳物业费，进一步凝聚广大人民群众的力量。

居民愿意支持业委会，信任是关键。但坚实的信任并非一蹴而就的，需要一件件"小事"累积而成。维修是公寓管理过程中时常会遇到的问题，也是我们赢得居民信任度的重要起点。我们的维修其实是外包的，平日里对于居民反馈维修较好的师傅，我们会主动要来联系方式，贴在公告墙上分享给居民。但刚开始自治的时候，很多居民还是会一有问题就习惯性地打电话找物业，我们业委会就把物业这一块的职责也先担起来了。两位白班门卫动手能力比较强，经常帮居民进行一些小修小补；我还把自己的手机号也贴在了墙上，让大家遇到困难都能够第一时间联系到我们。愿意随叫随到为居民服务的态度，才是大家认可我们的关键。

有维修支出的"放"，自然也要有"收"。我们拿着得来不易的"第一桶金"开始了精打细算，希望将其真正落到实处、发挥作用。在支付 6 名员工工资的同时，我们也给他们布置了新的任务，进一步明确每一个岗位的职责。比如，除了日常守门外，门卫还需每天早晨提前一刻钟把消防栓全部检查一遍，对楼道内的公共灯进行维护等。又比如，原来我们每天24小时同步运转两台电梯，现在非高峰时期只开启一台。在不影响居民正常生活的前提下，这样的精细化管理使得每个月在电梯的电费上就可节省1000多元。

我记得很清楚，有一位居民曾拖欠了三年物业费，他的理由很简单：对原物业公司不满意。抱着彼此尊重的态度，我们诚心向他请教，希望他多给业委会工作提出改善的建议。2014年的12月5日，他主动补交了当年的物业费。当时我还开玩笑地说，他是我们公寓大楼里最后一个交物业费的。而他的回答是："韩主任，你把明年的物业单子也开好，我一并交掉，这样我明年就是第一个交的了。"

真诚往往是能够触达彼此心底的，而我们的努力也在被更多居民看见。在自管自治的第一年，我们的物业管理费完成了100%的收缴率。直到现在，这个数字也始终未变。其间，我们的物业费从最初的9毛钱一平方米加到了现在的1块9毛钱，但事实上这还远不够维持开支。物业费的上调工作对于任何小区都不是一件易事，比起商品房小区，独栋大楼的物业费上调过程可以说是举步维艰。但我们始终坚持以居民诉求为宗旨，致力于改善居民生活面貌。我相信这一美好的初心，将会成为解决物业服务与物业费收缴矛盾的关键。

党员带头、居民看齐，从"小家"到"大家"

服务品质是调价成功的重要保证。除了小修小补，我们很快遇到了一个更急迫的待解决问题：改善楼道环境。2010 年恰逢世博会，街道特地将公寓内外墙做了一番整修，乍一看确实干净整洁了许多，但这并不意味着我们可以就此"躺平"了。解决起皮脱落的墙面只是表象，处理好堆满杂物的楼道才是长久之道。

我们的大楼一共是 15 层，每一层有 12 户，最小的一室户建筑面积只有 43 平方米，最大的两室户也才 73 平方米。这样的房型设计也就形成了公寓"私用面积小、公用面积大"的特点。很多居民还私自"圈地"，使得楼道内的杂物堆放问题愈加严重。不仅如此，在"破窗效应"下，楼道内的安全隐患问题也逐渐显现——居民私自拉电为电瓶车充电的现象屡见不鲜；随意停放的自行车、电动车妨碍了消防通道的畅通……

在我看来，既然已经下定决心要解决问题，那就要够快速、够果断。我们发动核心力量，召集大家群策群力一起想办法。每两层楼设有一名楼组长，外加一名机动人员，共计 8 名组长；再加上业委会 5 人、党员 42 人，由此形成了起步阶段的"智囊团"。

考虑到之前党员在物业费收缴中发挥了重要作用，这一次我们同样希望营造"党员带头、居民看齐"的氛围：以 10 天为限，由党员率先带头清理自己门前的杂物，超时未处理物品则当作无主物统一派人清理。等党员全部完成清理工作后，我们同样给居民 10 天时间"自扫门前雪"。那时候我们还没有所谓的微信群，我就手写了倒计时，让门卫帮忙每日张贴、更换。

在这个摸索、尝试的过程中，当然也会遇到不太配合业委会工作的居民。我记得有这样的"兄弟"三人：老大在 43 平方米的房子里开了棋牌室，摆放着两桌麻将台，家里的各种大件小件都堆在走廊上；老二会木工，自己做了两个大木箱，在里面养了 8 只鸽子放在走廊上；老三会电工，天天把电瓶车放在走廊里，还直接用两根电线对接到火表里充电，十分危险。

起初，业委会做了多次上门调解，他们都抱有排斥态度。我转念一想，何不将我们工作的对象转化为我们工作的力量，把他们拉进我们的"统一战线"呢？于是，我开始想办法逐个击破——

由于家中出入人员繁杂，老大一直苦于水斗堵塞的问题。我便和老大达成双方承诺，由业委会帮助他解决水管问题，他则同意清理自家楼道。最后，他甚至选择关停了棋牌室，重新装修了房屋搬了进去，他的妻子还成了我们的楼组长。

面对养鸽子的老二，我采取的则是"一说、二盯、三上门"的工作方法，从他的妻子、儿子入手，合力去做老二的思想工作。我很理解放弃自己喜欢的东西时的不舍，看到他一只只地放飞心爱的鸽子，我也很难过；但为更多居民的共同利益考虑，我只能"狠下心"。后来，但凡老二家中有需要帮助的事，我都会鼎力相助，也算是尽力做出弥补。

老三随意停放电瓶车本身就是违法的行为，于是我一不做二不休直接就买了两把环形锁把车给锁掉了。为了避免他误会是别人所为，我还特地留下了字条和自己的联系方式。反复几次之后他也能感受到我进行楼道清理的决心，也就不再随意停放和搭线充电了。

让我特别欣慰的是，现在他们三个人都加入了业委会志愿者的队伍，平日里无条件为居民们提供上门服务，帮助大家解决了不少问题。每年一次的迎春大楼大扫除，他们三个人也都冲在最前面，干活非常认真。让楼道更整洁、让生活更美好，当大家达成共识，同样的目标就会将所有人的心聚在起来，一起克服困难、拥抱美好。

"彤心"协力，为民服务

随着工作方式的逐渐成熟，我们在嘉乐公寓先行先试建起了楼层"三人工作小组"。党小组长、居民小组长和业主代表分工协作，也形成了极具工作特色和推广价值的"嘉乐+"社区动员模式——党建引领 + 业委会自管 + 居民自治。为此，我们小区还被评为了斜土街道的示范标杆小区。在党工委的支持下，我们开始将自己所实践并行之有效的工作方法更多地总结、提炼，分享给大家，希望让"独乐乐"变成"众乐乐"。

一栋大楼的自治姑且众口难调，想要完成斜土街道 67 个小区业委会的共治更需要齐心协力、求同存异。为了进一步整合街道各方资源，也为了给辖区内每个业委会主任提供一个交流学习、培训提升、业务指导的平台，进而传播好的风尚、传承好的经验、传授好的做法、传递好的心情，2020 年，"彤心"业委会联合会应运而生。"彤"字象征红色，代表党建引领；三撇代表践行"党员先想、党员先议、党员先行"的"党员三先"工作法的核心、初心和决心；"心"字象征"一心向党、一心为民"的自治"同心"圆。

做业委会工作一定要有无私奉献的精神、敢说敢担当的责任心，更要不断学习，持续提升专业能力。为此，我们还成立了工作小组，设立了街道党建工作指导员，将已成立业委会的 67 个小区分成 5 个块区，每季度召开块区联合会，制定工作手册和事迹案例，形成年度问题清单。"彤心"理事会则会联合第三方，对业委会工作进行定期测评，评定星级的高低决定了维修拨款的多少。

小事不出小区、大事不出社区、难事不出片区，这背后正是"彤心"发挥的积极作用："彤心"充当了各业委会的"外脑"，让日常管理共享化；同时快速锁定每个小区的问题，及时地帮他们解决问题。

以嘉乐公寓自身为例，古有互让三尺又何妨的"六尺巷"，而我们也有一段现代升级版的"六尺巷"故事。嘉乐公寓非机动车停车位十分有限，自行车需要停放在地下室，电瓶车只有在一楼改建的车棚可以停车充电。临近嘉乐公寓的东面，是进入隔壁香樟苑小区的必经之路。改建前，那是一段长11米、宽4米的狭长通道。若逢机动车辆临时停靠，剐蹭是常有的事。通道再向里走，是香樟苑小区的外置垃圾库房，旁边有一小块闲置空地。

2019年年底，有关嘉乐公寓非机动车停车难、香樟苑小区机动车通车难的问题，两个小区有意共同解决，希望双方能够各"退"一步，改建一道互惠互利"亲邻墙"。借着2020年斜土街道全面启动住宅小区"美丽家园"建设的契机，"亲邻墙"的改建也被正式提上了两个小区的工作议程。

起初我心里并没有底，香樟苑有48户，嘉乐公寓有178户，改建方案要经过所有居民的同意，工作难度不小。但对居民有利的事，再难也要去尝试。我们率先统一党员的思想，围绕"两难"问题召开了第一次党员会议，又趁热打铁召开业委会工作会议、业委会扩大会议。一个多月的时间里，我们给出了数轮方案、数易其稿，最终确定将嘉乐公寓的东侧围墙前半段缩进，以加宽香樟苑小区的入口通道；后半段扩出一块闲置空地，由此嘉乐公寓亦可多出一个可充电的非机动车棚。

遵循"透明度、参与度、认同度"的原则，我们还需要挨家挨户讲方案、听意见。嘉乐公寓"三人工作小组"分头行动，上门派发居民征询单，并进行了重点居民的走访。一番沟通下来，我们的居民都非常善解人意。2021年5月，改建方案正式竣工，"嘉乐+"也多了一个有爱的小伙伴。

"六尺巷"蕴含着邻里相处互谦让的智慧，"亲邻墙"彰显着议有序、行有矩、亲有度、邻有助的现代社区关系。这也是党建引领基层治理的生动体现。

业委会作为创新基层社区治理的重要主体之一，在党建引领和政府支持指导下正不断激发出业主自治活力，提升着社区自治水平。作为一名老党员，我也由衷期待着，能够力所能及地为人民城市建设的美丽画卷添上更多和谐笔墨。

打造儿童"家门口的幸福乐园"

徐汇区天平街道妇联主席　韦洁婷

人物简介

韦洁婷，2002 年大学毕业后进入徐汇区政协工作，其后转岗区红十字会、居民区一线、天平街道党建办。2020 年，她接任天平街道妇联主席，成立相关工作小组，坚持儿童视角，以儿童优先为原则，以儿童需求为导向，加速推进儿童社区服务。从"硬件"空间和"软件"活动两方面着手，进一步打响天平街道"儿童友好社区"这一亮点品牌。

我真正来天平街道是在 2018 年。两年后，我开始兼管妇联的相关工作。天平街道位处徐汇区的东北部，地域面积是 2.68 平方公里，户籍人口共计约 8.67 万人。整个天平辖区都是学区房，辖区内坐落着 20 余所大中小幼学校，几乎所有的居委会都有对应的好学校。此外，这里又是衡复历史文化风貌区，留存着许多革命先驱、民主人士的革命印记。众多的德育资源和教育资源汇聚，为开展儿童思政教育提供了坚实的基础。

为了更好地为不同年龄段的小朋友提供有针对性的儿童服务，2019 年上海出台了《关于上海市开展儿童友好社区创建试点工作的指导意见》，将儿童年龄层进行了四档划分，即 0—3 岁、4—6 岁、7—12 岁和 13—17 岁。结合天平街道的实际情况，其对应的人数分别约为 2100 人、3400 人、5500 人和 3100 人。也就是说，我们 0—17 岁的小朋友大概是 1.42 万人，相比于整体街道的人口密度而言，这是一个相当高的比例。

近年来，在城市发展不断更迭的过程中，二孩的家庭逐渐增多，居民对儿童养育照护的需求也在不断提升。居民们对于社区提供的相关儿童服务都有迫切渴望。综合相关社会、社区调研的数据结果，我能明显感觉到，儿童已然成为家庭的重心所在。如果能抓住儿童这一核心，或许就能在服务儿童的过程中增进家庭对我们社区的认同感、归属感，让他们反过来齐心协力建设社区。

2020年，恰逢上海市创建儿童友好城区的契机，加之天平街道本就有一定的儿童服务基础，我们就此成立了相关工作小组，按下了儿童友好社区创建的"加速键"。

突破空间桎梏，让儿童家庭纷至沓来

2020年，我开始担任妇联主席，当时儿童友好社区创建的概念已具雏形，但仍缺乏一定的体系化。

在整个创建过程中，"硬件"问题始终是我们比较困扰的事情。天平街道有很多老房子，且都是历史保护建筑，不可随意拆除或移动。针对场地匮乏问题，我们只能借助各个部门的通力合作，在自治居民区设置时、在城市微更新时、在"15分钟社区生活圈"建设时，东"挤"一块、西"挤"一块地慢慢将更多儿童友好空间"挤"出来。例如，依据街道层面"1+5+N"的点位设置，我们在党群服务中心的三楼打造了儿童中心，还设置了专门的儿童阅览室；我们选择在有室外活动空间的居民区成立了"儿童之家"，在建设"生活盒子"的同时，也巧妙地把我们的儿童友好空间嵌入进去；在居民区沿街设置调整的过程中，我们也尽量将儿童书架、儿童玩具等配套内容放置其中。

此外，考虑到儿童群体的特殊性，我们在细节上还进行了大量的前期调研和设计沟通。例如，在安全性上，我们会在老房子上加装可拆卸的儿童扶手；考虑到带宝宝的家长需要替孩子换尿布，我们还将党群服务中心的女洗手间改造成了母婴室。空间虽小，但也功能齐全，里面甚至还放了一个儿童床，可供孩子临时休憩。

有了空间载体远远不够，还需要将丰富多彩的内容填充进去。我们当时的想法就是：儿童无法脱离家庭，那么既然要吸引儿童，就得先把儿童家庭吸引过来，获得家庭的认可。为此，我们针对儿童家庭做了一次大调研，以便更深入地了解儿童家庭现阶段对于社区服务的期待。综合反馈结果，我们发现儿童家庭的诉求主要集中在以下四个方面：一是对儿童照顾类项目存在较大的服务期待。尤其是双职工家庭，他们希望在周末或是暑假的时候，孩子们能多多参与社区活动。二是希望孩子能够有机会参与社会志愿服务、社会公益活动等，培养社会责任感。这类家庭的孩子年龄大都会稍大一些，且对公益活动的品质有一定要求。三是对亲子内容有所期待。有些家庭平日里家长比较忙，跟孩子的沟通交流时间较少，需要社区来开展一些活动，从而联络彼此感情。四是有树立自我公益形象的需求。

针对这些儿童家庭多元化的需求，我们开始在项目设计上下功夫，希望能够满足儿童家庭的心理，提升他们参与社区服务的内生动力。

寓教于乐，让儿童成长与社区建设"双向奔赴"

因为我自己也是一位母亲，对于"依靠活动来吸引儿童家庭"这一做法的有效性有真切的体会。但我们希望这些活动能够不止于纯粹的游戏类，还应当根据儿童的不同年龄，去注入一些更有意义、更有价值的内容进去，让他们在玩耍的过程中亦能有所收获。

根据前期在调研中进行的 4 个年龄段分类，我们按照他们的需要思考不同年龄层次所适应的活动：0—3 岁幼儿以游戏、陪伴为主；4—6 岁以拼搭类、折纸类为主，重在培养孩子的动手能力、语言能力；7—12 岁需要寓教于乐，进一步强化他们的思考能力；再大一些的孩子则以志愿服务活动为主。每次活动前，我们都会将活动报名信息以海报形式发到居民区群、粉丝活动群等各个群中。大家通过上面的二维码即可查阅详情，进行报名。实际上，每次活动的后台报名都十分踊跃，这是我个人特别直观的感受，也是我们坚持开展活动的动力。

为缓解暑期孩子看护难问题，暑假我们开展了一项为期 4 周（每周二至周六）的暑期营活动。第一周活动是古文诵读营，小朋友们跟随"中国好人""2022 感动上海年度人物"韩颖老师学习了四篇经典古文：《朱熹家训》《陆游家训》《王阳明家训》《颜氏家训》。了解"家训""家风"的传统，让孩子们不仅体会到传统文化之美，更能深刻领会到中华民族五千年文明史中所蕴含的精神力量。除此之外，我们还开展了为期一周的少年经济学营，通过有趣的、可掌握的、生活化的经济学互动课堂，以游戏的形式建立起孩子们对经济学的认知和意识。简单来说，就是培养儿童认识各类货币，教他们学会货币之间的汇率、理解货币市场等概念，从而提高相关意识。为期两周的科技实验暑期活动，邀请了科学讲师给社区内的小朋友们带来了动脑又动手的科学讲座，让他们在老师的讲述中学到了科学知识，又在亲自动手的过程中体验到理论与实践结合带来的成就感。

此外，在暑期营中我们还招募了多名中学生志愿者，协助老师进行教学活动。志愿者们每次在课前都会通过线上腾讯会议准时参加老师的课前备课会，当天活动结束后还会参加课后复盘会，并在活动现场协助老师做好活动签到、维持课堂秩序、指导小朋友开展互动活动等。同样是做一场活动，既能满足小学生们的动手能力培养，又能满足中学生们的志愿服务需求。之所以能实现这样的"双赢"，是因为在整个活动的设计中，我们充分考虑到了不同家庭的需要，不同小朋友们的个性需要。

我们还携手中国科学院脑科学与智能技术卓越创新中心开展了"探秘大脑"科普市集活动。科普市集聚焦脑科学与神经领域，以专业、直观、生动的学习体验模式吸引青少年探索大脑的奥秘。从众多趣味科普实验中挑选出的"僵尸"跳舞、脑电对抗、眼见未必为实、斑马鱼的肌电记录等8项适合青少年学生的体验项目深受同学们的欢迎。

眼下，在街道层面，我们每周日上午都会在66梧桐院·邻里汇举办一场针对小朋友的活动，比如创意手工、创意绘画、科学拼搭、科学实验，等等。除了这一固定场所的活动外，我们也在其他多个方面有所探索和创新。

在亲子类活动方面，我们有亲子阅读、亲子游戏等多种形式。在母亲节，我们就开展了一项为妈妈做护理的活动，颇受欢迎。在家庭教育类活动方面，我们组织了主题为"如何走进青春期孩子内心世界"的沙龙，请来了上海市妇女儿童服务中心（巾帼园）副主任、上海徐汇区巾帼园进修学校校长魏迎娣老师，通过与家长分享孩子不同阶段的成长特点和需求，帮助家长了解与孩子沟通的重要性。起初是打算办一场的，但很多家长对讲座的内容反响热烈，我们便又紧锣密鼓安排上了第二期。在社会活动类方面，我们每年都会组织相应的敬老节活动，派小朋友们去日照中心为老人们送去暖意；我们还以亲子家庭的形式组织公益活动，发动大家去滴水湖捡海洋垃圾，呼吁儿童保护生态环境，等等。

还有一类是培育小朋友参与社会治理能力的活动，我们为此还特地成立了儿童议事会。已有20名小朋友加入了我们的议事会，且队伍仍在持续壮大中。我们会不定期开展一些儿童议事活动，邀请"小小议事员"们共同参与街道举办的座谈会，讨论社区范围内与小朋友们息息相关的事务。儿童友好城区建设离不开孩子们的参与和建言。他们看似质朴简单的童言童语，提出的都是一些实实在在的需求。

我们曾在康平居民区开展过体验一日小小楼组长活动，结合康平片区生活盒子调研，十多位属地社区小朋友主动担当小小楼组长，协助上门发放儿童问卷，共计发放273份，覆盖率100%，同时在发放问卷的过程中认真听取小朋友和家长的建议，邀请孩子和家长主动参与社区建设，让儿童友好型社区真正向孩子们所期望的发展。

活用资源，实现"爆款"推陈出新

2020年后，我们的儿童活动服务进入了一个发展"加速期"：仅2021年，我们共举办活动101次，服务人次共计2200余人。自2017年起，我们通过政府购买服务，吸纳辖区内的社会组织作为第三方参与，在儿童服务中心和儿童之家等地开展多样的项目服务，大力发展"领读妈妈"品牌，设置了关爱他人、服务社区、低碳生活、手工劳动、志愿服务五大类项目。"领读妈妈"已开展了6年多，成了我们的老牌项目，每年大概要组织 60 多场的活动，非常火爆。

我们的活动最初没有任何知名度，每次活动参与人数十分有限，也就十来个小朋友报名。后来我们在 10 个居民区一个个轮流尝试，不断发出各类活动通知，逐步将知名度打响。原本在居民区的场地已经不能满足活动现场需要，我们开始物色一个更大的空间，最终选择将 66 梧桐院·邻里汇这样一个网红小洋房作为我们的固定活动点，家长们在陪同时也有了可以休息的空间。可以看到的是，我们的活动正越来越规范化、专业化，也受到了越来越多儿童家庭的欢迎，形成了良性的循环。

能够打造出如此多的"爆款"，同时让各项工作得以持续、有系统地推进，这背后离不开一支强有力的团队。2020 年，我们成立了一个领导工作小组，成员不限于妇联，还有团委、服务办等各个条线与儿童事务相关的工作人员。大家每月会定期召开工作会议，将所遇到的实际困难放到"台面"上，一起统筹资源、协商解决。由此也延伸出了一些点位的共享。例如，过去某一点位只是为 0—6 岁的"宝宝乐"开放，但如今它成了一个共享空间，我们会在里面放一些可移动的课桌，让其他年龄段的小朋友也可以在其中实现交流学习。

在项目板块的摸索过程中，我们逐渐意识到，单一的活动已然难以满足小朋友的需要了，我们需要紧跟时代，不断推陈出新。为了合力打造更好的活动，更好地为社区的儿童家庭服务，我们开始了内部的自我革新——不仅有市、区各个层面每年不少于4次的不定期内部培训，我们自己也会定期请一些专家，针对家庭、育儿、儿童陪伴等方面的知识进行授课培训，不断提升我们的专业度。

与此同时，我们也广泛动员社区中的专业人士共同参与到儿童友好社区的工作之中，将他们吸纳进我们的团队，组织形成了天平儿童议事会、天平少年志领志愿者团队和天平领读妈妈志愿者团队三支核心志愿者团队。由于我们的经费有限，这就要求我们要把经费用活、用在刀刃上。

令我感动的是，在整个项目的设计过程中，包括活动开展过程中，我们得到了非常多的热心居民、热心单位的帮助，他们对项目的支持往往都是公益性质的。例如，在科技营活动中，我们请到了一位交大的博士来为小朋友们授课。由我们购买相关课件，但整个课程设计是我们和他合作完成的。他本身也是非常乐于奉献的，欣然接受了义务授课的邀请，还在课程结束后安排了我们社区的中学生志愿者去交大进行参观。

事实上，所有的居民也都是我们宝贵的"智囊团"。每一次活动后，我们都会征求居民的意见，以满意度测评表的形式给到家长，让他们写下对于此次活动的评价，以及对于未来活动的期许。

不拘一格，打通家校与社区的联系

天平街道重视儿童服务历史悠久，且成功实践颇多。例如"天平德育圈"项目。自 2014 年起，为使 2.68 平方公里的社区真正成为没有围墙的德育工作大平台，传承志愿精神、厚植红色基因、赓续红色血脉，天平街道与上海社科院、文明办等合作开展了"天平德育圈"项目，以"红色建筑和榜样人物"为载体，以"寻访和践行"为途径，组织引导孩子们利用寒暑假和双休日深入社区开展多个主题的实践活动，探索未成年人社区活动共建、共享、共育的有效实践，打通了学校家庭社会协同育人的"最后一公里"，学生喜爱，社会认可，成为孩子们成长的大课堂。"天平德育圈"整合了徐汇优质教育资源，示范效应和辐射效应不断扩大，成为立足天平、辐射徐汇全区、引领"立德树人"风尚的德育品牌。

此外，天平街道少工委与建襄小学少工委共同打造"羽翔嘉澜"项目，成为徐汇区"家校社协同推进少先队社会化工作"示范点项目之一。在嘉澜庭口袋公园少先队社会化实践基地中，孩子们在这里热火朝天地"练摊儿"，写字、画画、做手工，把才艺融入作品，向社区居民介绍、义卖，是小鬼当家的满满成就感。后来，这些可爱的孩子们又走出校园，来到天平社区"阳光之家"，和这里的学员们交流融合，送上一份童真的温暖。

如今，我们的体系运转愈加顺畅，我们也希望未来的活动能够更有意义，更能顺应时代的需求。每年我们都会制定一个大体的方向，确定当年的主题，然后提早 1—2 个月去进行下一期活动的相关安排、统筹和落地。

回顾过往经历，我们打造儿童友好社区所取得的成果主要得益于三个方面的细节选择：其一是在空间上充分考虑儿童的需求；其二是通过社区服务和丰富的活动来满足儿童家庭的各类需求；其三是团队和机制足够稳健。但是，所谓"儿童友好社区"的打造也应该是不拘一格的，并没有一成不变的方法论。我们需要根据各个区域的实际情况，来分别打造各有特色的、适合于不同儿童的元素。

对我而言，每当看到小朋友来参加我们的活动，看到孩子们在活动中有所收获、有所成长，他们脸上的笑容就是我持续将这一项目做下去的动力。

"圈"定家门口的幸福
书写愚公移"山"新传奇

徐汇区徐家汇街道武装部部长、乐山片区党委副书记　陈奎友

———— 人 物 简 介 ————

陈奎友，现任徐家汇街道武装部部长、乐山片区党委副书记。在乐山片区"15分钟社区生活圈"的打造过程中，他始终践行人民城市理念，坚持党建引领，在基层治理的实践中，脚踏实地、不断创新，用"脚力"、耐心和真心助力乐山片区实现硬件、软件的双重蜕变，借助不断丰盈的"15分钟社区生活圈"，让美好生活"触手可得"，居民幸福"近在咫尺"。

作为徐汇区的名片，近年来随着标志性项目陆续呈现，徐家汇商圈更新的初步成效已陆续呈现。但在繁华的商圈核心地段背后，有一个片区面积 1.51 平方公里的居民聚集区——乐山。在过去，以"脏乱差"为代名词、社区矛盾复杂多样的乐山社区让徐汇区的许多基层干部觉得非常困扰，套用一位基层干部的"玩笑话"："徐汇有座'大山'，就是'乐山'。"

乐山社区始建于 20 世纪 80 年代，原先这里是棚户区，各项基础设施都很差。随着城市的更新迭代，在原地拆建成为居民新村后，乐山片区逐步形成了 8 个居委的整体格局，内有住宅小区 31 个，常住户数 1.1 万户，常住人口 2.1 万人，但人均居住面积却仅有 4 平方米，有的甚至几代人都住在一间房子里面。

2018 年，我从部队转业来到徐家汇。时隔一年后，我接受了党工委下达的治理乐山的艰巨任务，并积极投身"15 分钟社区生活圈"的打造。我深知这将是一场"硬仗"，但军人的使命让我暗下决心：乐山这块"硬骨头"啃不下来，我绝不撤"兵"！

问需求计，用脚力和真心丈量

推进"15 分钟社区生活圈"行动，是践行人民城市重要理念的生动体现，也是顺应城区建设发展规律、优化城区功能、满足人民美好生活需要的关键举措。为贯彻落实市委、市政府，区委、区政府决策部署，街道党工委将"15分钟社区生活圈"作为重点工作积极推进，结合辖区内道路情况、人口构成、公共服务设施基础、历史文化特征等因素，将辖区细分出五大片区作为社区生活圈规划设计的直接主体，完善"1+X"服务供给模式，以片区"生活盒子"为阵地，统筹推进各类公共服务设施和公共空间规划建设。

其中，乐山片区启动"15分钟社区生活圈"更是早有筹谋。2019年，徐汇区提出"片区一体化"治理，并将乐山作为试点片区之一。半径是生活，而圆心是人。"生活圈"如何打造？离不开充分问计于民、问需于民，做好"人"的工作。

为此，一方面，我们成立了临时党支部，以党建引领统一协调房管、物业、派出所、城管等相关治理主体；同时吸纳召集进来的还有各个居民区的书记、围墙外的单位等等，希望以此实现资源共享，合力打好日后的配合战。

另一方面，对于乐山片区究竟要展开哪些治理项目，还得是老百姓自己说了算。在我看来，治理最难的是把老百姓的心门打开。想让居民敞开心扉，唯有靠党建引领，靠党员干部的真心和"脚力"。由此，我们开启了一场全覆盖的大走访、大调研，动用了街道所有的党员干部、居委干部、一线社工等共计200多人，花了足足半个月时间，"白+黑""5+2"连轴转，最终梳理出 1600 多条来自居民们的真实诉求。我们将这些问题归纳整理成了三张清单：一张问题清单，一张困难清单，以及一张资源清单。从群众需求出发，知晓群众痛点在哪里，再去解决问题，这三张清单就是我们最有力的依据和底气。

硬件更新，提升"圈"力能级

从"片区一体化"治理到"三旧"变"三新"，再到"15分钟社区生活圈"的打造升级，乐山的改变是循序渐进的。要满足居民对于美好生活的向往，始终绕不开"空间"二字。

硬件更新需要因地制宜。在刚开始，先天的"基因缺陷"致使大大小小的违建横行，成为当时乐山最突出的问题之一。违章搭建不拆，政府改造工程投入再大也无济于事，其他的治理项目更是无法顺利推行。这第一步，阻力很大，但必须要做。

前期，我对乐山并不熟悉，当时花了三个月的时间，先去跟老百姓混了个脸熟。因为我不会讲上海话，又不好意思再请老百姓给我复述一遍，便只能自己先在手机上录音，回去之后再找单位同事帮我翻译一下，慢慢地，我也跟着学了一些上海话。若是遇到苏北老乡，我就同他们说苏北话，攀个老乡关系，把原本陌生的距离拉近一些；若是遇到同样是部队出来的老大哥，那话题就更多了；我原来从不抽烟的，但后来随身也会带上一包，遇到抽烟的老百姓就递上一支烟……群众基础打得好，还是得接地气。老百姓坐在台阶上，我也坐台阶上，大家一起坐着聊聊天，工作局面也就在无形中打开了。当时我们有 5 个居民区、303 个点位，涉及 3000 多平方米的违章搭建。根据居民们的实际情况，我们花了近一年时间，完成了整个乐山片区的拆违工作。对于用于出租、用于经营等非个人刚性需求的违章搭建，一律进行了严肃处理并拆除。

生活圈的打造是要解决普众、普惠的问题。由于小区内部空间有限，继拆违后，我们又将工作重心放到了"如何打开公共空间"的问题上，希望能够探索出更多新空间。

街区是我们改善居民生活周边配套的重要切入点，而从便民、利民、惠民的角度上看，想要在徐家汇这样高度商业化、市场化，且寸土寸金的地方开拓公共空间，绝非易事。但在我看来，商圈也是生活圈，它不能完全市场化、高端化，而是要兼具平民化、便利化的特点，让所有人能够走进去。当然，每一个片区都是不一样的。就乐山而言，没有大的综合体能够把所有的功能服务项目都囊括进去，这就需要我们立足现有的自有资源空间来进行整合和调整，以 15 分钟步行为半径，布点充满烟火气和幸福感的"生活盒子"，方便老百姓们在家门口享受便民的公共服务。

以如今乐山六七村的"网红"打卡地"缘驿站"为例，这里原本只是一个堆满杂物的修车摊，我们在小区综合治理过程中对其进行了地面的重新铺设，并设立了围栏，种上了桂花树，居民们很是喜爱，还集资购置了休息的桌椅放在树下。原本散落在社区的"边角料"，承载了新功能，再度发光发热。

再比如，如今的乐山绿地，经过改造后成为全上海人流量最大的一个"口袋公园"。原本由于缺乏有效的管理与维护，乐山绿地日渐破败。人们在这里抽烟打牌，使得绿地"乌烟瘴气"。为了将最好的资源留给群众，我们将旧日花园逼仄的围墙全部拆除，改为全开放空间。作为乐山"15分钟社区生活圈"的重要部分，如今的口袋公园融合了社交、亲子、健身、文娱等功能，绿地内还有"乐之源"剧场广场、众乐之廊、儿童活动场地、健身场地、休闲平台、智能健身环道等公众活动空间和设施，成了一个场地更开放、人群更友好、资源更共享的公共活动空间，满足着全年龄段人群的多元需求。乐山公园中还有一间显眼的玻璃屋——挚爱·乐享驿站，它是社区志愿服务"七彩志愿大篷车"的主要阵地，社区卫生服务中心等区域单位以每周轮值的方式为居民提供免费理发、磨刀、量血压、修理钟表等服务，真正做到"便民利民在身边，文明实践到家门"。居民们还自发组建了乐山新时代"游乐员"志愿服务队，每日巡园，倡导文明游园，守护美丽环境。

城市治理的"最后一公里"就在社区，城市是老百姓的幸福乐园，更美好的生活不仅要满足市民群众基本的民生需求，还要进一步满足便利、快捷、高效、多层次、多样态、高品质的需求。乐山还有一个空置下来的老干部活动中心，我们就将其修缮改造成了社区综合服务体——乐山邻里汇，向乐山新村2万余名居民敞开怀抱；还接入街道社区事务受理功能，可现场办理40项居民使用高频的业务，让乐山居民真正实现"不出小区就办事"。

另一边，我们也锁定了徐汇国投、商城集团、徐汇灯光所、区教育局、煤科院、昂立教育和区民政民福企业的几处房源，在多方支持和配合下，共同为居民谋福利。比如，我们的徐家汇街道乐山党群服务中心，就是在2022年通过调剂腾挪沿街商铺建设而成的。

原本的服务中心，一楼是小餐馆，二楼是棋牌室，而旁边就是居民楼，老百姓对于噪声扰民、油烟大等问题反映由来已久。经改造，我们在提供多样化、便捷化、个性化服务的同时，也保留了一定的城市烟火气：在一楼为居民提供理发、磨刀、撬边、修鞋、换拉链、修伞、修钟表、配钥匙等便民服务，使其成为乐山居民家门口真正的"公共客厅"和"生活集市"。

考虑到片区内人口基数大，老年人占比高，我们还与新徐汇集团合作建设社区食堂。为提供更好的就餐体验，我们聘请到了荣获米其林三星餐厅殊荣的恒悦美食作为监理，想方设法丰富社区食堂菜品选择；同时在菜品售价的确定上保证低价亲民，做到了社区食堂一定程度上的公益性。

解决空间不足、房源有限的问题，主要通过自我调节、区域整合以及社会企业让利这三大渠道。这一过程虽然充满了艰辛，但也有不少感人的、暖心的故事发生。例如，在打造老年友好型社区的过程中，我们与一些区域单位、社会组织签订了共建协议，其中也涌现了不少爱心企业：有一家保险公司甚至连续一年、每个月定期为老人送来免费且新鲜的蔬菜。

乐山的改变不仅仅是物理空间上的变化，更在于老百姓的真实感受。他们发自内心的点赞，才是我们为之不断努力的动力源头。

活动赋能，创建丰富多彩生活圈

近年来，聚焦"15分钟社区生活圈"，街道积极布局建设一站式服务综合体，加快构建布局科学、功能完善、全面覆盖的社区综合服务供给体系，获得了"国家级充分就业社区"、乐山六七村"全国示范性老年友好型社区"、上海市第一批"一刻钟便民生活圈"示范社区建设试点单位等一系列荣誉。

围绕"宜居、宜业、宜游、宜学、宜养"的目标愿景，我们启动了"璀璨生活同行人"项目，通过"政府搭建平台 + 社区热心企业、单位共享资源＋社区基金会设定专项基金定向帮扶社区困难人群"的社区互助模式，将生活圈里面的各类主体紧密地联系在一起，为困难人群、老年人、失无业对象、未成年人提供贴心的服务和关爱，让更多人在社区有幸福感、获得感和归属感。值得欣慰的是，目前已有超百家企业、单位、小商户加入这一项目。

宜居方面，990电台媒体观察点以"落地活动＋社区服务＋融媒传播"的方式参与社区治理，丰富居民生活；农商银行、中国联通市南分公司为社区老年人提供智慧养老服务；联华超市为区域内行动不便、生活困难的孤老或高龄独居老人提供送货上门服务。

宜养方面，由海军特色医学中心、上海长海医院、上海长征医院、上海东方肝胆外科医院和海军第九〇五医院共同组成的"徐家汇—军医社区健康服务融合体"，定期进社区开展义诊、健康讲座，为居民提供家门口的健康服务；上海德威装饰工程有限公司长期坚持为社区适老化改造提供专业的解决方案和服务支持；耶里夏丽、Nonna面包、鸿昌兴等小商户为老年人提供各类优惠折扣；米兰国际、文峰等则推出了公益理发，主动走到居民家门口。

宜业方面，我们开设了大学应届生招聘专场，推动社区就业，并持续开展社区帮困助学等项目；助残公益项目中设有残疾人公益岗位和实训基地，同时开设残疾人就业培训课程，帮助残障人士融入社会。

宜学方面，上海工艺美术职业学院、徐汇区青少年体育运动学校、上海市新四军暨华中抗日根据地历史研究会、上海明汇儿童发展中心、上海金芒果社区育儿服务中心等辖区学校、社会组织为社区各类人群提供优质的教育资源，开展丰富的培训和服务活动。

宜游方面，徐家汇书院、百代小楼、上海电影博物馆、土山湾博物馆、徐家汇观象台（上海气象博物馆）等丰富文旅景点，集历史、建筑、文化、教育等多方面为一体，让市民慢行在徐家汇辖区范围内，即可享受到丰富多样、体验多元、便捷可及的文化旅游体验。

考虑到乐山的一"老"问题较为突出，我们还在乐山邻里汇里面设置了老年日间服务中心、助餐点和助浴点，为老年人提供生活照料、助餐助浴助洁、紧急救援、康复辅具租赁、精神慰藉、康复指导等多样化养老服务；每周定期举办各种健康、文艺、手工等活动，让老年人的生活更加丰富多彩。

此外，街道还有效整合了社区教育文化资源，积极发展社区的老年教育，以居民喜闻乐见的形式开展"乐种植、乐编织、乐烘焙、乐学法、乐合唱"等主题活动，多角度满足社区老人生活和品质的需求，营造"人文乐山"。如今的邻里汇里，不仅人来人往，更有随处可见的和乐场景：老人们在百年老字号乔家栅点心师的指导下，学习制作海派点心；"邻里音乐会"上老人们学吹萨克斯、弹奏尤克里里……社区老人们的获得感和归属感倍增。

接下来，我们还将以党群服务中心·邻里汇为载体，深化服务内容和深度，推出戎耀宣讲团、红色双拥线路、残疾人康养"一站式"服务点、养老服务地图等诸多服务品牌，致力于打造多元主体参与、共建共治共享的社区服务体系。

可以看到，随着"15分钟社区生活圈"行动的推进，养老圈、托育圈、医疗圈、健身圈、文化圈、阅读圈层出不穷，足不出"圈"基本满足日常所需早已在乐山成为常态。15分钟，不仅是时间尺度，更是衡量居民生活方便程度、生活质量的重要标尺，而今，这把标尺正从不同维度将更多老百姓的幸福"圈"起来。

居委沿街，打通民生服务"最后一米"

"百姓百条心、诉求各一样"，要想做好群众的工作，就不能用一个尺子去做去量，而是要有足够的耐心去挨家挨户做工作，要求我们的基层干部踏实肯干。如何做好基层群众工作？在我看来无外乎两点：一是从"守株待兔"到"走家串户"，从被动到主动；二是从"开家门"到"开心门"，积极了解居民诉求，回应大家需要。

过去，我们大多数的居委会都是在小区里面，而一个居委会的服务对象可能是多个小区。即便是一路之隔，也会让老百姓感觉到与居委会之间存在隔阂。为此，我们积极推进居委沿街设置工作，充分发挥社区规划师作用，针对居委现状及房源情况制定了"一居委一方案"，对于部分临近街面但未能真正沿街的居委，以"改造"代替"改址"的形式进行沿街设置，使其服务半径扩大，老百姓办事也更方便了。

例如，徐家汇街道乐山八九村居委会位于秀山路小区门内，与"沿街设置"的要求仅差一墙之隔。我们的社区规划师实地勘察后，提出了将封闭围墙推倒以实现沿街的建议方案。经片区专题会研究讨论、各部门集思广益，同时在业委会和物业支持下，我们最终将乐山八九村的封闭围墙进行了拆除，还将原居委会和小区围墙间的健身区域重新做了改造，开放给周边的居民使用，居民连连点赞、好评不断。

不仅如此，我们借助徐家汇社区基金会优势，依托沿街设置居委会，在原有试点的基础上，又引进安装了一批"一键叫车"智慧屏设施，共计33台，更大程度上满足了社区老年人的打车需求，方便老年人出行。除此之外，为辐射整个乐山片区的老百姓，真正帮助老百姓解决"最后一米"的服务，我们在原本的居委会办公功能之上，还与亲子阅读、为老服务等多个功能进行了叠加整合，真正是"麻雀虽小，五脏俱全"。

不断丰盈的"15分钟社区生活圈"，让服务群众和基层治理的"最后一米"织得更牢更密；而除了硬件上的衔接外，"最后一米"也需要靠我们的基层干部用心、用情、用力去和老百姓产生联结。实际上，只要你用心倾听，老百姓的怨气和牢骚里面往往也埋藏着解决问题的思路。

下一步，我们计划进一步提升服务品质，让为民服务更精准、更精细。这一目标的实现需要各方上下联动、沟通协调，一起集中力量办大事。政府要发力、社会要助力、群众要接力，有了这"三力"，相信没有什么事情是做不好的。

让"沉睡"的空间"活"起来
把优质的服务送到家门口

徐汇区虹梅街道古二居民区党总支副书记　曹智豪

人 物 简 介

　　曹智豪，现任古二居民区党总支副书记。他原是一名社区眼科医务工作者，后转入街道工作。作为新生代社区干部，他全程参与东兰古美片区工作，在"15分钟社区生活圈"的建设过程中表现出对属地工作极大的责任感与耐心，始终坚守着"把最好的资源留给人民、用优质的供给服务人民"的初心，探索出"问需于民、问计于民"的多条有效路径，推动社区治理实现优质资源的整合，并充分激发出居民自身的参与积极性。

我过去是一名社区的眼科医务工作者，2017 年年末时，恰好看到虹梅街道在招工，我就来报考了。一眨眼，我已经在这里工作了六个年头。2023 年 7 月，我接受街道安排，调整到了古美小区就职。这是虹梅街道一个比较大型的小区，始建于 20 世纪 80 年代末、90 年代初，已经有 30 多年的房龄了。小区现有 3700 余户，户籍人口 5700 余人，常住人口 8700 余人，住户大多是以动迁安置、原拆原住的居民为主，生活中延续了很多过去在农村养成的习惯，爱种植花草、爱锻炼身体等，也有少部分附近园区工作的白领或外省来的租户。

古美小区下设有古一、古二、古三和古四共四个居民区。其中，古二有 906 户居民，2000 多人，是四个居民区中人数最多的。初到古美小区时，我最直观的感受就是"老旧"。以我们的办公室为例，它设置在古二居民区楼下一间几十平的小房子里。在这样一个狭小的空间里，我们不仅要办公、要为广大居民进行各项政策服务，还要组织开展其他条线的一些活动。而四个居民区只有一个共用的社区活动室，仅能容纳四十多人，想要组织大型的党员活动、文体活动是很奢侈的一件事。

相对于庞大的人口基数和服务需求，这里的各类公共服务设施显然并不适配。为破解这一难题，从 2022 年开始，我们针对服务内容、硬件设施、空间配套等民心所向的问题开始推进"15 分钟社区生活圈"的建设工作。

问需于民，问计于民

我所理解的"15 分钟社区生活圈"，是居民从家里出来，甚至都不用出小区，就可以参与各类社区活动、享受到各类便利、接收到政策的传达……在 15 分钟如此短的时间内便享受到周边各类丰富的服务内容，这在过去随便办个事情就要乘公交车的年代是想都不敢想的。

没有调查就没有发言权。为了给居民们提供更全面的服务，让"15 分钟社区生活圈"更加多元化，我们在前期花了大量的时间进行民意调查。我们希望能够更扎实地掌握居民需求，然后再进行相关建设研究，而不是一味地闭门造车；同时坚持群众路线，通过面对面交谈、电话、座谈会、问卷调查等各种形式的"问需于民"，让"人民城市人民建"的理念能够更深入地贯彻到最基层，而我们也能够通过这样的理念进一步指导落实后续的工作。

截至 2023 年 9 月，我们累计召开片区会议 7 次，发放问卷 260 份，实地走访、座谈等 40 余次。可以说，这也是一次大型的居民满意度调查，不仅可以用于指导此次"15 分钟社区生活圈"的建设方向，也能为后续其他项目的推进打下坚实的基础。在这一过程中，大部分居民的诉求和想法也确实得到了充分的体现。

其中，居民们反馈较为集中的共性问题主要表现在几个方面：首先是绿化卫生。古美小区占地面积约 20 万平方米，由于小区大，闲置的角落也相对较多。例如，沿街一排道路边的绿化带、楼宇之间的"三不管"地带等一些犄角旮旯，都是我们日常卫生清洁工作中的"死角"，极易被忽略。在平日里的走访或是定期开展的"清洁家园"活动中，我们发现有非常多的建筑垃圾、生活垃圾被随意丢弃，清扫起来也需要大量的人力、物力。其次是小区的违规改造现象。例如，不少居民在大片的硬化地上晾晒衣物或是随意停放车辆，这一方面会造成一定的安全隐患，另一方面也彻底打乱了小区整体的美观度。另外，周边商家更换频次高、定价高的现象，也催生了居民们对于社区食堂的需求……

我们不仅用心倾听这些真实的民众"呼声"，也会结合古美的一些实际情况来做"15 分钟社区生活圈"的综合性考量。例如，相较于虹梅街道其他片区，古美的居民老龄化程度较高，约占常住人口的 31%，有近 2600 多人。因此，我们也会重点关注老年群体的需求，希望能够在老年食堂、文体类的公共配套空间、健康医疗等方面为他们提供便利。基于前期的这些工作铺垫，当所有的民意调查"答卷"收上来，我们的建设蓝图也逐渐有了更为明晰的方向。

用一条步道，唤醒居民区的"沉睡空间"

"15 分钟社区生活圈"的构架是一件任重而道远的事情，我们在 2022 年的下半年开始了正式的动工落地，一期计划集中在门头改造、步道规划等方面。在前期调查中，我们发现，古美小区内设了四个居民区和四个居委，不同居民区的居民经常有来往，但由于没有较大面积的共享空间，彼此之间仍存在一定壁垒。我们就想到了把平日里被大家忽略的一些卫生死角，通过健身步道的形式进行盘活，唤醒小区内的"沉睡空间"，惠及四个居民区共约 8800 名居民，使其产生更紧密的联动。

看似简单的步道贯通工作，实际操作中却是困难重重。步道的位置、宽度、颜色、转向等，都需要一个个去反复讨论、商定。在规划前期，我们就曾遇到来自居民的反对声音，有些居民家的阳台位置离步道较近，担心会对其居住的安全性和隐私性有所影响，提出步道建设需要与阳台保持一定的安全距离。于是，我们又找来了专业的第三方指导老师，进行重新规划，最后通过绕行的道路设计以及绿植种植的方式，实现了变通和平衡。

而在落地动工过程中，新问题也接踵而至。比如，在主干道铺设的过程中需要经过古二的一个花园，为了不让步道因分段而影响美观度，我们提出了将步道移到绿化带上的方案，这就需要对原先花园边的座椅进行适当的调整。为此，我们也与花园附近两排的居民进行了商洽，最后达成了一致。又比如，在挖地、铺塑胶的过程中，由于地面不平整，居民们走过时难免会弄脏鞋子、裤脚。我记得很清楚，当时临近春节，大家都穿着喜气洋洋的新衣服，为了不影响大家过年的好心情，我们就抓紧时间赶在年前把一些比较容易产生脏乱的工程提前完工了。

就在 2023 年 7 月，步道建好了，我们还特地举办了一场以"邻里相伴，共享健康"为主题的健步走活动，现场吸引了近百名居民，最小的参与者年仅 5 岁，最大的参与者已经 75 岁了。活动中，我们还设置了"社区知多少""社区 WE 行动""清洁家园"等多个打卡任务，在增强趣味性的同时，也让居民更加了解社区，鼓励更多人参与到社区治理的"微行动"中，汇聚更多力量，变"微行动"为"WE 行动"。

如今，每天清晨或是下午时分，老年人会来步道上散散步，小朋友们也有了更大的嬉戏玩耍的空间。这条贯通四个居民区的两公里环形步道，把一些以前大家不太经过的角角落落都利用了起来，还无心插柳地改善了很多原本的"三不管"地带问题，真正实现了还"绿"于民、还"利"于民，让老旧小区重新焕发出新的活力。

从舌尖到心间，初心是根本

伴随“三旧”变“三新”民心工程的不断推进，过去我们印象中的老旧小区在各类硬件设施上有了一目了然的更新，也有很多新元素不断充实着居民们的生活。除了步道外，社区食堂也是我们“15分钟社区生活圈”打造的重要一环。

针对居民们集中关心的食堂菜品、开设时间等问题，基于前期征询中收集到的反馈，我们同供应商进行了多次协商。价格方面，居民们不仅能够享受到相对优惠的价格，针对特殊群体我们还有其他的优惠措施。例如，60—69岁的老年人享有9折优惠；70岁及以上的老年人以及残疾人、三八红旗手等享有8.5折优惠；退役军人享有8.1折优惠；等等。营业时间方面，有的居民表示上班早，想要食堂早点开门；也有居民反映食堂过早营业，准备食材、顾客排队产生的噪声又会影响到其日常作息。为此，我们进行了一段时间的摸排和试运行，根据周边居民的生活习惯，折中找出一个更合理的时间段去进行弹性化营业，尽量保证了食堂的服务时长能够覆盖到大部分群体。为了吸引更多周边居民来此用餐，食堂在设计上也颇具现代感，得到了不少年轻人的喜爱。

对于我而言，从事基层工作和过往从医经历的最大不同在于：患者大都会选择配合医嘱，而居民则会更多地提出自己的想法，可能是赞同，也可能是反对。例如，在建设社区食堂的过程中，由于前期有很多铝合金不锈钢类的设施设备需要搬运，产生了一定的噪声，引来不少居民投诉；还有由于图纸老旧，工人在施工过程中不小心把居民水管挖断了……有一次，因为水管出了问题，一户三楼居民出门上班没关水龙头。但后来水管通好了，居民还没下班回家，没来得及关上水龙头，导致楼下住户的厨房"水漫金山"。作为居委的人民调解员，我还特地为了这件事开展了三次调解，这才缓解了各方的矛盾。面对这些日常的"一地鸡毛"，我们的心态一定要摆正，无论面对的是哪一方声音，我们要做的，便是坚守初心。为居民谋福利，让他们享受到更多、更好的服务，是我们所有行动的出发点和落脚点。

在我看来，任何项目要成功，其核心就是三点："前期群众路线要做实""中期质量要把握""后期成效要验收"。即便是在正式开展工程的过程当中，我们也不能完全托管，而是要与居民、与第三方时刻保持密切联系。比如，我们在休息座椅周边铺设了路灯，但铺设完毕之后，有居民注意到路灯是倾斜的，存在安全隐患。经过调查，我们发现是工程方最初打地基时水泥没有干透产生裂缝，从而导致了路灯倾斜。于是，我们对所有的路灯都进行了排摸，把出现的问题进行了上报。由此可见，每一项工程都需要长期去关注和维护，只有用心去做，才能让最终的结果无限接近于方案制定的初心，不让"好事"变成"坏事"。

党建引领，夯实"15 分钟社区生活圈"

无论是步道工程的成功，还是社区食堂的建成，都只是"15 分钟社区生活圈"建设工作的开始，想要让其发挥真正的成效，还需让居民参与到社区的项目和内容中来：在这一过程中进一步提升居民自治意识，夯实基层治理力量，在日后形成更常态化的社区治理机制。

目前，根据"15 分钟社区生活圈"关于"生活盒子"的建设要求，我们已基本实现了社区食堂、社区卫生站、社区文体、社区助浴四大基本服务功能的全覆盖。除此之外，我们还配套有老年服务中心，由专岗专人为老年人提供服务，从整体环境和服务内容上都实现了质的提升。除了老年人，未成年人也是我们的重点服务对象。依托"生活盒子"，我们还设有未成年人家庭教育服务站，联合 4 个居民区一起开展了一系列面向未成年人的活动，如各类亲子活动、手工活动等，反响都不错。

通过"15 分钟社区生活圈"项目的延伸，我们也希望能够从各类活动中培育出一批骨干志愿者，让更多老百姓真正参与到我们的社区治理中，也能从中收获更多归属感。例如，我们小区有非常多种植方面的达人，他们可以让我们活动室门口的花坛四季有绿、充满生机，打造出一方独特且美观的"居民自治绿化角"；我们还和专业的第三方资源对接，开展更多新颖的活动内容，包括定向赛、Running Man 等，吸引更多年轻人参与。

在"15 分钟社区生活圈"的建设过程中，党建引领始终起着决定性的作用：在前期调研方向确定时，我们通过党建赋能片区成立了片区党委，在街道党委会议中提出了坚持群众路线的方案；在方案细化时，党建引领又助力我们搭建起了资源平台，让我们能够夯实落地好行动的每一步；后续，我们也可以通过与园区企业的党建互联，把园区的活动引入到社区中来，服务好更多居住在这里的白领。

下一步，我们希望能够在目前的建设基础上，通过党建引领，继续将这些"15 分钟社区生活圈"的配套设施、配套内容串联起来，让老百姓能够真真实实享受到政府给予大家的福利，享受到我们时代的变化而带来的便捷。

作为一名党员，也作为一名基层工作者，当看到社区治理初有成效时，我的内心会油然而生出一股自豪感，这是身上的职责给予我的正能量反馈，也是我为之不断努力的心之所向。

短租房治理全新"解法"

徐汇区枫林街道党工委副书记、办事处主任　沈佩青

────────── 人物简介 ──────────

　　沈佩青，现任徐汇区枫林街道党工委副书记、办事处主任。在枫林街道短租房治理过程中，她始终致力于打造宜居又宜医的"友好"枫林社区，以完善社会治理体系支撑为目标，坚持党建引领、部门联动、社会协同、公众参与、法治保障、科技支撑，努力构建短租房治理共同体，为短租房治理探索出了一套全新"解法"。

作为城市基层治理的组织细胞单元，每一个街道治理区域都有其地域特点和人群特色。枫林主要有两个特点：一是"老"字当头，老年人占总人口的40%，房龄30年以上的占全街道户数的四分之三，为老服务和城市更新压力巨大；二是"医"望无际，2.69平方公里的小小辖域内就有4家三甲医院和著名的徐汇区牙防所，每天十万就医人流导入，带来"堵、吵、脏、乱、差"。"一老""一医"问题重重叠加，使枫林成为"承接、承包"外来求医就医群众的非典型性老城区。

2019年，我初到枫林，明显感受到在房屋管理、外来人口管理、本土户籍常住人口管理等方面，枫林都面临着一系列由地理位置决定的现实困境。如何治理好医院周边区域乱象，还人民群众一个宜居、宜业、宜医的共治共享空间环境？这成为摆在街道党工委、办事处面前的重要课题。

啃下短租房治理这块"硬骨头"，得下狠功夫

事实上，关于枫林短租房的治理，我们早在2017年起便有所探索。街道在区委区政府的指导支持下，"由东至西"连年会战推进，先后完成"小木桥·枫林·中山""东安·斜土·肿瘤""宛南·精中·龙华"的"院路居"捆绑治理。尽管我们每年都在开展不同程度的硬件治理更新，但由于缺乏源头上软性治理的同步攻坚，综合治理效果始终不够理想。这一

瓶颈的背后存在的一些痛点和难点，是我们不得不应对的。

首先是市场资源零散，供需不匹配。街道医院聚集密度高，就诊加陪护人员叠加，日就医相关人流就达到十万人规模，就诊看护短期租住需求大。同时，医院周边老旧小区环绕，宾馆旅馆却布点极少，缺少规模租赁场所；且就医住宿需求多样，宾馆难以满足陪护烹饪等特殊性需求。大量的就医居住需求与医院周边宾馆住宿供给不相匹配，催生了短租房市场。一方面，房源基本围绕医院周边分布，绝大多数为个体自有房屋出租，分散无规律，涉及小区较多；另一方面，短租房经营者依靠"熟人网络"招揽生意，零散经营、隐蔽性强、追踪难。双"散"无规叠加下，管理难度骤增。我们也曾想过把已有的市场资源进行整合，把一个酒店收下来，然后再平价租出去。但酒店中的消防要求无法满足就医者生火煮药等需求，因此这条路后来并未走通。

其次是市场行为混乱，市场标准不明确。短租市场缺乏一套标准明确、考核全面的发展体系，导致市场内在驱动力弱、内生成长性低，影响了市场发展劲头。不仅如此，短租房市场准入门槛低，缺乏监管；个体经营者又占比高，房东对此的安全意识也较为薄弱，遵法守规观念不强。我们曾经也试过让物业在小区门口盯守，做好每一位入住者的信息备案。但部分房东坚持认为，他们是业主，我们无权阻挠，甚至还去打12345

投诉我们。那段时间我们的压力确实很大。

另外，市场发展也不健全。市场缺乏严格约束，大部分房东存有侥幸心理，在消防安全、卫生状况、邻里关系等方面留下了诸多隐患。比如，经营者街头拉客打架、房屋租金押金纠纷、外来租客生活习惯差异，等等。还有的房东为了增加出租率，到处发小卡片，在一定程度上也影响了市容环境。

这些问题显然已是根深蒂固，想要治理，免不了下一番狠功夫。

对症下药，以"公司化"途径整合资源

总结以往的经验教训，我们以《上海市住房租赁条例》《关于规范本市房屋短租管理的若干规定》两部地方性法规为抓手，探索出了"注册审批、街道核验、公安登记、行业自律"的治理新模式。

针对市场资源零散问题，我们希望引导原有经营者以市场主体身份开展经营活动并在枫林辖区注册成立房屋租赁公司。即便是"三三两两"合伙注册成立公司，也将有利于进一步整合资源，降低初始投资成本，提高所持房源集中度。同时，我们要求经营者以公司名义签订租赁合同，从而增强市场交易透明度，便于跟踪管理具体房源。

针对市场行为混乱，我们则找来经营者进行一家家约谈，

要求他们向街道备案登记，同公安机关签订治安责任承诺书，向业主履行告知义务，向居委会上报住宿人员信息。

针对市场标准不明确的问题，我们曾组建短租房自治小组，由两位二房东的领头人物来进行自治、自管。但这终究是个体行为，缺乏政府干预，极易产生各类租金矛盾。我们也曾尝试找到国企托管，但由于市场反应不及预期，成交量和利润不足，无奈被市场淘汰。

眼下，我们牵头成立了短租房企业自治促进中心（以下简称"企促中心"），以此为平台，将辖区内短租房企业纳入进来，拟定了涵盖企业要求、房源标准和从业人员管理等方面内容的管理标准。比如，从业人员统一着装上岗，塑造服务形象，实行亮牌服务。再比如，统一制作备案房屋公示牌，每户一码，要求入户即扫码登记。

针对市场发展不健全的问题，我们建立了枫林街道医院周边党群工作站，承载医院周边综合治理指挥中心、短租房治理专班、企促中心三个组织，发挥综合治理、专项治理、市场治理三项效能，保障市场的有序发展、良性发展。我们加大"人""房"两手齐抓的力度，组织协调公安派出所，按照非法经营从严处罚"黑中介"，以确保经营者应注册尽注册，集中清理未登记备案的短租房，确保短租房房源应备案尽备案。

理想很丰满，但现实操作中我们遇到了极大的工作阻力。

在过去，短租房经营者一般都是个体经营、"画地自营"，对个体经营模式有经验、有依赖，对公司经营模式则表现为抵触和抗拒。另外，经营者大多认为成立房屋租赁公司，会加大自身的经营成本；加上他们对公司经营制度、经营团队、经营理念一知半解，难以确保长期经营租赁公司。对此，街道多次组织召开短租房经营者座谈会，一家家了解情况、一家家做思想工作，希望能够为经营者解决实际困难。

我们从法律法规入手，和经营者讲道理，强调对擅自以个人名义开展经营活动的，我们可依法采取措施予以制止，并给予处罚；而针对大家的成本顾虑，我们的党群工作站可免费为房屋租赁公司提供办公场所及办公设施，方便经营者规范经营。此外，我们也为经营者提供经营指导，在房屋租赁公司前期成立时，街道营商办会提前介入，提供公司注册材料清单，点对点帮助经营者顺利注册成立公司。在房屋租赁公司长期运营工作过程中，企促中心则会同公司签订业务指导合同、建立业务指导关系，保障公司依法依规开展经营，这也给经营者们吃下了一颗"定心丸"。

与其整日"藏头藏尾"成为被打击的"黑中介"，不如适当投入一点费用，以换来稳定的、持久的收入。因此，很多经营者被我们"打动"。此外，我们还设置有测评体系，后续会将收到的房子优先交给口碑好、信誉好的经营者来进行出租，这对于经营者的长久发展都是有所助益的。截至 2023 年 8 月底，原短租房二房东已按要求成立房屋租赁公司的有 22 家，已到街道备案的有 462 套，还有 120 套短租房已在备案审核中。

刚柔并济，"情"与"法"缺一不可

除了正向引导经营者的经营行为外，在实际操作中，"就医"和"居住"之间的矛盾同样也是需要街道化解的重点方向之一。其矛盾主要有三个方面：一是就医陪护的特殊需求。就医租住需要房屋满足烹饪的特殊性需求，因此多有租客违规在走廊私搭灶台、油烟冲天、垃圾乱丢，进而引发邻里矛盾。二是生活习惯不同。租客多为外地来沪就医群体，生活方式和本地居民有所差异，容易产生矛盾。三是安全隐患。经营者为抬高收益，部分房屋私设非法隔间、私拉电线，存在重大安全隐患，易引发邻里担忧。

我们曾遇到家住中山新村的李先生向物业反映屋内漏水情况。经检查，发现是三楼短租房厕所的防水措施缺失而导致的。李先生、居委会和物业多次与三楼房屋的经营者沟通商洽，但经营者一再敷衍搪塞，导致问题久拖不决。后来，居委会将情况上报到了街道短租房治理工作领导小组办公室，由街道平安办联系经营者，从经营主体责任、市场管理标准、公司社会责任等角度再度沟通。经营者最终同意花一周时间重做了厕所防水措施，漏水问题得以解决。

考虑到租客流动性大，我们一方面需要紧紧抓住"短租房经营者"这个"牛鼻子"，要求经营者自觉履行安全管理职责，提醒入住者安全使用出租屋房屋及其附属设施，接受有关部门和出租人的监督检查，杜绝危害安全管理的行为。另一方面，虽然制度是"刚性"的，但在制度的执行上面却可以带有一些"柔性"。那些前来就医的租户不辞辛苦从全国各地来到上海，只不过是希望能够找一个靠近医院的地方住下来。对于这样的基础需求，我们很难强硬地要求其搬离。换位思考下，我能够理解他们的难处，也很心疼他们的处境。

短租房市场究竟是应该重在打击，还是重在规范？实际上，短租房是"刚需"，其市场客观存在。我们能做的是在职能范围之内提供服务和支持，让更多的人能够在相对安全又不扰民的情况下看病、生活，把事故发生的概率尽量降到"0"。

三大"统筹"，让市场经营有序发展

短租房治理不能只是"治当下"，更需要"管长远"。而基层治理想要实现长远有效，必须要以系统观念平衡好主体间关系，打造共建共治共享的社会治理格局。目前来看，我们选择的是一条市场管理加政府监管的全新之路。法律法规可以作为我们坚强的后盾，但更多的还需要有道德的约束和自我的约束。所以，我们强调要自治共治：基层先自治，自治不了再共治。通过外围力量的加入，让大家一起出谋划策。

在短租房治理过程中，我们主要聚焦了三个方面的统筹工作：一是统筹好医院区域党建资源力量。短租房其实只是医院周边治理中一个很小的部分，我们需要发挥城市基层党建联动优势，统筹整合街道、医院、区域单位行业以及周边居民区党组织的力量和资源，架构起"院区街区小区、路长门长楼长"的联动格局，形成一种互联互享互动的"双向奔赴"。

二是统筹好行政力量和市场运作。我们依托工作站，发挥综合治理、专项治理、市场治理三项效能，依托企促中心定期组织座谈沟通，打通和市场的有效对话途径。

三是统筹多元化社会主体。我们进一步明确了企促中心的功能定位，旨在实现行业监管、就医指导、矛盾协调、投诉受理、公德宣教等功能，以实体平台的运转来保障"群众提、政府办、市场动、大家享"的服务治理闭环"同心圆"。

与此同时，科技创新也是我们实现市场经营有序发展的有力武器。我们花了两个多月的时间投入开发，依托短租房租赁APP，推出了一套"指尖上的租赁利器"。在这一治理智能化应用中，入住者在入住前需阅读《入住公约》《安全责任告知书》，登记入住信息；经营者需要在APP上完善房屋详细信息、可租赁时间等内容；街道则可实时监管租赁信息变化，并为经营者和入住者提供街道、协会和居委会服务热线；企促中心同样可以借此关注市场动态变化和最新需求。通过大数据联动，有效打通了入住者、经营者、企促中心和街道"四方"的衔接入口，也让所有的信息都有据可循。

路漫漫，吾将上下而求索

从 2017 年的排摸短租房套数、房型、租住现状，制定枫林地区短租房入住须知 1.0 版本，到对入住租客要求查看行程码、出具正规租赁公司提供的租赁合同，并签订承诺书的 2.0 版本，如今"枫林样板"已经升级到了 3.0 版本。"规范发展"是我们已经开展的工作，包括市场一项经营标准、两大经营环节（承租环节和出租环节）、三方主体责任。"有序发展"是我们正在做的工作，包括发挥市场优势，建立市场竞争机制和评价机制，降低信息不对称，运行并推广短租房租赁 APP。"良性发展"则是我们未来努力的方向，希望在健全综合治理机制、优化常态化治理机制的基础上，为市场搭好运转模型和路线，让市场能够实现自主规范、自主运转、自主纠察。

令人欣慰的是，眼下在区委区政府的关心领导下，相关工作已取得了明显的阶段性成果。枫林地区医院周边区域的短租房市场规范化经营已具雏形：综合治理渐有成效，市场管理机制日趋明晰，市场发展日益有序，我们的群租房更是实现了动态清零。

但想要把短租房治理做深、做实，做到人民群众的心坎上，我们的机制仍需要不断完善和升级。以企促中心为例，它是在特定历史背景下诞生的，而当越来越多的短租房实现实体化运作以后，企促中心或将承载新的时代使命，成为新的治理抓手。

这是一条谁也没有走过的路。尽管我们现在努力做到了"有法可依"，但"违法必究"方面仍存在一定现实难度。这是一场持久战，而我们也将咬定目标不放松，用"钉钉子"精神让短租乱象治理治标更治本，全力营造区域内良好的住房租赁市场秩序，努力实现让医院名气、街区人气与秩序感并存。

一路"闯关" 让老旧小区"梯"升幸福

徐汇区凌云街道梅陇六村居民区党总支书记 卫华

───────── 人 物 简 介 ─────────

卫华，"80后"居民区党总支书记。2009年7月，卫华通过选举进入长陇苑居委会工作，从居委干部做起，在工作中取得中级社会工作师资质，也加入了中国共产党。2014年，她被调任至凌云街道梅陇六村居民区，开始担任党总支书记。在推进加装电梯的民生工程中，她带领团队巧妙运用"幸福班车"、为"爱"加梯等多个方案，为民解忧、排难，最终累计完成签约100台，"跑"出了凌云加梯的"加速度"。

加梯这件事，起初我也是抗拒的

自接到给老旧小区加装电梯这项任务起，"难"就是始终悬在我们头上的一个大字。尤其是我们小区才刚在 2018 年完成了综合改造，完全没想过要再去做破土动工的事情。

2020 年年底，我们接到全市开始推进加装电梯的通知，政府出台了"民心工程"相关指导文件，并将 28 万元的加装补贴明确列入了红头文件中。我们小区响应号召，在 2021 年 3 月真正开始启动加梯项目。

工欲善其事，必先利其器。即使在看似停滞的几个月里，我们也没有停下脚步，而是花了很长的时间和精力去理清工作思路、规划行动路径。我们的党总支、居委会和业委会三方，去到了各个加梯企业、社区进行考察，直接找到已加装电梯的社区居民，询问他们的实际情况。也正是基于前期对其他社区的参访，我们真切地听到居民赞同的声音远远大过反对的声音，好像"加梯"这件事也没有我们想象的那么艰巨。

事实上，我们对自己社区居民的软治理是比较有信心的。凭借社区长期的服务机制，大家对于社区工作的支持度，以及对于美好生活的向往都是很强烈的，这也成为我们推进加梯项目的一份底气。

此外，梅陇六村是 1988 年建成的老旧售后公房小区，我们的房屋全都是 6 层楼，电梯加装后可实现平层入户，而一梯四户的设定也让每户人家分摊的费用更易被接受。由于小区绿化覆盖面积较大，加梯后的楼间距对于原先的停车位也不会产生影响。这些都是我们社区的优势所在。

结合天时地利人和，当加装电梯的民生春风吹来了，那我们不妨一试。

摸着石头过河，用"一盒饭"打开突破口

我们小区一共有 54 栋楼，经过前期徐汇区房管局对于小区房屋的评估，除了临河、临商铺的 4 栋楼不满足加梯条件外，其余 50 栋均可实现加梯目标。有了这一"搭脉"基础，下面便是制订方案了。但新的问题也随之出现——加装前期的流程是什么？安装过程中会有什么问题？装完之后运维管理怎么做？一筹莫展的我们只能是摸着石头过河。

面对 1288 户、约 2700 多位居民，如何实现"广撒网"？我们尝试着用"一盒饭"，去打开社区"朋友圈"的话匣子。每个周末早上，我们都会有一班名为"幸福列车号"的班车从小区出发，将对加装电梯感兴趣的居民带到结对的其他小区，向他们展示改建成果，让居民实地考察加装电梯后的情况。很多空间概念上的问题很难用言语去形象描述，但"眼见为实"

后，很多问题马上就迎刃而解，比我们解释一百句话更有说服力。

中午时分，我们回到小区，由加梯企业出资为每位前去参观的居民准备了一份港式四宝饭，饭菜分量足，且十分可口。中国人讲究饮食文化，"一顿饭"的背后其实是想让大家围坐在一起，借着吃饭的由头，家长里短地先热闹起来，而不是先把"装"与"不装"的矛盾点对立起来。"议事"是基层工作的重要法宝之一，通过去看、去听、去讨论，加梯这件事便迅速冲上了社区居民"朋友圈"的话题热门榜。

伴随话题发酵，我们的工作便可以慢慢步入正题。我们先将居民们关心的"费用""周期""安全性"等政策信息、细节流程自己吃透了，然后用他们能够理解的表达方式去做政策宣导。此外，我们每个楼栋还会定期召开居民讨论会，所有居民都可以发言，将自己的想法、顾虑说出来，大家可以充分讨论并由居委干部们答疑解惑。

从面向全小区的大征询，再到各楼道展开的小征询，我们接连遇到了各式各样的新问题。有当场拍桌子"散伙"的，也有很多表达了强烈加装意愿的，有协商的可能性就意味着撒出去的"网"可以收了。于是我们派出了一名社工专门跟进该楼道，开始推进后面的流程。街道层面则特设有加梯指导中心，居民加装电梯前要完成 6 份意愿签署，涉及各个层面的法律问题，进行风险规避。

第一台加梯完成居民意愿签署，就像产婆接生孩子，"医生"还没准备好，"孩子"就呱呱坠地了。我还记得在讨论会现场，9号楼居民就强烈要求我们把合同拿出来签字。当时我们甚至还来不及上报，就先拍了一张楼栋居民手拿签约合同的合照作为凭证。大家的积极与配合完全超出了我们的想象！

就这样，在项目推进的第一年，我们共计完成了22台加梯的签约，远远超出了最初我们给自己设定的"5台"的"小目标"。

乘胜追击，一户一议为"爱"加梯

紧接着，我们又紧锣密鼓地开始了第二阶段的签约"闯关"。我们小区的特性是老龄化程度比较高，49.6%都是老年人。许多居住在高楼层的高龄老人上下不便，有的甚至闭门不出，加梯愿望非常强烈，期待拥有一部属于自己的电梯。居民们的紧迫需求时刻提醒着我们，不能停下加梯的脚步。但与此同时，推进后续签约也就意味着，我们要面临处理已签约加梯开工和新加梯签约两块问题重叠的压力。

如今回头来看，相较首批22台的顺利推进，第二年的13台其实都只是差了"临门一脚"：我们再推一把、再劝一劝、再给居民做个方案，很多问题也就迎刃而解。比如房主在国外，我们年轻的一线社工就倒时差给房主发邮件、确认相关信息，还去加梯办咨询律师，以确保传真版本加梯申请的有效性；比如房屋是单位的分房，我们会用挂号信、跑实地等形式去"磨"单位；又比如房东不住在小区内，我们就要通过物业调档案、通过派出所查找联系方式等，想尽办法找到"他"沟通……电话沟通不行，那就上门沟通，甚至人在松江、闵行的我们都会去，能有机会带回社区的，就可以让他们和老邻居们见见面，也顺便实地看看社区中已落成的电梯。

我的经验是，沟通时的表达方式要因人而异。与年轻人沟通，要以法律、法条、法规、政策指导意见为准；老年人对政策的解读较吃力，就需要我们多多借助实际的例子，或用打比方的方式让他们易于理解。

资金问题也是不少楼栋起初未达成加梯意愿的矛盾点之一。我们曾遇到过一位孤寡老人的户主，他是支内回沪人员，每月工资只有三四千，但他有加梯意愿。我们就给他做了一套经济方案，帮他向银行做了分期贷款。还有一位低保户，考虑到他生活的实际情况，我们为他做了费用垫付。没想到他很快把钱还给了我们，说是不想欠人情。家家难免有本难念的经，但通过"一户一议"的方式，我们把这些问题都逐一解决了。

这个过程中，我们也遇到了一些有趣的"小插曲"——一位三楼出租房的房主起初并不同意加梯，因为他住在所属街道的其他小区。他养了一只黑色的拉布拉多，它今年 14 岁，对比人的话也就是步入"晚年"了。每天遛弯后，它都要由主人抱着才能上楼。加梯对年迈的拉布拉多无疑是利好的事情。我们就从这个点切入，最终打动了房主，甚至让他搬回了小区居住。

还有一对小情侣，一个住在一楼，另一个住在六楼，起先丈母娘十分反对他们结婚，觉得两家远得像是隔了一条黄浦江。但现在，一楼的丈母娘同意了加梯，电梯交付使用后，姑娘也顺利嫁到了六楼。

找到一个思想撬动的点，再加上持之以恒的耐心沟通，成功往往就在不经意间来到。这次不行，还有下次，我们不想放弃每一次可能的机会。

党建引领片区治理，群策群力击破难题

加梯的完成，并不是我们社区工作的终点，而是又一个新的起点。加梯是一个全生命周期的任务，当我们以为自己已经从"新手"成为"老手"，却又可能在某一个阶段回到起点，遇到新的问题。这个过程中，我们也一直通过党建平台与周边的居委会进行交流探讨和经验学习。

比如在正式开工前，我们需要对居民进行告知，那对于反对的居民是否需要告知？当然要。同时，我们还要"顺便"询

问下对方家中有无小修小补的需求，尽量照顾到其内心感受。有时候，一句看似微不足道的关心，往往可以避免很多不必要的矛盾。

又比如，我们可以借助相关企业、机构的合力去攻克难题。在前期的业主讨论会中，针对很多房东对于房价影响的担忧，房产中介公司"我爱我家"小伙伴的驻场就起到了"调和剂"的作用。加梯过程中，我们需要先进行资金筹措收集。但在实际操作中，一般是由加梯自管小组的居民成员操办，采用"一人开卡、一人管密码、一人管卡"这样的形式，但也有居民不放心钱款进入个人账户，而把钱交给居委的。为了让实事办好、办顺，打通实际操作进程中的堵点、难点、痛点，针对这些"爱的负担"，我们同样通过片区治理与中国银行上海分行梅陇支行签署了战略合作协议，以梅陇六村为试点，推出了徐汇区首家试行"加梯对公监管账户、居民自筹资金贷款、加梯施工运行质量安全保险"三项新举措，助力居民"梯"升幸福。

等电梯建好了，我们又面临了后期运维的新问题。电梯需要交由物业托管，"托管"两个字看似简单，却需要直面"资金"和"职责"两大主要矛盾。一方面，物业公司和居民对于维保费用标准存在不同意见。经过多次商洽，我们最终从一台电梯每年15000元的物业维保费，谈到了6252元。另一方面，维保合同签订之后，电梯公司和物业双方的交接标准也存在一定不一致性。而这些矛盾的最终化解，仍然是基于我们共同的努力方向，那就是以居民的考量为准，让矛盾点双方都各退一步。

在一路闯关、化解难题的过程中，我们也在一路学习和成长。通过党建引领片区治理，我们能够把街道层面的力量进一步联动起来，引进更广泛优质的资源，共同为小区加梯工作助力。

怀服务之心，让更多人梦想成真

近期，小区最后的 14 台加梯也即将完成最后签约。这一批的签约住户最初集中的问题表现在"三不"态度上，即不出资、不反对、不使用。有一个住户，我们前期就有交集并互有微信。在整个加梯过程中，他始终选择以语音的形式表达不满，还带动其他住户阻挠加梯进度。每一次收到他的信息，无论多晚，我们都会到他家坐一坐，听他从婆媳关系、房屋纠纷、兄弟姐妹情等等一系列家长里短地一顿聊。就这样一次次地耐心疏导，晓之以理、动之以情，他最终选择了默认，对我们来说这已经是极大的突破。

当然也有很多感人的故事：我们的全国劳模、退休老党员甚至直接自己掏钱支持加梯行动，楼道缺多少他们就掏多少，但后来大家都把钱还给了他。上海老百姓"不愿意欠人情"，这也是他们可爱的一面。

加梯过程中，我们也遇到过不少误解，甚至还被居民投诉到了"12345"。我们因此沮丧过，却从未想过放弃。电梯只是一个解决居民"最后垂直一公里"的硬件设施，而"人和"才是社区管理长治久安的重要基础。只要我们的这一初心未变，相信很多问题总会迎来转机。

民生无小事，点滴见初心。加装电梯只是社区众多场景的其中之一，而各项工作顺利开展的背后，正是我们对社区的服务之心。我们小区有一个暖心的服务机制，叫"六维关怀"——为新生儿送鸡蛋、为新婚夫妻送蜂蜜、为乔迁新居者送糕点、为升学学生送钢笔、为生重病居民送帮困，为的就是让居民在每一个重要的人生节点，都能感受到组织的关怀，把社区当成可以依靠的家。此外，我们还有邻里节，每两个月举办一次居民整岁生日会。居民当天可以到社区领取一块奶油小方，大家一起共议社区的大事、小事。通过这样一点一滴的情感链接，我们对每一户的居民就可以形成一个相对完整的画像，为日后长期的社区工作打下基础。

专业社会工作的创始先驱玛丽·埃伦·里士满女士将社会工作的方法技巧概念化、系统化，认为社会需要专业化的诊断。社区亦是如此，它是一个生活共同体，是一个熟人社会，也需社会诊断。以加梯场景为例，每个社区的肌理、治理能级都各有不同，我们先要提前做好"搭脉"，这包含了空间、人像，甚至是人心。凭着一腔热情或许能达成目标，但是否还有更合适的方式方法呢？

另外，尽管我们社区有49.6%的老年人，但仍有50%以上是年轻人，他们是之后基层治理服务的主要对象，要提前吸引他们，让他们从"宅"在家里，变成"宅"在社区里。

基层治理需要面对人生百态，在与居民的非亲属关系中，我们作为基层工作者，要怀抱"儿女之心""儿女之情"做好基层的群众工作。所谓人民城市人民建，超大城市的基层治理需要调动居民去参与共治，才能实现发展成果人人共享。上海要当好新时代排头兵、先行者，这一目标任重而道远。让更多居民"一键直达"的梦想成真，或许正是我们走向更美好明天的新开始。

用情用心
让垃圾分类从"新时尚"变成"好习惯"

徐汇区康健街道欣园居民区党总支第一支部书记　陈家俊

──────── 人 物 简 介 ────────

陈家俊，原宝钢集团处级干部，现任康健街道欣园居民区党总支组织委员、第一支部书记、业委会委员。退休后，他主动投身基层，情系社区，乐于奉献，积极参与各类社区志愿服务活动，全力支持社区工作，尽职尽责地高效推进居民区生活垃圾分类工作，取得了可喜成果。

2017 年，我 60 岁，正式从此前就职的央企宝钢集团退休。2018 年年底，中央中组部下达文件，要求加强党的基层组织建设，健全基层治理党的领导体制，鼓励退休干部们下街道，到地方去。原企业向我们传达了这一精神，让我感受到了党的召唤，我第一时间就报了名，要求把我的组织关系转到街道来。

党员身份是我的"初心"——作为一名党员干部，我一直以来接受的都是传统的组织教育，我的大学学历、研究生学历也都是组织上培养的。在单位里面，我几乎每年都是优秀党员、先进工作者；到居委来，党员身份依然是我心中屹立着的"一面旗"。不忘初心，牢记使命。虽然我身体上已经退休了，但思想不能退休，走到哪都要有一名党员的样子，都要发挥党员的先锋示范作用。

价值体现是我的"私心"——原先在单位里忙忙碌碌，一下子退休了难免有些失落感。老有所为才能老有所乐，与其宅在家里，不如参加志愿服务，尽自己的绵薄之力，发挥一点余热，这个想法是推动我来到街道的关键。每做好一件好事，我总能感觉到内心的愉悦感、成就感，感到自己对社会还有用，没有与社会脱节。

走向集体是我的"动心"——2020 年的春节，我的夫人被确诊为胃癌晚期，两个月后就过世了，这件事对我的打击很大。我们相濡以沫 40 年，她一走，我一下子就感到无比的孤独。这时候，居民区书记找到了我，劝我多到小区里、到居委里走走，有事就大家一起多商量、帮帮忙，大家的善良非常打动我。那段时间，我也开始参加一些社区志愿者活动，如平安志愿者、"清洁家园"志愿者，等等。其实，做社区志愿者还是蛮累的，遇到的事情多而杂。但每当看到居民们灿烂的笑容、看到小区整洁的环境，这种"痛并快乐着"的集体荣誉感让我在一次次参与社区服务的经历中逐渐走出了内心的阴霾。

两年前，康健街道欣园居民区党总支改选，我有幸当选组织委员、第一支部书记，负责组织方面的工作。带着大家的信任与期许，我们遵循"生活垃圾分类就是新时尚"的指示精神，坚定地踏上了新一轮的"垃圾大作战"。

以"情"动人，点燃垃圾分类热情

2019年7月1日，上海市第五届人大正式通过了关于生活垃圾的相关管理条例。事实上，在年初时，街道内便早已开始了相关工作的宣传。我记得很清楚，我们是在2019年的3月30日成立的志愿者队伍，当时还特地组建了一个群，由街道组织培训班，带领大家进行垃圾分类知识的学习，并告知志愿者工作的相关职责。经过学习和讨论，我们先一步统一思想，并迅速对垃圾分类这件事的重要性达成共识。

但垃圾分类措施的有效推行，还需得到所有居民群众的支持。欣园居民区共有 4 个小区，欣园是其中最大的小区，共 500 多户居民，约 1300 人，其难度属实不容小觑。落实垃圾分类的第一步，便是要"撤桶"，换上符合标准的四色垃圾桶。小区有 3 万多平方米，四十多幢楼，一幢楼有三个门洞。原先，每一幢楼前面都会设有一个垃圾桶，居民们上下班时就能顺路把垃圾扔了；而一下子撤桶了，大家的第一感觉就是"扔垃圾不方便了"。

良好习惯的养成，一开始总是最难的。为此，我们一方面为居民发放宣传资料，在宣传活动中用通俗易懂的语言向大家讲解生活垃圾分类知识和投放方式；另一方面，为更好地督促大家践行"垃圾分类"这一全民行动，由居委干部们带头，我们的志愿者队伍在每天两小时的垃圾投放时间段里开始了排岗执勤。

但由于人手不足，我们仍然无法做到面面俱到。当有些楼栋前没有志愿者值守时，难免会遇到有居民偷偷将垃圾丢在路边角落或是绿化带里等不易被发现的位置的情况。我们其实也非常能够理解大家的辛苦，经常会遇到有人赶着上班、赶着送孩子去上学的情况，我们看到了就会先帮忙扔一下，但同时也会劝导和告知他们下次要记得分类。几次下来后，大家也就不好意思再让我们帮忙了。

针对这些日常出现的问题，我们也在定时定点投放等问题上进行了更人性化的调整，根据小区居民的生活习惯，制定"一小区一方案"：譬如在长青坊居民区，"路灯暗看不出""落雨天倒垃圾不方便"等问题时常困扰着居民，也给垃圾分类工作带来了一定困难。为此，居委干部、志愿者对现场进行了查看，发现垃圾库房对面虽然有路灯，但是路灯的亮度有限，不能完全照亮垃圾投放口。通过协商，我们在垃圾库房门口安装了照明灯，照亮了垃圾投放口，也点亮了长青坊居民们参与垃圾分类的决心。此外，根据实际需求，我们还给垃圾库房支起了雨棚，装上了吊扇，不仅方便了居民，也给垃圾分类值守一线的保洁员、志愿者创造了一个比较好的工作环境。

基层工作的重点在于人心，而垃圾分类是最需要人的支持和配合的工作之一。与其与大家产生正面冲撞，我们更愿意以"情"动人。人心都是肉长的，居民们其实也能看到我们风吹日晒、每日值守的劳累，也都很体谅我们。我所遇到的居民，绝大多数还是十分通情达理的——我们小区里就有一个居民，五十出头的模样，平日里养了一只大狗，每天都会到小区里遛一遛。每次遛完狗，他都会用纸巾将大狗的粪便包起来，清理好后扔进干垃圾桶里。文明养狗值得肯定，但事实上，这类垃圾并不属于干垃圾，而是应该丢到卫生间的马桶里冲下去。在我们指出了这一点后，他立马认识到了问题，并积极配合进行了改正。

从"懒得分"到"随便分分"，再到大多数家庭都能"按要求分类"，这些变化都离不开一个"情"字，用"情"抓住人心，也用"情"凝聚人心。

软硬兼施、侧面出击，影响更多人的观念和行为

针对垃圾分类工作的开展，起初我们也遇到过不少挫折。垃圾分类有益无害，这个道理大家都知道。但听不进去的人怎么都听不进，听进去的也未必会立即执行。遇到这种情况，我们采取了"多管齐下"的措施。除了干部、志愿者们身体力行、以身作则来打动大家外，我们也有不少"硬"举措：一是查监控。根据监控录像，由居委出面，向对方电话劝诫。二是查垃圾。我们根据垃圾袋里的快递单、外卖单等信息，进行针对性的上门劝诫。这一寻根溯源的过程并不容易，光是看监控，居委干部、志愿者、物业公司三方就要审查数个小时。针对多次教育劝诫仍不改正的，居委还会出面联系街道层面力量上门进行警示告知。

在推进垃圾分类这件事上，我们既有软硬兼施的措施，也有灵活多变的手段。以丰富的活动形式，我们选择了从"侧方"出击，去影响每个人的观念和行为。譬如，组织垃圾分类积分活动，为每户居民建立绿色账户。每正确完成一次垃圾分类，即可在库房进行扫码积分，累积一定数额后每月可换取不

同的小礼品，有时候是一包盐，有时候是一支牙膏。小区居民们兴高采烈地互相学习、互相"比赛"，平常散步碰见也有了更多"谈资"。又譬如，康健街道联合康健外国语实验中学政教处开展了"垃圾分类知识"随堂问活动，向孩子们抛出了不少"疑难杂症"问题，例如"粽子叶"是什么垃圾？"扇贝壳"又是哪类垃圾？"一杯未喝完的珍珠奶茶需要分成几类垃圾丢弃？"一个个有趣的问题在启发孩子们思考的同时也加深了他们对垃圾分类的认知。获得了新知的孩子们也乐于将这种"带着思考扔垃圾"的思维方式带到生活中，影响周围的同学或家人。分类一小步，文明一大步。我们发现，有时候从娃娃抓起，让小朋友们以身说法来劝诫自家长辈的行为，往往有着很强的说服力。

垃圾分类重在久久为功，持之以恒。依托社区"微网格"，越来越多的社区党员、志愿者等骨干力量加入到了垃圾分类志愿队伍，在分类清理、宣传引导实践中共同守护美丽家园。康健街道寿益坊居委就积极探索小区自治新思路、新方法和新机制，努力构建资源共享、优势互补的基层社区组织，设立了"新72家人家"社区自治平台，动员居民签署垃圾分类承诺书，承诺从自身做起，做好"生活垃圾分类"宣传员，通过自己的行动来守护热爱的社区。

除了面向小区居民的垃圾分类宣传之外，在康健街道党工委、办事处的支持指导下，我们还开展了垃圾分类"进商铺"宣传活动。辖区内的商家充分发挥自治管理作用，将宣传、教育、整治、整改相结合，实现了"管理、保洁、执法、商家自律"四位一体的工作机制，把门责管理工作在全街道铺开，为全市自律组织的工作模式提供了"徐汇范式"。

垃圾分类不是目的，是我们每一个人的"集体荣誉"

康健街道共有 24 个居委、64 个小区，街道每个月会以不定时的抽查形式对 24 个居民区进行垃圾分类检查，并根据具体流程和要求打分。值得自豪的是，欣园的名次每一次都能够位居前五，但同时，这也意味着我们仍然还有很大的提升空间。

每一次，街道都会把最终的分数情况反馈到各个居委会，居委会则会将这些信息再传达给物业公司，由物业公司进行针对性提升与改进，而这些压力最终都会给到物业保洁。

在我看来，垃圾分类不是目的，而是一个过程、一种手段。培养环保意识的职能主体不仅是街道、居委、物业公司、保洁，更应是我们每一个市民。保洁只是我们垃圾分类工作的最后托底，倘若把所有问题都集中到最后一个环节，不仅居民们的环保意识没有得到提升，还会耗费大量的人力、时间成本。我们要做的，就是通过垃圾分类，强化市民的环保意识，提高大家热爱小区的责任感，激发集体的荣誉感。由此，我向街道领导提出了建议，希望将每月的垃圾分类检查结果进行小区公示，把信息同步反馈给居民。

从长远来看，以新发展理念为指导，保护环境是利国利民的长远发展之策，而垃圾分类这场"战斗"已经是迫在眉睫。如何打赢、打胜这场"战斗"，需要政府的强制执行与贯彻落实，需要社会的强大号召与垃圾分类常识的普及，更需要全民协同一心的积极参与。不光是我们小区，我们也以"红黑榜""星级文明商户"评比激发商户履责意识，整个上海市也都在提倡一种"我为人人、人人为我"的新风尚。作为城市的一分子，我们做好垃圾分类也是在给自家增光添彩。

具体来说，我们的垃圾分类举措也是真实而有效的。近年来，我们街道所属小区、单位、商铺的垃圾分类已实现了100%覆盖率，湿垃圾运送量大大增加，干垃圾运送量有所减少，垃圾可回收率得到提升，对于垃圾回收占用土地、有害垃圾影响环境大气等问题均有所改善，还减轻了环卫工人的工作量。

在垃圾分类的正风向下，社区居民的环保意识和参与度逐渐加强，营造出了人人参与、人人爱护环境的良好氛围，也让我们的"集体荣誉"闪耀出夺目的光芒。

共建美好未来，从我们做起

我很感恩自己能够以社区志愿者的身份，亲历社区环境的华丽蜕变，也见证着垃圾分类从"新时尚"变成了更多人的"好习惯"。

之所以能够取得今日的阶段性成果，我觉得离不开自上而下的重视，让每一步措施都能够到位和落实。在居委会、业委会、物业公司这"三驾马车"的齐心协力下，大家遇到困难有商有量，把劲都往一处使。

如今，欣园的各项垃圾分类工作已步入正规，但仍需进行常态化的巩固，让垃圾分类更与时俱进。例如，在硬件上，我们会增设垃圾分类宣传设施，同时将日常的人工管理逐步转化为智能化管理，借助各类新科技，实现垃圾投放预警、自动生成闭环管理工单、干湿垃圾纯净度检测等功能，让今后的分类管理工作更精细化；此外，我们还会对有除臭通风等硬件设施缺失的垃圾库房进行第一轮的改造升级。在软件上，我们持续组织各类宣传活动，发动整个街道，让"垃圾分类"意识真正进入寻常百姓家。同时，我们也在持续加强日常监管。除了区里的、市里的检查外，街道每周也会对所有的小区进行三次自查。

我加入小区的垃圾分类志愿者队伍已经四年了。在大家的倾情服务、倾心付出中，我们也得到了越来越多居民的信任，这也是我们做好垃圾分类工作的动力和底气。在我看来，垃圾分类的目的是将宝贵的资源回收起来，通过我们的努力让垃圾分类成为新时尚。居民的日常生活垃圾分类就是环保大工程中的一颗颗螺丝钉，只有人人心中重视垃圾分类，并自觉地做好垃圾分类，才能打赢垃圾分类的持久战。培养垃圾分类的好习惯，为改善我们共同的生活环境作努力，为绿色发展作贡献，我们每个人都责无旁贷！

楼宇垃圾分类"样板"是怎样炼成的？

上海汇成物业有限公司漕河泾区域经理　舒蕙

人 物 简 介

　　舒蕙，现任上海汇成物业有限公司漕河泾区域经理、漕河泾实业大厦项目经理，同时担任漕河泾实业大厦联合工会主席、工会联合会主席（非脱产）。从上海市垃圾分类推行的第一年开始，她就从物业本职工作入手，加强硬件升级，优化清运流程，建立垃圾处理新方案、新系统，并以楼宇工会主席身份，充分调动楼宇企业员工共同参与宣传，多次开展垃圾分类活动。

方案先行，让垃圾分类有"章"可循

垃圾分类没有人人参与、全民行动是不可能实现的。在这场全民共建、人人参与的垃圾分类"攻坚战"中，所有人都是在边实践、边破解着难题。

不同于居民小区开展垃圾分类工作，商务楼宇单位数量多、企业员工流动性大，垃圾分类工作推进颇有难度。2019年7月，《上海市生活垃圾管理条例》正式施行。实业大厦积极响应国家号召，早在5月便已陆续开启垃圾分类的前期工作。面对垃圾分类这样一件"新事物"，大厦此前并无先例可循，于是我们自己的物业提前进行了自我学习。为此，漕河泾街道也派了相关负责的老师来到大楼对我们进行了指导，还专门把所有街道里面的楼宇物业召集起来，开了动员会。

实业大厦共有9层，最初大楼里有二三十家企业，每层大概是三四家，均以民企为主，有律所、软件公司，也有咨询类企业，企业类型繁多。垃圾分类工作布置下来以后，我们随即制定了一套可推进实施的方案：

在设施布局方面，大厦物业作为生活垃圾分类管理的责任人，需要在楼内按照标准完成垃圾分类设施设备的配置工作。按照指导方针，我们去到了每个楼层进行踩点，根据实际需求配齐四种不同分类指引标识的垃圾分类桶，让各楼层上班族在各自工作的楼层可以就近进行垃圾分类。

做到硬件上物尽其用，才能实现资源的有效利用。比如我们这栋楼有害垃圾较少，就只需在大堂里设置一个有害垃圾桶即可；过去的建筑垃圾大都是堆在一起，后续我们根据装修的实际情况，定时设立了固定投放点；而在垃圾房，则需要配置更适配的 240 升大型垃圾桶；等等。此外，我们还安装了垃圾分类宣传栏、公示牌、分类牌等 50 余处，良好的氛围营造同样也能让垃圾分类工作事半功倍。

在运行管理方面，我们实行各楼层分类投放，企业员工没有分类到位的，再由物业上楼收集、集中收运处理，力求做到垃圾日产、日清，并配置专业的垃圾分类保洁员进行二次分类。为落实日常管理，我们采用类似街道的宣传模式，不定期将楼宇里所有企业的行政对接人组织起来，进行分类知识学习；再由他们去跟自己的员工进行转达和介绍，提升员工的分类意识。我们物业内部全员也会事先进行垃圾分类的全覆盖培训和宣传，确保把好"最后一关"。

在监督管理方面，物业的员工们组成了第一批的志愿小组，每天中午 11 点半到下午 1 点半是大厦内企业员工用餐的高峰期，也是我们垃圾分类工作开展的重要时间段。志愿小组成员们戴好红袖章，在各个楼层确认大家是否进行了正确的垃圾分类，并及时指出错误的投放。我们当时把方案做得很细，包含四批垃圾分类：一是企业办公室员工自行分类；二是志愿者巡视楼层分类情况；三是非志愿者时段，由楼层阿姨进行分类；四是垃圾接驳员将垃圾带去垃圾房后，进行最后一次分类确认。

党建引领，让垃圾分类有力、有序

因为第一年大家都是"摸着石头过河"，我们主要做的都是一些中心基础工作。到了 2020 年，有了小半年的探索和尝试后，我们开始总结垃圾分类经验，找出推进中的堵点、难点以及楼宇关注的焦点、重点，探索出了具有区域普适性的"1+3+5"工作法则，借此形成垃圾分类责任的闭环。这些方法论看上去只有寥寥数语，但背后离不开多方的理解、支持和付出。

比如，我们给每家企业赠送垃圾分类桶，这些年陆续送出去了 70 多个。又比如，我们有"三长制"工作方法，即由物业经理担任"楼长"，保洁人员担任楼层"层长"，每个驻楼企业设置一位"桶长"。想要让垃圾分类这件事持续性地推进下去，仅靠物业一方的力量是远远不够的。我们需要通过设定特定职责去激发入驻企业员工的自主分类意识，类似于 KPI 指标的层层分解，让他们成为责任链条中的一环，以此提高工作的积极性。

也是在 2020 年，我们正式将党建引领的理念完全融入日常，使之成为垃圾分类工作的重要落点和抓手。为此，我们积极发挥楼宇党组织的引领作用，千方百计激发物业、企业、党员、白领的多方积极性，同时持续探索"党员带头、物业履责、企业自治"的垃圾分类工作方法。

大厦每年都会举行一些内部的活动，不管什么主题，我们都会主动把"垃圾分类"的概念放进去。在多方联动和支持下，我们积极开展了让老百姓喜闻乐见的各类垃圾分类相关活动，例如分类知识趣味通关赛、游园日、回收物手工艺品制作等，用趣味游戏打开分类大门，让更多白领自觉参与到垃圾分类新时尚行动中去。哪怕只是设置一个小的游戏互动环节，只要能让大家参与进去，就是一个好的开始。

我们还积极参与街道举办的"垃圾分类大声走"活动，联动大厦内的企业，呼吁他们把自己的党员同志团结起来，以志愿服务的形式，面向社区居民、过往路人、沿街商铺等进行垃圾分类宣传活动，唱响垃圾分类"大合唱"。志愿者服务队还通过线下宣讲分享经验等方式，将垃圾分类知识传播到每个漕河泾人心中，让"垃圾分类、全民参与"成为每一个人的共识。

再后来，大厦的属性开始变更，经历了一轮企业"大换血"，我们的垃圾分类工作任重而道远。2021 年，依托街道区域化党建平台，我们牵头向大楼全体企业发出倡议，共同实现生活垃圾"减量化、资源化、无害化"的目标，完善垃圾分类"约法三章"。在新企业正式办理入驻手续时，我们便向他们发放《单位生活垃圾分类责任承诺书》，由企业法人签订公约、承诺践诺，通过自我管理、相互监督，进一步明确垃圾分类各参与主体的任务职责，承诺书的回收率也达到了100%。对于已经在里面办公的企业，也有不少人员的变动，我们同样也会开展多次培训，统一思想，去进一步强化和宣传垃圾分类的意识。

其中，有一家企业较为特殊，他们每天的员工都不是固定的，而且也没有设立内保洁的岗位。我们就每个星期做一次上门培训，大概持续进行了四五个月。2022年以来，他们的企业员工开始稳定下来，也开始有了垃圾分类的主动意识，后来还专门在内部设了一名固定的现场管理人员，使得原先的乱扔垃圾现象大有改善。

在这个过程中，坚持党建引领的核心始终不变。为此，街道主动邀请了"两代表一委员"到大厦视察垃圾分类情况，听取代表委员的意见建议，引入专业第三方对相关问题进行定期督导，及时发现问题、解决问题。后来，很多街道都会来我们这里参观垃圾分类的工作，甚至有不少外地的楼宇物业前来"取经"，这也给我们继续开展工作带来极大的动力。

数字化管理，让垃圾终端处理"减减负"

眼下，虽然我们大厦中的入驻企业只有 13 家，但企业员工数却超过千人，这对垃圾分类工作的推进仍造成了挑战。

2020 年，我们引入"数字巡查"方式，在各个楼层的垃圾投放点设置监控摄像点位，以此为我们的垃圾终端处理"减负"。对于垃圾分类投放不标准的行为，及时发现、及时关注，并以此为据找到"桶长"对接，让其对员工进行针对性教育。数字化的管理方式大大提高了我们的工作效率，也让我们发现了一些需要提升的细节。

有一次我们在视频监控的巡查过程中发现，有的员工在扔外卖时不小心将干垃圾扔到了湿垃圾桶，他想要自己纠正，但是很不方便。于是，我们在每一个楼层垃圾桶旁边摆放了一个火钳。

后来，我们还增加了一个语音提示的功能，只要走到垃圾桶旁，就会有语音提示对方：垃圾分类，人人有责。2022 年，我们又特地在垃圾桶的周边做了整洁的防护板，更新了一些更亮丽醒目的标识。这也是我们从地铁场景中获取的灵感，在所处环境的一些细节配置上给到对方视觉的冲击或是语音的冲击，可以大大增强其主动性。

大厦里的员工都是有相当素养的，我们只需要多多宣传，就可以激发他们的垃圾分类意识。做物业管理，服务意识需要非常强，很多事情我们都要学会换位思考。同时，我们也要做有心人，主动学习他人之所长，并提炼总结出适配自身场景的方法论。事实上，现在很多楼宇都已设置了监控，问题的关键在于你是否愿意、是否考虑到要去增加垃圾桶旁的这一点位。

从物业的角度来看，我们将垃圾分类的工作前置一步，后面的处理工作环节就可以压力小一点。当然，让"最前端"——也就是企业员工能够主动做好垃圾分类，那一定是最优解。这就需要我们多下功夫，把硬件、软件都配置到位，努力把垃圾分类的宣传工作落实到源头。

让垃圾分类领"先"一步，也要再"细"一步。2023年，我们开始要求对可回收垃圾（物）按照材质进行再细分，分为玻璃、金属、塑料和废纸四大类，希望借此提高其纯净度和回收率；而通过供给符合标准的废物原料，还可以有效促进产业链的良性循环，这是非常有意义的行为。

长效机制，推进常态化管理

营造良好的垃圾分类环境，除了借助"数字化"的科技力量外，也离不开常态化的管理。在我们的党建活动室里，就有这样一个常态化的"保留节目"——垃圾分类小游戏。大厦内的员工可以在他们的休息时间随时来体验和学习，潜移默化中将垃圾分类的意识完全融入他们的生活场景之中。

目前大厦内入驻的大多是国企，尽管有些企业有内保洁，但人员换动仍较为频繁。为了持续维护好共同的大厦环境，除了在宣传上继续与"桶长"保持紧密联系外，我们也会积极帮助培训企业的内保洁，或是让他们启用我们已培训的保洁人员。另外，我们的志愿者队伍也在逐渐壮大，大厦内的"两新"党员、白领等新力量的加入，齐力奏响了垃圾分类的"主旋律"。

作为整个项目的策划者、执行者，项目推进至今，最令我欣慰的还是"垃圾房"。过去大厦里餐饮单位很多，垃圾都混杂在一起。而今，垃圾房一改以往的脏乱差，甚至可以达到让我们坐在里面喝咖啡的程度，连地沟里面都是干干净净的。

在这一系列举措的推动下，目前漕河泾实业大厦的分类普及率已达100%，企业员工分类意识得到强化，全员参与率极大提升，分类准确率达98%以上，我们也因此荣获了"上海市垃圾分类示范行动案例"等荣誉。

如今，因为我们的大厦监控已经"在岗"10年了，画面难免有些模糊，我们正把监控的大改纳入明年的计划之中，用更清晰的画面、更高效的方式开展后续的垃圾分类督导管理工作。

垃圾分类这件看似举手之劳的小事，却包含了点滴之处的用心和智慧,凝聚了每个人的努力和付出:漕河泾街道的领导干部常常给予我们及时的指导,督促我们快速成长;大厦的甲方公司也在添置垃圾桶、改造大厦监控等事务上给予了大力支持;我们自己的公司以及大厦里的各家客户单位都在积极贡献志愿者,协助开展垃圾分类。对于大家不计回报的付出,我们一直深怀感激。

为了我们共同的家园,为了更清新美好的明天,我们还将"群策群力做分类、齐心协力护环境",将这件"小事"继续坚持下去。

群众利益无小事
纵横联动搭好"连心桥"

徐汇区长桥街道办事处副主任　凌晨钟

———— 人物简介 ————

凌晨钟，在徐汇区长桥街道工作三十余年，现任长桥街道办事处副主任。在接管12345热线工单期间，他统筹安排各部门密切配合，2023年共计受理的2500件热线工单中，实现了按时办结率100%，市民满意率96.1%的优异成绩。

我的第一份工作就在长桥街道，一路从科员、副科长到科长，其间也没想过要换去其他街道工作，至今已经在这里工作了30多年。长桥街道见证了我的成长，我也在这里亲历着各类人、事、物的改变。

长桥街道是典型的居住型社区，人口密度高、弱势群体多、服务需求多样化，这使得街道的工单量始终居高不下。我们曾经有两年的排名成绩几乎全区垫底。那是我们的"至暗时刻"，但好在大家都咬紧牙关，始终坚持"群众利益无小事"的工作原则，从机制完善、条块联动、资源共享等方面着手，狠抓办理效率与办理质量，终于迎来了"雨过天晴"。

多管齐下，一鼓作气解难题

12345市民热线紧紧围绕居民日常生活中的"急、难、愁、盼"问题展开。结合长桥街道的实际情况，在此前两年的"低谷"时期，我们面临的主要问题集中在停车位和小区环境两方面。面对居民们合情合理的诉求，我们力求第一时间解决；面对一些根深蒂固的疑难杂症，我们也会在前期多做筹划，希望能为居民交出满意的答卷。

以停车位矛盾为例，随着人民生活水平的日益提高，私家车的数量越来越多，车位不足的问题越来越突出，尤其是在长桥街道徐汇新城小区，这种现象更为突出。我们一个月接到的相关工单甚至就超过了 100 个。

车位少，一方面是开发商在建设规划小区时的历史遗留问题，另一方面则是由于很多居民为了自己方便，用地锁、堆物等方式私占公共车位，甚至还有不少老人为了让子女回家时能有个车位，直接就站在车位上等候。还有居民反馈说，自己装地锁是前期物业收费并给予许可的。这些都给我们的整治过程带来了不少阻力。

为了解决上述问题，还公共空间于民，我们同长桥城市管理执法中队、居委、物业等开展了一系列的私占车位专项整治行动，以"硬治理""软治理"相结合的方式，在清理占位杂物、拖移电动车、拆除占用车位地锁、清出消防通道的同时，通过宣传、教育、劝导与查处相结合的方式进行了综合整治。就这样，前后用了一个多月的时间，小区的停车问题才开始逐渐减少。

但是，想要彻底解决小区停车难的问题，并不是一蹴而就的。即便是到了整治后期，我们还是遇到了不少"回潮"现象。由于小区没有地面的固定车位，经常会有居民认为车位就是他个人的，用各种方式阻挠其他业主停靠车辆；还有的居民买了地下车库的车位却租给了别人，自己又占了其他车位；还有不少外来车辆长期占据小区有限的停车位。针对这些行为，我们一方面督促加强小区物业培训，提升居委宣传力度，同各部门定期开展综合整治，持续加大对抢占车位、占用消防通道等问题的排查和整治力度；另一方面，我们还联合各部门商量制定了停车方案，按照房产证、身份证和车辆行驶证"三证合一"来进行车位登记，进行外来车辆的清查；同时，通过统筹设置价格杠杆，对于多车停靠、临时停靠等问题也进行了逐一理顺，小区的停车秩序整治效果得到了有效改善。

徐汇新城小区并非个例。2023年7月，我们也将过往的一些经验带到了华滨家园——在征询全体业主意见后，由业委会和居委会牵头起草了价格杠杆的统筹方案，优先保障业主停车需求和家庭首辆车停车刚需。虽然刚调整时因影响个别居民利益而引发投诉，但是我们仍坚定信念，在沟通安抚中全力推进方案落地，力求以更公平的规约保证大部分业主的权益。

关于停车难问题，我们在大力整治的同时也需要考虑居民的实际需求。因此，我们进一步深挖小区停车潜力，希望通过重新规划，努力为小区多增加一些停车位。在一些小区的改造期间，我们还寻求条线部门支持，为小区居民申请了市政道路的临时停车，有效缓解了停车位少的窘境。

源头解题，多部门协调作战

事实上，早在12345推出之前，我们就在辖区内开始了"64961234长桥热线"投诉电话的推广。我们每天也会接到几十个居民来电，然后通过平台生成案件，第一时间派发至承办部门，及时解决居民"急难愁盼"问题，并将处理结果进行反馈。由此，我们努力将问题解决在基层，提升问题处置的效率，缩短居民与街道的距离。

在拓宽投诉渠道的同时，我们还专题召开片区联席会议。通过"一事一议""上下联动"的工作方法，双周召开片区例会，由居民区提出小区矛盾问题，分管领导牵头进行处置。这一方面是归纳总结矛盾共性、特殊性，力求将矛盾纠纷解决在萌芽状态，达到"治未病"的效果。比如，在"清洁家园"活动中，我们提前对一些脏乱差的死角进行了整治，避免了矛盾激化引发投诉。另一方面，居民有事一般都会先找物业或者居委会，我们也能在联席会议上提高问题发现的"灵敏度"，及时了解到一些小区盲点问题，从而进行查缺补漏。例如，我们就曾在片区会上讨论过龙川北路4号前的老旧违章问题。当时这一临时建筑是在污水泵站建设时申请的，建设完成后却未进行拆除，数十年来一直存在违规出租的情况。园南一村居委收到居民反映该处进出人员影响小区安全。该处为老违章建筑，处置难度较大，经过各部门的协调，我们最终对其进行了拆除。

市民热线工作涉及多个部门，上到街道主要领导，下到每一位处置人员，是一个立体的处置体系。为此，我们还特别搭建了工单转办、承办、回复、回访、不满意工单"回头看"的"合纵连横"框架。我们会编写城运中心日报，由街道主要领导担任12345市民热线的第一责任人，每日了解工单受理情况，深入了解市民的需求，将市民诉求纳入日常社区目标；各处置部门明确具体经办人，各居民区设置热线回复专员，形成"横向到边，纵向到底"的工作责任体系，力求借助"问题联制、矛盾联调、人员联合、工作联动"，共同解题。

例如，在8月中旬，我们一连接到了好几个关于滨江建设者之家的投诉工单，说是工人们将大量共享单车、私家车停靠在了临近滨江的狭窄街道，对来往通行造成了一定安全隐患。事实上，早在接到投诉电话前，我们的第三方巡逻就发现了这一问题，并提前把这些车辆全部挪走了。但巡逻人员前脚刚装走，到了晚上大家又把共享单车骑回来了。后来，在对方承运公司的全力支持配合下，我们一起进行了停车位置的重新规划，这才将问题妥善解决。如果没有他们的支持，可能我们再花大量的人力物力进行装运，也只能是徒劳无功，而这也正是协调作战带来的利好。

虽然区里面给我们要求的12345结单时间是15个工作日，但我们大多会压缩到10个工作日。居民有问题就要第一时间去解决，不能拖延到临界点，这就需要我们不断提升多方联勤联动的效率与战斗力。

在 2023 年年初，我们曾接到居民反映小区内某房屋平改坡内有大量堆物，存在安全隐患。当日，居民区书记就与小区物业经理到现场查看情况，发现确实有塑料瓶、树枝、轮胎等垃圾。经调查，堆放人员是小区内的一户居民，男户主性格偏激、行为冲动，曾发生多次持刀威胁物业的事情。其妻子是在册的精神病患者，无法正常沟通。为保证小区其他居民的正常生活，我们在了解到相关情况后，第一时间协调管理办、综合行政执法队、派出所、居委、物业、日华保洁、第三方，召开了专项整治沟通会。2 月 9 日，街道联合多部门力量，对垃圾进行了清理，总耗时近 20 个小时，终于完成了堆物的清理清运工作，并要求物业做好楼顶检修口的管理工作，杜绝类似情况再次发生。

眼下，我们每个月的工单量平均在 350 个。在今年的考核中，我们凭借急速响应、快速处置终于实现了"逆袭"，满意度每月保持在 95% 以上。紧盯落实市民"急难愁盼"的问题，这不仅仅是我个人的工作责任——一根手指伸出去是没有力量的，需要辖区内的几支队伍形成合力，握成一个拳头，才能有力出击，履行好我们对每一位居民的承诺。

以真心换真心，筑好政府与居民的"连心桥"

街道城运中心目前共有 4 名在职员工，还有一些是社工，接听来电、核实反映、回访等都由专人进行。为保证"12345"服务工作的高效开展，确保群众的诉求"件件有着落，事事有回音"，我们都会事先做好工单的情况核实，做好群众答疑、安抚工作，并将问题处理情况形成工单台账。

破解社区治理难题、解决市民诉求，这些工作其实是非常琐碎的，而且经常会出现反复。管理一旦出现松懈，整治就会出现"回潮"。在此过程中，我们也遇到过无数次的挫败，这就要求我们不仅要保持良好的心态，还要通过不断学习，去提升自己的综合协调能力。我们有一个"双反馈"机制，要求各处置部门加强与诉求人的沟通交流，工单办结后及时向诉求人和城运中心双向反馈办理结果。中心积极推行预回访措施，确定专人提前回访，对不满意工单进行退回重办，切实解决诉求问题，提升工单办理质量，与处置单位同向发力，提升群众满意度。

毫不夸张地说，每一个回访电话我们都至少要打半个小时，甚至数个小时以上，这个过程中需要反复地和对方确认信息。有时候，我们还会遇到一些需要情感宣泄的投诉人，同样需要耐心地倾听。对于超出政策范围的诉求，我们能做的就是借助居民区的属地力量进行沟通安抚，还需要通过居委干部在线下适当地给予一些关心和支持。

如何在机制上实现长效、高效落实，进一步提升处置能效？这一直是我们在思考的问题。为此，我们也进行了一些数字化尝试。近期，我们开始借助数字感知设施来提升小区管理。例如，在消防通道设置感知设施，一旦有车辆违规停放，就会发出预警，提醒物业人员及时进行处理。因为物业保安人力也是有限的，无法做到覆盖全小区的实时巡查，通过这些感知设施，我们就可以知晓小区具体哪一点位出了问题。我们还在小区电动自行车充电设施上进行了感知布点，为居民筑起一道防火安全线，将问题发现进行前置。

下一步，除了继续做好每一个工单的工作外，我们也会在宣传等软性工作上进一步加强，此外，我们也考虑采取职能部门进驻城运中心联合办公的模式，加强统筹协调，提升处置能效，进一步消除居民的顾虑，达到"工单再少一点，满意率再高一点"。

群众利益无小事，我们的工作其实就是构筑政府跟居民之间的一座"连心桥"。服务好居民，他们的满意度便是我们不懈努力的意义所在。